普通高等院校航空服务类专业重点教材

民用航空概论

U0182278

主　编◎刘岩松

副主编◎张　驰　张　晶

编　委◎张　硕　高　婷

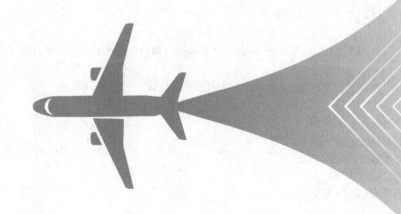

清华大学出版社

北京

内 容 简 介

我国高度重视民航业的发展,并将民航业作为推动我国经济社会发展的重要战略产业,同时对民航人才质量提出了更高的要求。为满足迫切的民航教材需求,本书融入了最新实践经验和专业研究成果,引进素质教育理念,通俗易懂、由浅入深地阐述了民用航空的定义与概况、飞机的构造与系统、飞机的基本飞行原理、民航飞机的飞行性能与安全特性、机场、空中交通管理、航空运输企业及其运营管理、民航系统的运行等知识,力求为民航专业学生及民航从业人员提供一个能够提升专业能力和培养民航专业素质的知识平台。

本书适合作为高等院校民航专业学生的教材,也可作为民航从业人员的参考用书。

图书在版编目(CIP)数据

民用航空概论/刘岩松主编. 一北京:清华大学出版社,2023.10(2024.8重印)

普通高等院校航空服务类专业重点教材

ISBN 978-7-302-63888-9

Ⅰ. ①民… Ⅱ. ①刘… Ⅲ. ①民用航空-概论-高等学校-教材 Ⅳ. ①V2

中国国家版本馆 CIP 数据核字(2023)第 113421 号

责任编辑:杜春杰
封面设计:刘 超
版式设计:文森时代
责任校对:马军令
责任印制:刘海龙

出版发行:清华大学出版社
   网   址:https://www.tup.com.cn,https://www.wqxuetang.com
   地   址:北京清华大学学研大厦 A 座   邮   编:100084
   社 总 机:010-83470000   邮   购:010-62786544
   投稿与读者服务:010-62776969,c-service@tup.tsinghua.edu.cn
   质量反馈:010-62772015,zhiliang@tup.tsinghua.edu.cn
印 装 者:北京鑫海金澳胶印有限公司
经   销:全国新华书店
开   本:185mm×260mm   印   张:14.75   字   数:345 千字
版   次:2023 年 11 月第 1 版   印   次:2024 年 8 月第 2 次印刷
定   价:59.80 元

产品编号:096057-01

普通高等院校航空服务类专业重点教材编委会

序　言

　　我国航空运输业高速持续发展，民航强国的战略意义不言而喻。特别是国产大飞机 C919 投入商业运营，必将推动我国民航业步入新的历史发展时期，也必将对高质量人才培养提出新的标准。现阶段，我国航空服务类专业发展呈现良好态势，专业开发水平得到迅猛提升，而人才培养过程不仅需要科学化、精细化的人才培养目标，更需要贯穿始终且不断创新的教育教学改革。教材作为人才培养的基础，不仅仅是体现教学内容和教学方法的知识载体，是开展教学活动不可缺少的基本工具，还是深化教育教学改革，全面推进素质教育，培养创新人才的重要保证。简言之，高质量的人才培养需要高水平的教材支撑，开发高质量的教材是新时代专业教育及人才培养之所需，是推动教育模式转变与创新的助力器，更是高等学校教师、行业人士，乃至出版社应有的责任担当。

　　优秀的教材至少需要具备传承、引领及可读性三个特征。传承就是把学科与专业建设中的优秀成果保留下来；引领就是密切结合专业的发展趋势，通过创新，对专业的发展具有导向作用；可读性就是教材易于学习，能更好地为教师服务、为学生服务、为教学服务。不可否认的是，教材往往滞后于专业与行业发展，因此，需要业界共同努力来改变这种状况，顺势而上，不断为教材增添新的内涵。为此，清华大学出版社经过精心准备，在充分调研、论证的基础上，力求打造出更具特色的航空服务类专业重点教材，发挥清华大学出版社在航空服务类专业教材建设方面的引领作用，为航空服务类专业建设与人才培养贡献力量。

　　为突出本系列教材的特色，我们着力于重点教材的深度开发，挖掘其潜力，在细节上做足功课，也在呈现形式上下足功夫，其开发思想体现在以下几方面：

　　第一，回归专业的本质属性。2018 年教育部把本科层次的航空服务类专业规范为“航空服务艺术与管理”，学科归属为艺术类，但其内涵并非属于艺术。航空服务与管理是一种高端服务和管理，是一项系统的人与人接触的具有管理属性的技能型工作，在服务品质上有服务的艺术性体现，但不是表演性质的艺术。在之前的专业沿革中，表演艺术属性偏重，影响了人们对航空服务类专业的正确认知。为此，本次重点教材开发试图在此方面做努力。

第二，重视服务的自然属性。服务是社会文明程度的重要标志，特别是在满足人们对幸福生活追求的过程中，服务意识或行为发挥着不可替代的作用。培养航空服务人才，一方面是满足行业的需要，另一方面，航空服务人员作为具有青春活力的群体，既代表着个人形象，更代表着航空公司形象，在一定意义上、一定环境中还代表着国家形象，体现着整个社会的服务水平。因此，不能把航空服务类专业的人才培养狭义地理解为航空运输发展的要求，其实也是社会文明与进步不可缺少的要素。

第三，突出多学科交叉融合。航空服务艺术与管理专业属高等教育本科层次，隶属于新文科。结合新文科的发展需求，该专业更需要学科支撑，即多学科交叉融合促其发展，努力架构航空服务专业的学科体系，使服务技能建立在扎实的理论基础上，使所培养的人才更具职业发展潜质、更具开放性，不仅具有航空服务类专业技能的功底，更需要把技能掌握建立在更宽广的知识沃土上，知其然，更知其所以然。

第四，加强课程思政的植入。牢记"为党育人，为国育才"的初心使命，落实立德树人的根本任务，培养学生的爱国情怀与高尚人格，强化"民航人"品质的塑造，突出教材不但传授文化知识，更是塑造民族精神，增强文化自信的载体。

我们力求本次航空服务类专业重点教材的开发具备以下特色：

第一，充分体现专业属性，强化服务意识和国际化能力。实现本土人才国际化将极大地增强国际竞争力，航空服务人才国际化是一种过程。这种过程是各种文化交流碰撞的过程，是相互学习，相互渗透，互通有无。基于此，本系列教材注重思政育人，把思想政治教育贯穿在教材编写和人才培养的全过程。

第二，创新教材结构，打破传统教材壁垒。本系列教材均为新形态教材，根据教材内容，增加二维码（形式多样：文字、图片、录音、录像、自测客观题等）。

第三，重视学科交叉，突出学科归属与体现。尝试走出过度强调技能而忽视理论的倾向，使专业建设能更好地建立在学科发展的基础上。

第四，加强顶层系统定位，建立科学的课程门类。避免过度交叉与重叠，使教材简洁、清晰，既体现教材各自的功能，又体现教材之间的有机联系。

优秀教材的诞生需要编写团队千辛万苦的不懈努力和编辑人员一丝不苟的工作态度，我们相信，此次的付出定会开拓航空服务类专业教材的新局面。

普通高等院校航空服务类专业重点教材编委会

2023 年 6 月

前　言

　　近年来，我国民航事业在航空运输、机场建设、航线布局、航行保障、飞行安全、人才培训等方面持续高速发展，取得了举世瞩目的成就，在促进国家经济增长和社会发展方面也起到了越来越大的作用，其中，民航运输业更是被作为宏观经济发展的"晴雨表"。随着发展战略目标的转变和升级，我国民航事业进入了全面建设时期，因此，对于民航从业人员及民航专业学生来说，了解和掌握民航事业发展历程及相关专业知识是十分必要的。

　　本书为高等院校学生学习民航基础知识的教材，适用于民航相关专业基础教学和非民航专业通识教学，主要包括民用航空的定义与概况、飞机的构造与系统、飞机的基本飞行原理、民航飞机的飞行性能与安全特性、机场、空中交通管理、航空运输企业及其运营管理、民航系统的运行等知识，通俗易懂，由浅入深，力求为民航从业人员及民航专业学生提供一个能够提升专业能力和培养民航专业素质的知识平台，以适应我国民航业高速发展的需求。

　　本书编者在民航领域工作多年，具有丰富的教学经验，对专业领域的知识体系也有深刻的理解，力求把当前民航的先进技术、先进管理和最新发展状况编入本书，确保内容编排的侧重点把握准确。编者衷心感谢前人对民航事业的建设和发展所做出的卓越贡献。在编写过程中，我们参考了大量有关图书、刊物等资料，在此谨向被引用的资料的作者致以诚挚的谢意。同时，由于编者水平和时间有限，恳请读者对书中不妥之处给予更多关注、批评、指正和帮助。

编者

2023 年 2 月

目　录

第八章　民航系统的运行　/　201

参考文献　/　218

第一章 绪论

【学习目的】

　　民航业是我国经济社会发展重要的战略产业。改革开放以来，我国民航业快速发展，行业规模不断扩大，服务能力逐步提升，安全水平显著提高，为我国改革开放和社会主义现代化建设做出了突出贡献。随着经济的发展和人们出行观念的变化，当前的远距离运输和通行中，航空运输已经成为越来越多人的首选，在市场经济发展中发挥着不可替代的作用。特别是改革开放以来，航空运量持续快速增长，航线网络不断扩大，机队运输能力显著增强，机场、空管等基础设施建设取得重大进展，管理体制改革和扩大对外开放迈出较大步伐。

　　高质量民航人才的输送是保障我国民航业持续发展的基石，让每一个民航人了解民航发展史及民航管理体制，理解国家民航发展战略布局，能够开拓优秀民航人才的高眼界，塑造高质量民航人才的大格局，是民航人才建设工程的重要过程。

【本章学习目标】

　　1. 了解民用航空与军用航空的区分方法；
　　2. 了解民用航空的不同类别及其应用；
　　3. 熟悉民用航空运输的国际性组织管理机构及其职能；
　　4. 了解民航运输的发展历程；
　　5. 熟悉在民航发展过程中做出巨大贡献的几位航空先驱人物；
　　6. 掌握几种常见的民航运输飞机型号特征；
　　7. 了解中国民航运输业发展的几个阶段。

【核心概念】

1. 民用航空;
2. 民用航空的类别划分;
3. 国际民航组织。

【素质目标】

1. 感受中国民航近年取得的伟大成就,提升民族自豪感;
2. 了解中国民航的发展背景、发展思路、管理体制变迁等,理解国家民航发展战略布局;
3. 学习建国初期民航人精神,传承家国情怀。

 ## 【导读】

感受中国民航沧桑巨变——从一穷二白到世界强国

根据 2021 年 2 月美国交通运输部公布的相关数据,自 2006 年以来,客运量一直位列全球第二的中国民航首次超越美国民航跃居全球第一。自 2004 年以来,中国多次连任国际民航组织一类理事国,其运输总周转量在国际民航组织成员国中连续十几年位居前两位,以 2018 年为例,中国民航运输总周转量达到 1206.63 亿吨公里,对全球航空运输的贡献率超过 20%……但是你是否知道,中国民航的这些骄人成绩,是在一穷二白的基础上发展而来的。

中华人民共和国成立之初民航基础源自 1949 年 11 月 9 日发生的"两航起义",十分薄弱。"两航起义"是指"中国航空公司"和"中央航空公司"的员工在中国共产党地下组织的帮助下,在刘敬宜和陈卓林两位总经理的率领下于香港起义,宣布脱离国民党政权,投向祖国怀抱。刘、陈两位总经理乘坐"行宫号"(1950 年 7 月被命名为"北京号")飞机由香港飞往北京,其他 11 架飞机飞往天津。两公司在港员工 2391 人在起义宣言上签名,各地员工相继响应。起义后,大批技术人员和职员陆续回到内地参加航空建设,在港的飞机和器材也在员工的尽力保护下运回内地,如图 1-1、图 1-2、图 1-3、图 1-4 所示。

图 1-1 "两航起义"北飞人员

图 1-2 "两航起义"庆功会现场

图 1-3 新中国第一批空中乘务员

图 1-4 "两航起义"中"北京"号机组成员

　　"两航起义"是中国共产党领导下的一次成功的爱国主义革命斗争,是震惊中外的一件大事。"两航起义"是中国民航史上的一个转折点,我党领导两航起义的伟大壮举,是广大两航员工在波澜壮阔的革命大潮中,遵循党所指引的方向,发扬爱国主义精神,投向祖国怀抱的正义行动,它将永载中国人民解放事业的史册。"两航起义"归来的大批技术业务人员,成为新中国民航事业建设中一支主要技术业务骨干力量;"两航起义"北飞的 12

架飞机和后来由两航机务人员修复的国民党遗留在大陆的 16 架（C-46 型 14 架、C-47 型 2 架）飞机构成了新中国初期的民航机群主体；内运的器材设备，成为新中国民航初期维修飞机所需的主要航空器材来源；组建的太原飞机修理厂、天津电讯修理厂，后来成为发展我国航空工业和电讯研制工业的技术物质基础。

　　一代又一代的民航人，在这个一穷二白的薄弱基础上，经过几十年艰苦卓绝的奋斗，将中国的民航事业发展壮大并屹立于世界强国之林。发展民航事业，就要培养优秀的民航人才。优秀的民航人，不仅身在民航，更要心向民航。

资料来源：广东省政协文化和文史资料委员会.史海拾遗：72 年前，"两航"与国民党政府断绝关系，驾机起义[EB/OL]. (2021-12-01) [2023-05-25]. http://www.gdwsw.gov.cn/shsy/content/post_27168.html.

澎湃政务.杭州萧山国际机场：多少往事烟雨中 民航人快来了解一下"两航起义"始末[EB/OL]. (2019-11-09)[2023-05-25]. https://m.thepaper.cn/baijiahao_4911250.

　　飞机是人类在 20 世纪所取得的最大的科学技术成就之一，从人类最初对飞行器的探索研究，到航空制造技术的突飞猛进，最终成就了今天航空运输业的高速发展。在发展的初期，航空仅仅是一个单一行业，随着飞机制造技术和其他技术的不断发展以及经济和军事的需要，到 20 世纪 20 年代形成了三个相对独立又紧密联系的行业，即航空制造业、民用航空和军事航空。航空制造业是民用航空和军事航空发展的基础，而军事航空是指用于军事目的的一切航空活动，那么军事航空以外的航空活动则属于民用航空。

第一节　民用航空的定义与分类

一、民用航空的定义

　　民用航空是指使用航空器从事除了国防、警察和海关等国家航空活动以外的航空活动。民用航空活动是航空活动的一部分，同时以"使用"航空器界定了它和航空制造业的界限，用"非军事等性质"表明了它和军事航空等国家航空活动不同。

二、民用航空的分类

　　民用航空分为两大类，即公共航空运输和通用航空运输。

　　公共航空运输又称为商业航空，是指以航空器进行经营性的客货运输的航空活动。它的经营性表明这是一种商业活动，以盈利为目的；它又是运输活动，这种航空活动是交通运输的一个组成部门，与铁路、公路、水路和管道运输共同组成了国家的交通运输系统。商业航空的发展主要表现在客货运输量的迅速增长，定期航线密布于世界各大洲，尽管航空运输在运输量方面和其他运输方式相比是较少的，但由于快速、安全、舒适、远距离运输能力强、高效益和不受地形限制等一系列优点，商业航空在交通运输结构中占有独特的地位，它促进了国内和国际贸易、旅游和各种交往活动的发展，使在短期内开发边远地区成为可能。近年来，航空运输在总产值上的排名不断提升，而且在经济全球化的浪潮中和国际交往上发挥着不可替代的、越来越大的作用，因此商业航空在交通运输行业中有很好的发展前景。

通用航空运输是指除公共航空运输之外的所有民用航空活动。也可以说，通用航空是除军用航空和民用商业航线飞行之外的所有飞行活动。它包括从事工业、农业、渔业和建筑业的作业飞行，医疗卫生、抢险救灾、气象探测、海洋监测、科学实验、教育培训、文化体育等方面的飞行活动，以及公务航空和私人航空。通用航空业是以通用航空飞行活动为核心，涵盖通用航空器研发制造、市场运营、综合保障以及延伸服务等全产业链的战略性新兴产业体系。

通用航空应用的主要体现：工业航空应用于航空摄影、航空物探、航空环境监测等；农业航空广泛应用于农、林、牧、渔等行业，执行播种、喷药、施肥、森林防火、灭火等作业；航空科研和探险活动主要包括新机试飞、气象观测、探险等活动；飞行训练是指培养民航驾驶员；航空体育运动包括跳伞、滑翔机、热气球、航模等运动；公务航空是指政府官员和企业管理人员使用飞机处理政府行政事务和进行商务活动；个人驾驶飞机进行私人活动称为私人航空。目前世界航空强国的公务航空和私人航空占通用航空的绝大部分。图 1-5 为用于航空俱乐部活动的通用航空飞机。

图 1-5 用于航空俱乐部活动的通用航空飞机

第二节 民用航空的管理机构

一、国际民航组织

国际民航组织（International Civil Aviation Organization，ICAO）是联合国的一个专门机构，为促进全世界民用航空安全、有序地发展而成立。国际民航组织总部设在加拿大的蒙特利尔，负责制订国际空运标准和条例，是所有缔约国在民航领域中开展合作的媒介，会徽标识如图 1-6（a）所示。

国际民航组织的权利能力和行为能力主要表现在以下几方面。

第一，协调国际民航关系。多年来，国际民航组织充当协调人，在协调各国关系上发挥过不可替代的作用，努力在国际民航的各领域协调各国的关系，制订统一的标准，促进国际民航健康、有序地发展。

（a）国际民航组织　　（b）国际航空运输协会

图 1-6　国际民航组织及国际航空运输协会标识

　　第二，解决国际民航争议。国际民航组织不仅参与国际条约的制订，还以条约缔约方的身份签订国际条约，解决民航争议。

　　第三，特权和豁免。国际民航组织各成员国代表和该组织的官员在每个成员国领域内，享有为达到该组织的宗旨和履行职务所必需的特权和豁免。

　　第四，参与国际航空法的制订。国际民航组织，制订了很多涉及民航各方面活动的国际公约，包括《芝加哥公约》及其附件的各项修正、制止非法干扰民用航空安全的非法行为，以及国际航空私法方面的一系列国际文件。

　　国际民航组织由大会、理事会和秘书处三级框架组成。

　　（1）大会是国际民航组织的最高权力机构，由全体成员国组成。大会由理事会召集，一般情况下每三年举行一次，遇有特别情况时或经五分之一以上成员国向秘书长提出要求，可以召开特别会议。参加大会的每一个成员国只有一票表决权。大会决议一般以超过半数通过，但在某些情况下，如《芝加哥公约》的任何修正案，则需三分之二多数票通过。大会的主要职能：选举理事会成员国，审查理事会各项报告，提出未来三年的工作计划，表决年度财政预算，授权理事会必要的权力以履行职责，并可随时撤回或改变这种权力，审议关于修改《芝加哥公约》的提案，审议提交大会的其他提案，执行与国际组织签订的协议，处理其他事项等。大会召开期间，一般分为大会、行政、技术、法律、经济五个委员会对各项事宜进行讨论和决定，然后交大会审议。

　　（2）理事会是向大会负责的常设机构，由大会选出的 33 个缔约国组成。理事国分为三类：第一类是在航空运输领域居于特别重要地位的成员国；第二类是对国际航空运输的发展有突出贡献的成员国；第三类是区域代表成员国。这三类理事国比例分配为 10∶11∶12。

　　理事会设主席一名。主席由理事会选举产生，任期三年，可连选连任。

　　理事会每年召开三次会议，每次会议会期约为两个月。理事会下设财务、技术合作、非法干扰、航行、新航行系统、运输、联营导航、爱德华奖八个委员会。每次理事会开会前，各委员会先分别开会，以便将文件、报告或问题提交理事会。

　　理事会的主要职责：执行大会授予并向大会报告本组织及各国执行公约的情况；管理本组织财务；领导属下各机构工作；通过公约附件；向缔约各国通报有关情况；设立运输委员会，研究、参与国际航空运输发展和经营有关的问题并通报成员国；对争端和违反《芝加哥公约》的行为进行裁决等。

　　（3）秘书处是国际民航组织的常设行政机构，由秘书长负责保证国际民航组织各项工作的顺利进行。秘书处下设航行局、航空运输局、法律局、技术合作局、行政局五个局以及财务处、外事处。此外，秘书处有 1 个地区事务处和 7 个地区办事处，分设在曼谷、开罗、达喀尔、利马、墨西哥城、内罗毕和巴黎。地区办事处直接由秘书长领导，主要任务是建立和帮助缔约各国实行国际民航组织制定的国际标准和建设措施以及地区规划。

二、国际航空运输协会

国际航空运输协会（International Air Transport Association，IATA）是一个由世界各国航空公司所组成的大型国际组织，总部设在加拿大的蒙特利尔，执行机构设在日内瓦，会徽标识如图 1-6（b）所示。IATA 的宗旨是为了世界人民的利益，促进安全、正常而经济的航空运输，对于直接或间接从事国际航空运输工作的各空运企业提供合作的途径，与国际民航组织以及其他国际组织通力合作。与监管航空安全和航行规则的国际民航组织相比，它更像是一个由承运人组成的国际协调组织，管理在民航运输中出现的诸如票价、危险品运输等问题，其主要职能包括国际航空运输规则的统一、业务代理、空运企业间的财务结算、技术合作、参与机场活动、协调国际航空客货运价、航空法律工作和帮助发展中国家航空公司培训高级和专门人员等。国际航空运输协会的主要作用是通过航空运输企业来协调和沟通政府间的政策，并解决实际运作的问题。截至 2017 年 3 月，国际航空运输协会共有 271 个会员。年度大会是最高权力机构；执行委员会有 27 个执行委员，由年会选出的空运企业高级人员组成，任期三年，每年改选 1/3，协会的年度主席是执委会的当然委员；常设委员会有运输业务、技术、财务和法律委员会；秘书处是办事机构。

三、国际机场理事会

国际机场理事会（Airports Council International，ACI），原名为国际机场联合协会（Airports Association Council International），于 1991 年 1 月成立，1993 年 1 月 1 日改称国际机场理事会。国际机场理事会是全世界所有机场的行业协会，是一个非营利性的组织，其宗旨是加强各成员与全世界民航业组织、机构的合作，包括政府部门、航空公司和飞机制造商等，并通过这种合作促进建立一个安全、有效、环境和谐的航空运输体系。

国际机场理事会的发展目标有以下几个方面。

第一，保持和发展世界各地民用机场之间的合作，相互帮助。

第二，就各成员机场所关心的问题，明确立场，形成惯例，以"机场之声"的名义集中发布和推广这些立场和惯例。

第三，制定加强民航业各方面合作的政策和惯例，形成一个安全、稳定、与自然环境相适应的高效的航空运输体系，推动旅游业和货运业乃至各国和世界经济的发展。

第四，在信息系统、通信、基础建设、环境、金融、市场、公共关系、经营和维修等领域内交流有关提高机场管理水平的信息。

第五，向国际机场理事会的各地区机构提供援助，协助其实现上述目标。

国际机场理事会目前有 5 个常务委员会，分别为技术与安全委员会、环境委员会、经济委员会、安全委员会、简化手续和便利客户流程委员会，就其各自范围内的专业制定有关规定和政策。

四、国际航空电信协会

国际航空电信协会（Society International De Telecommunication Aero-nautiques，SITA）是国际民航组织认可的一个非营利的组织，是航空运输业中领先的电信和信息技术解决方案的集成供应商。

1949年12月23日，荷兰、法国、英国、瑞士等11家欧洲航空公司代表在布鲁塞尔成立了国际航空电信协会，将成员航空公司的通信设备相互连接并共同使用。70多年来，随着成员不断增加和航空运输业务对通信需求的增长，SITA已成为一个国际化的航空电信机构，SITA经营着世界上最大的专用电信网络。SITA的主要职责是带动全球航空业使用信息技术的能力，并提高全球航空公司的竞争能力，不仅为航空公司提供网络通信服务，还可为其提供共享系统，如机场系统、行李查询系统、货运系统、国际票价系统等。

中国民航于1980年5月加入SITA。中国民航通信网络与SITA相连通，实现了国内各个航空公司、机场航空运输部门与外国航空公司和SITA亚特兰大自动订座系统连通，实现大部分城市订座自动化。中国民航还部分使用了SITA伦敦飞行计划自动处理系统，在商定的航线采用自动处理的飞行计划。

第三节　民航运输业的发展历史

一、飞机的诞生

人类自古以来就梦想着能像鸟一样在天空中飞翔。在遥远的古代，我们的祖先首先想到了要制造像鸟一样飞的机器，当时使用的"机翼"是用地道的鸟禽羽毛做的，而"机身"却是活生生的人。不难想象，这种将羽毛或轻质木材贴在手臂上尝试飞行的结果一定是失败的。

在经历了许多失败之后，人类逐渐认识到单纯地利用羽毛翅膀是不能飞行的，并开始寻找一种机械的方式，扑翼机就这样诞生了。最早记述扑翼机的文献是英国的修道士罗杰•培根在1250年发表的《工艺和自然的奥秘》一文；15世纪初，欧洲文艺复兴时期著名画家达•芬奇也对飞行抱有热忱，并利用物理和解剖知识对扑翼机进行了进一步的设计与改良；之后也有许多人热衷于扑翼机的制造，但大都以失败而告终。扑翼飞行示意图如图1-7所示。

图1-7　扑翼飞行示意图

在之后的岁月里人们对在空中飞翔的热情越来越高涨，各种能飞上天的技术及发明层出不穷，并且对飞行的理论认识也更加深入。

　　1783 年 6 月,法国的蒙哥尔费兄弟在里昂安诺内广场做公开表演,一个圆周约为 33 m 的模拟气球升起,飞行了约 2.4 km,自此之后的一百多年,人类的飞行处于悬空器时代,如图 1-8 所示;1891 年,德国工程师、滑翔飞行家李林达尔及其团队制成一架蝙蝠状的弓形翼滑翔机,成功地进行了滑翔飞行,飞行距离超过 30 m,如图 1-9 所示。理论方面,英国科学家、空气动力学之父乔治·凯利为重于空气的航空器创造了必要的飞行原理,他在 1809 年发表的论文《论空中航行》更被认为是航空学诞生的标志。在总结前人的经验、仔细研究飞行理论的基础上,美国的莱特兄弟通过 1000 多次滑翔试飞后,于 1903 年制造了人类第一架依靠自身动力进行载人飞行的飞机——"飞行者 I 号",并在美国北卡罗来纳州试飞成功,如图 1-10 所示。这是人类在飞机发展的历史上取得的一次巨大成功,他们因此于 1909 年获得美国国会荣誉奖。

图 1-8　蒙哥尔费兄弟和他们的热气球表演

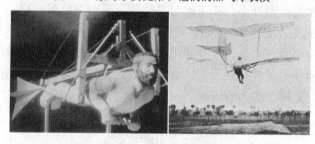

图 1-9　李林达尔在进行滑翔机的试验

图 1-10　莱特兄弟和他们设计的"飞行者 I 号"

　　从此以后,飞机的制造技术得到了迅速而大力的发展,飞机的职能与种类也不断地增多。1915 年,法国给一种 L 型飞机装上一挺机枪和一种叫作偏转片的装置,使它真正具有了空战能力,世界上第一架真正意义上的战斗机正式宣告诞生;1939 年 9 月 14 日,美国工程师西科斯基研制成功的 VS-300 直升机标志着世界上第一架实用型直升机诞生,如图 1-11 所示;20 世纪 40 年代末,德·哈维兰公司制造的彗星客机成为历史

图 1-11　最早的直升机 VS-300

上第一种喷气式民航客机。

二、世界民航运输业的发展

飞机的诞生大大改变了人类社会的运输方式，飞机的平均百万操作小时失事率仅约0.37，但因为空难事件死亡率较高，故其安全性仍为舆论关注与质疑焦点。飞机诞生后，民航运输业随之崛起，民航运输业的发展主要经历了以下几个发展阶段。

（一）第一次世界大战前后萌芽时期的民航运输业

莱特兄弟在 1903 年发明飞机后的最初几年，各国的军方是航空发明的资助者。第一次世界大战后，大量剩余飞机被欧美各国政府以低价抛售求现，数以千计的飞行或技术人员急需谋求军事以外的出路，造就了第一次"军转民"的浪潮。

自 20 世纪 30 年代起，民航运输业开始从萌芽时期逐渐走向成熟，并崛起了一批优秀的飞机公司，生产了一系列经典的飞机型号，如波音公司、道格拉斯公司、洛克希德公司等。与此同时，与航空相关的组织机构、法律法规等也开始萌生。

波音公司成立于 1916 年 7 月 15 日，由威廉·爱德华·波音创建，如图 1-12 所示。1930 年，波音公司开始了全金属客机的研制，最终成就了航空史上著名的波音 247 型客机。它具有全金属结构和流线型外形，起落架可以收放，采用下单翼结构。飞机的巡航速度为 248 km/h，航程 766 km，载客 10 人，并可装载 181 kg 的邮件，机上座位舒适，设有洗手间，还配有一名空中小姐。波音 247 飞机的乘机条件比其他飞机大大改善，速度较一般客机也有很大提高，所以很受各航空公司的欢迎，成为民航运输史上的功臣，开辟了民航旅客运输的全新时代，如图 1-13 所示。

图 1-12 波音公司创始人威廉·爱德华·波音（左）与普惠发动机公司创始人弗雷德里克·伦

图 1-13 美国波音公司的 B-247

此外，美国的另两家飞机公司道格拉斯公司（麦道前身）、洛克希德公司也致力于开发新型的民用客机，更加夯实了民航运输快速发展的基础。道格拉斯公司为与波音公司的B-247竞争，推出加长型的14座DC-2。从此掀开了两家公司长达数十年的竞争，直到1996年年底波音将麦道合并为止。

1919年巴黎和会上38国签订航空公约——《巴黎公约》，这是世界上第一部国家间的航空法。同年，德国开通了柏林—魏玛的每日定期民航客运，法国开辟了巴黎—布鲁塞尔每周一次的定期航班，英国开辟了伦敦—巴黎的每日定期航班。《巴黎公约》和定期空中客运的开通标志着民用航空正式诞生，随后成立了国际航空运输协会。

（二）第二次世界大战后成长时期的民航运输业

第二次世界大战时期因军事需要而在世界各地兴建的大型机场为战后民航迅速发展创造了良好环境，第二次世界大战后民用航空运输快速发展。1946年，全球空运旅客达1800万人次，其中2/3是美国国内航空公司运送的。但当时使用的飞机采用活塞式动力装置，不仅速度慢，而且因为飞行高度低，飞机易受大气湍流影响，天气不好时多数乘客呕吐不止，乘坐舒适度低，因此迫切需要在飞机设计方面进行技术革新。

喷气式飞机的投入使用使民航技术实现另一次跃升，不仅使民航飞机的速度提高，而且使飞行高度提升到平流层，提高了安全性和舒适性。民航第一种纯喷气式客机是英国的"彗星号"（见图1-14），翼下装有四台喷气式发动机，1949年由德·哈维兰公司设计。"彗星号"采用了当时的新技术和新材料，被认为是在飞行速度、舒适性、载客人数等方面都代表了当时最先进水平的大型喷气式客机，1952年5月开始在伦敦—南非航线上使用。但是"彗星号"在投入使用后不久，由于对增压座舱结构设计经验不足，长时间飞行以及频繁起降使机体反复承受增压和减压而引发金属疲劳，造成多次客机空中解体事故，后虽经改进，但仍不如波音公司随后推出的波音707。波音707是美国波音公司在20世纪50年代发展的波音系列飞机，是波音首部四发喷气式发动机民航客机，也是世界第一部在商业上取得成功的喷气式民航客机，该机型采用后掠式下单翼，后掠式垂直尾翼，顶端装有天线，水平尾翼靠下安装，成为喷气式飞机的设计典范，如图1-15所示。波音公司也是凭借波音707的成功，执掌了民航运输机的生产近半个世纪，之后发展出的各型号7X7喷气式客机，都取得了各个国家航空公司较高的认可度。与此同时，道格拉斯公司研发的DC-8（见图1-16）、法国研发的法国Caravell（卡拉维尔）短程喷气式飞机以及英国研发的短程三发动机100座级客机"三叉戟"（见图1-17）也都取得了较大的成功。

图1-14　第一种喷气式客机"彗星号"

图1-15　波音公司生产的B707客机

图 1-16 道格拉斯公司生产的 DC-8

图 1-17 英国三发动机客机"三叉戟"

从 20 世纪 30 年代到 70 年代初，美国航空工业一直主宰着世界飞机市场，其间欧洲几个航空发达国家处于相互竞争、自相残杀的困境。直到 20 世纪 60 年代中后期，法国、德国和英国等国家才意识到，如果要生存就必须停止自相残杀，集中各国之力来对抗美国强大的航空工业。1970 年 12 月，欧洲空中客车公司（Airbus）正式于法国成立，这是一个欧洲航空公司的联合企业，其创建的初衷是为了同波音和麦道那样的美国飞机生产制造公司竞争，从此开启了另一个飞机生产制造企业的神话。其后生产的一系列空客飞机（如 320 系列、330/340 系列等）在世界航空客运市场上占有重要的地位。

随着飞机技术的不断进步，保障行业发展的法律法规也在不断地完善，共同推动民航运输业的快速发展，1944 年 11 月 1 日—12 月 7 日，52 个国家在芝加哥签订了《芝加哥公约》；1947 年 4 月 4 日公约生效，"国际民航组织"正式成立。

（三）现代腾飞时期的民航运输业

喷气式飞机技术已经趋于成熟，而国际航空法规也开始日渐完善，民航运输业开始进入快速发展、高速腾飞的时代。而世界范围内飞机设计制造技术比较领先的生产厂商也逐渐演变成了波音与空客的双雄争霸竞争局面。

20 世纪 60 年代，波音公司推出了被称为"世界航空史上最成功的民航客机"——波音 737（见图 1-18）。波音 737 主要针对中短程航线的需要，具有可靠、简捷、运营和维护成本低的特点。截至 2016 年，波音已经向全球客户交付了近 9000 架波音 737 各种机型，其订单数更是达到了 13 298 架，成为世界上最成功的客机家族之一。

20 世纪 60 年代末，波音公司在美国空军的主导下又推出了大型商用宽体客/货运输机波音 747（见图 1-19），波音 747 也是世界上第一款宽体民用飞机，自 1970 年投入运营后，到空客 A380 投入运营之前，波音 747 保持全世界载客量最高的飞机纪录长达 37 年。

图 1-18 波音 737 客机

图 1-19 波音 747 客机

波音 747 飞机是波音公司生产的四发动机远程宽机身运输机，以 747-300 为例，客座数在全经济舱布局的情况下能够容纳约 550 人，是当时最大的一款民航飞机，双层客舱及独特的外形设计也成为它区别于波音其他型号的重要标志，标准客舱平面布局如图 1-20 所示。

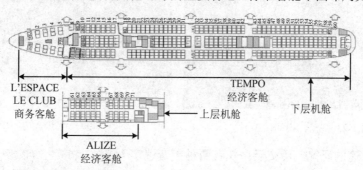

图 1-20　B747-300 的标准客舱平面布局

继波音 747 之后，波音公司又陆续推出了波音 757、767、777、787 等一系列机型，客座数、航程、经济性能等方面满足航空公司多元化的需求，特别是新型波音 787 梦想客机，大量采用了先进复合材料，实现了超低燃料消耗、较低污染排放、高效益及舒适的客舱环境，为未来民航运输的发展方向提供了思路，也为民航运输业的快速发展提供了强有力的运力保障，如图 1-21 所示。

与此同时，欧洲的空中客车公司也在茁壮成长。空中客车公司是欧洲一家飞机制造、研发公司，1970 年 12 月于法国成立，其股份由欧洲宇航防务集团公司 100%持有，是一个欧洲航空公司的联合企业，创建的初衷是为了同波音和麦道那样的美国公司竞争。20 世纪 60 年代，欧洲飞机制造商之间的竞争和美国一样激烈，于是在 60 年代中期关于欧洲合作方法的试验性谈判便开始了。1967 年 9 月，英国、法国和德国政府签署了一个谅解备忘录，开始进行空中客车 A300 的研制工作，而后又推出了空客 A320 系列客机（见图 1-22）、A330/340 客机，空客 320 系列客机对美国波音公司的 737 运输市场冲击很大。2000 年 12 月，空中客车公司开始 A380 计划，2001 年年初正式定型，2005 年 4 月 27 日首航，2007 年 10 月 25 日第一次商业飞行。

图 1-21　波音 787 梦想客机　　　　图 1-22　空客 A320 系列客机

空中客车 A380 是四引擎、555 座级超大型远程宽体客机，是目前世界上载客量最大的客机，有空中巨无霸之称。空客 A380 的投入使用标志着奢华航空时代的来临，如图 1-23、图 1-24 所示。

图 1-23　空客 A380

图 1-24　空客 A380 驾驶舱

对于超音速的研究，历史至今仅有两种超音速客机曾经批量生产并投入商业营运，分别为英国、法国联合研制的协和式飞机（见图 1-25）以及苏联的图-144（机型）客机，均在 20 世纪 60 年代末出现。但超音速客机自问世以来一直备受成本效益、环境破坏等因素困扰，并没有大规模推广使用。图-144 客机在 1978年 6 月进行最后一次载客飞行后离开商业营运的舞台，而协和式飞机在 2003 年 10 月 23 日进行了最后一次的商业飞行，并于 2003 年 11 月 26 日正式退役，从此世界上再没有提供商业营运的超音速客机。

图 1-25　协和式飞机

超音速客机比普通民航机具有更高的速度和效率，因此一直吸引着不少飞机制造商的注意和兴趣。实际上，对新一代超音速客机的摸索和研究并没有停止过，但以目前的航空技术，研发新一代经济、可靠的超音速客机仍会遇到不少挑战，主要是噪声严重、庞大的研发和生产成本支出、高油耗、对环境破坏的隐忧等。

三、中国民航运输业的发展概况

中国民航运输业是从无到有、从小到大、从弱到强逐渐发展起来的，经历了一系列不平凡的过程，才达到了今天令人瞩目的成就。回顾这一历史过程，其间主要经历了以下几个发展阶段。

（一）旧中国时期（1909—1949 年）

1909 年冯如制造了中国第一架飞机并试飞成功，同年 10 月正式成立广东飞行器公司，由冯如担任总设计师，开始了中国民航事业的初期探索，如图 1-26 所示。但冯如在 1912年的一次飞行表演中不幸遇难，英年早逝。

1918 年，北洋政府设立航空事务处，这是中国第一个主管民航事务的正式管理机构；1920 年，中国建立第一条航线——北京—天津航线，由此拉开了中国民航的序幕。到抗战前夕已经初步建立了除东北之外的国内主要城市间的航空线；到 1949 年设置国内外航线52 条，连接 40 多个城市，从业人员达 6000 余人。

图 1-26 冯如和他设计的飞机

（二）计划经济时期（1949—1978 年）

这一时期民用航空是军事航空的从属，民用航空的首要任务是保障政府和军事人员的交通、国际交往以及处理紧急事件，客货运输任务居第二位。

1949—1976 年，我国先后生产了多种战斗机和运输机。但"文化大革命"时期，民航业受到严重干扰，处于停滞状态。

（三）改革开放时期（1978—2002 年）

1972 年我国在联合国席位的恢复，使我国的民航事业得到了生机，有了一定的发展，而真正的转变是在 1978 年。1978 年，我国开始改革军事化的集中指挥体系，进行经济核算，把工作的重点放在发展生产上，使得我国民航业有了巨大的发展，国内航线大大增加，并建立了通向世界各大洲的国际航线网；1980 年，民航正式从军队管理转为政府领导；1978—1987 年，中国民航运输总周转量从世界排名第 37 位上升到第 17 位。

从 1987 年起，民航总局决定把航空公司、机场和管理局按照其自身性质分离，分别进行经营和管理，把航空公司、机场和行政管理政企分开，这一改革措施大大加快了航空公司和机场等民航相关单位的发展进程。到 1997 年，中国民航运输总周转量居世界前列，运营的航线、机场数量以及通航的城市数量显著增长，航空运输企业如中国航空集团公司、中国东方航空集团公司、中国南方航空集团公司等也颇具规模。

（四）高速发展时期（2002 年至今）

2002 年，中国民航进行了一次重大的改革重组，对民航总局直属的 9 家航空公司进行联合重组，实行政企分开，形成三大航空集团，即中国航空集团公司、中国东方航空集团公司和中国南方航空集团公司三大航空运输集团（2018 年分别更名为中国航空集团有限公司、中国东方航空集团有限公司、中国南方航空集团有限公司），并成立了中国民航信息集团公司、中国航空油料集团公司和中国航空器材进出口集团公司（2008 年更名为中国航空器材集团公司）三大航务保障集团公司。

改革开放后的中国民航成为全球增长速度最快、最重要的民航市场之一，其运输生产、基础设施建设都取得了新的进展，同时也出色地完成了各项重大运输保障任务。近年我国经济发展迅速，根据国家统计局发布的数据，航空运输需求量爆炸式增长，图 1-27 为 2010—2019 年出境人数及增长率统计数据。在这样的背景下，体制改革后的民航事业取得了巨大

的成就和突破性的发展。图 1-28 为 2013—2019 年我国民航货邮运输量走势，复合年增长率约为 4.7%；图 1-29 为 2013—2019 年我国民航全行业货邮周转量走势，可以看出，总量稳步提升，增幅呈下降趋势。受疫情因素影响，2020—2022 年出境人数、航空运量等均断崖式下降，航空运输业发展受到打击。

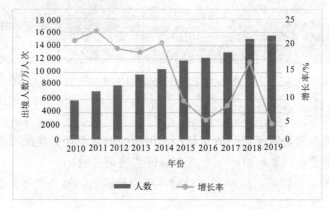

图 1-27　近年我国出境人数及增长率示意图

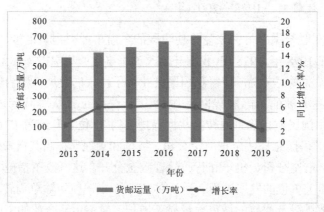

图 1-28　2013—2019 年我国民航货邮运输量数据统计

图 1-29　2013—2019 年我国民航货邮周转量数据统计

 **资料 1-1**

空姐的诞生

 **资料 1-2**

波音 747 的诞生

波音 747 的首家客户是泛美航空公司，在 1966 年获得 25 架订单，1970 年交货，当时发生了一段著名的小插曲。

由于波音 747 实在太大，令人怀疑它到底能否飞起来。当时泛美航空公司总裁胡安·特里普担心波音 747 计划夭折，因此希望波音公司首先落实 747 计划才下订单；同一原因，波音公司有感于 747 计划牵涉庞大资金，而且与洛克希德公司争取美军大型运输机计划失败，波音公司总裁比尔·艾伦亦不甘示弱，要求泛美航空公司先下订单才会落实生产。当时特里普对艾伦说："只要你造，我就买。"艾伦的回答是："只要你买，我就造。"

当时波音公司的厂房并没有足够大的空间生产波音 747，波音公司考察了若干地点，最后于 1966 年在华盛顿州西雅图北部购买了 780 英亩（约 3.16 平方千米）土地，用作建造全新的厂房，是当时全球最大的工厂。普惠公司亦为波音 747 开发了全新的发动机，当时波音 747 配备 4 台 JT9D-3 涡轮风扇发动机。波音 747 由接受订单至交付使用只有四年时间，该项目成为波音公司的一次商业豪赌，波音公司为了投资波音 747，几乎陷入破产边缘。当时的主要竞争对手的产品为三发动机的道格拉斯 DC-10 和洛克希德 L-1011 三星客机。不少航空公司初期对波音 747 抱观望态度，担心如此大的飞机能否适应各地的机场，以及四引擎飞机的耗油量是否会大大高于三发动机方案的飞机。结果则证明波音 747 是十分成功的设计。

资料来源：中国民航网.图说波音747的前世今生：1970年首次投入使用[EB/OL]. (2014-09-28) [2023-05-25]. https://mp.weixin.qq.com/s?__biz=MjM5ODk5MDg2Mw==&mid=202727961&idx=2&sn=123f3a06a8b0b89d317d 2416cfd66864&chksm=2f23877918540e6f341a408e9c435d80fd66aeb943fec21319788a534a863ad32f2583dd 6157&scene=27.

 **资料 1-3**

空客 A380 的诞生

空中客车公司虽然在其他机型上都有与波音公司竞争的机型，但只有在大型远程民用

运输机这个市场一直是空白，虽然空客 A340 最初的设计目的是与波音 747 竞争，但由于运载人数与波音 747 相比还有一定差距，因此仍然不能撼动波音 747 的绝对优势地位。

很快，空中客车公司开始开发 500～800 座级大型民航运输机，意在抢夺由波音 747 把持的大型客机市场。空中客车公司提出了对未来民用航空发展的推断：未来世界民航运输机将继续向大型化发展。并以此提出了"枢纽/辐射"的理念，即旅客通过支线航班汇聚到枢纽机场，再由大型运输机送到另一枢纽机场，最后再乘坐支线客机到达目的地。空中客车公司认为，改善 21 世纪空中交通拥挤的最好办法是增加运力。空中客车公司推出超大型运输机计划项目曾引起不少人担忧，空中客车公司则认为大型客机的市场前景十分乐观，同时为了完善空中客车的客机系列，占据更有利的地位与波音公司竞争，值得承担巨大的商业风险。

1994 年 6 月，空中客车公司宣布了其超大型运输机计划，最初该计划被称为"A3××"。2000 年 12 月，欧洲空中客车集团的主要持股者——欧洲航天国防集团与英国航天集团共同宣布，通过投资 88 亿欧元的"A3××"计划，并将名称改为 A380。当时已经有 6 家航空公司预订共 55 架 A380。A380 于 2001 年年初正式定型，第一架 A380 出厂时计划的开发成本已升至 110 亿欧元。

空客 A380 于 2005 年 4 月 27 日首航，2007 年 10 月 25 日第一次商业飞行，2009 年 7 月 9 日，新加坡航空开通首班新加坡至中国香港 A380 航班。2011 年 10 月 17 日，A380 飞机正式执行中国内地第一次载客飞行任务，首飞北京到广州航线；2012 年 3 月 1 日，南航第三架 A380 平稳降落在北京首都国际机场，并于 3 月 2 日正式投入运营北京—香港航线。

资料来源：百度百科.空中客车 A380[EB/OL].(2023-04-28)[2023-05-25]. https://baike.baidu.com/item/%E7%A9%BA%E4%B8%AD%E5%AE%A2%E8%BD%A6A380/1537333?fr=aladdin.

案例 1-1

中国民航业兼并重组历史

中国民航业经历了数次兼并重组，每一次大型整合都在改变中国航空市场的竞争格局。

1986 年之前，中国民航局政企合一，既是主管民航事务的政府部门，又是以"中国民航"名义直接经营航空运输业务的全国性企业。1987 年，民航局按照区域划分设立六家国家骨干航司，实行政企分开、自主经营、自负盈亏、平等竞争。但由于运输能力布局分散，成本居高不下，航司竞争激烈，使得航司盈利能力低、资产负债率高等问题凸显。

2002 年，政府主导联合重组。国务院印发《民航体制改革方案》，对民航局直属 9 家航空公司进行联合重组。2002 年年底，三大航空集团重组完成，与民航总局脱钩，交由国资委管理。至此，中国民航市场"三大航空公司——国航、东航、南航"三足鼎立的格局正式形成，并延续至今，如图 1-30 所示。经过此次联合重组，三大航空公司从区域性航空公司，初步形成以主要基地为重要节点的全国性航线网络。其中，中国国航以北京、成都、杭州为主要基地，东方航空以上海、昆明、西安为主要基地，南方航空以广州、沈阳、乌鲁木齐为主要基地。

2009—2010 年两次整合。2007—2009 年，中国航空市场客座率仅 75% 左右，需求波动，油价飙升，航空公司经营压力剧增。期间先后发生两起中型航空公司的整合，边际上改变了中国航空市场的竞争格局。2009年7月，东方航空公告换股吸收合并上海航空，新东航成为中国第二大航空公司。2010年3月，中国国航公告增资民营航空公司深圳航空，缓解深圳航空现金流压力。增资后国航成为深圳航空控股股东，国航管控优秀，二者战略协同发展。

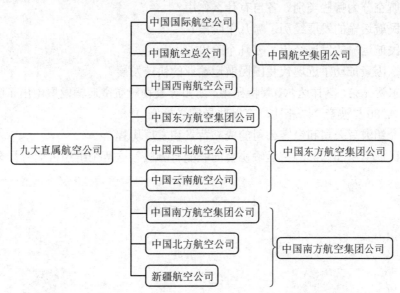

图1-30　2002年民航总局九大直属航空公司重组方案

资料来源：岳鑫，郑武.中国民航业兼并重组历史启示[EB/OL]. (2020-03-03) [2023-05-25]. http://news.carnoc.com/list/525/525203.html.

 ## 本章小结

本章内容共分以下三节进行介绍。

第一节主要讲述了民航运输业的定义、分类，通过定义介绍了民用航空与军用航空的区别；通过对民用航空的分类介绍，明确了商业航空运输与通用航空运输的区别，并对商业航空运输及通用航空运输的应用进行了简单讲解，清楚描绘了各类民航运输之间的异同之处。

第二节介绍了与民航运输相关的国际性组织管理机构，主要包括国际民航组织、国际航空运输协会、国际机场理事会、国际航空电信协会等，并介绍了这些组织的职能、权力行使范围等，展示了国际民航事务的管理方式。

第三节讲述了民航运输的发展历程，包括世界民航运输业的发展和我国民航运输业的发展，并对民航运输发展史上的一些重要事件进行了介绍，展示了民航发展的轨迹。

通过本章学习，能够全面了解民航运输业概况，对该行业有更清晰的认知。

民用航空概论

  本章思考题

1. 什么是民用航空？

2. 民用航空分为哪些类别？各自有什么作用？

3. 世界民航运输的发展经历了哪几个阶段？

4. 中国民航运输的发展经历了哪几个阶段？

5. 是什么因素推动了近现代我国民航运输业的快速发展？

6. 蒙哥尔费兄弟、李林达尔、莱特兄弟、冯如等人物对航空运输发展做出了哪些贡献？

7. 空客 A380 与波音 747 相比，有哪些异同之处？

8. 简要介绍波音公司和空客公司的成立背景和发展历程。

9. 国际民航组织和国际航空运输协会的职能有哪些？这两个组织机构有什么关系？

第二章　飞机的构造与系统

【学习目的】

飞机是20世纪初最重大的发明之一。自发明以后，飞机日益成为现代文明不可缺少的工具。它深刻地改变和影响了人们的生活，推动了人们征服蓝天的历史。自从世界上出现飞机以来，飞机的结构形式虽然在不断改进，飞机类型不断增多，但到目前为止，除了极少数特殊形式的飞机之外，大多数飞机都是由以下几个主要部分组成，即：机翼、机身、尾翼、起落装置和动力装置，它们各有其独特的功用。

本章内容着重讲述飞机的结构组成、内部系统等的功用、特点、原理等，因为只有了解飞机的机体结构和构造，熟悉飞机主要部件的特点和功用，掌握各个系统的基本工作原理，才能在航空运输的各个工作环节中进行科学的分析，在出现航空器事故征候时做出正确的处置，在遇到紧急突发状况时保持冷静地面对。同时，也通过对飞机结构与构造的了解，认识我国航空制造业与世界先进水平的差距与不足，从而体会我国科技强国的战略部署以及培养技能人才、能工巧匠、大国工匠的意义所在，大力弘扬工匠精神。

【本章学习目标】

1. 掌握飞机按照构造形式不同的分类方式；
2. 掌握飞机的基本组成部件及其作用；
3. 掌握机翼及机翼上各种增升装置和增阻装置的位置及作用；
4. 了解梁式机身、半硬壳式机身和硬壳式机身这几种不同的机身结构及其受力特点；
5. 掌握尾翼的组成及各部分的作用；
6. 掌握起落架各种不同的结构类型及配置类型的特点；
7. 了解活塞发动机和喷气发动机的基本工作原理；
8. 了解飞机电子仪表系统的组成、作用及基本工作原理；
9. 掌握座舱空调系统的组成及作用；

10. 了解现代民航飞机的特点。

【核心概念】

1. 机体结构;
2. 航空发动机;
3. 电子仪表系统;
4. 座舱空调系统。

【素质目标】

1. 树立安全飞行意识,立足科学维度提升职业素养;
2. 认识我国航空制造业与世界先进水平的差距与不足,体会我国科技强国的战略部署以及培养技能人才、能工巧匠、大国工匠的意义所在,大力弘扬工匠精神。

【导读】

认识中国大型客机——C919

中国大型客机 C919 是中国首款按照最新国际适航标准研制,具有自主知识产权的干线民用飞机,专为短程到中程的航线设计,由中国商用飞机有限责任公司(简称中国商飞)于 2008 年开始研制。中国大飞机选定 C9 字头作为系列客机的命名,其中 C 是 China 的首字母,也是中国商飞英文缩写 COMAC(Commercial Aircraft Corporation of China)的首字母,第一个"9"的寓意是天长地久,"19"代表的是中国首型中型客机最大载客量为 190 座。

C919 飞机采用常规布局形式,后掠下单机翼、左右机翼下各安装一台高涵道比涡轮风扇发动机,正常式尾翼及前三点可收放式起落架。飞机驾驶舱采用两人机组体制,大屏 LCD 显示器(见图 2-1);客舱采用单通道布置,全经济舱布置 168 座,混合舱布置 156 座(见图 2-2)。飞机全长 38.90 m,翼展 35.80 m,机高 11.95 m,其运营安全性、经济性、环保性和舒适性较之前运营飞机有较大幅度的提高。最大航程 5555 km,是中国具有完全自主知识产权的新一代大型喷气式客机。其总体方案、气动外形都由中国自主设计,采用了比波音 737 更为先进的全时、全权限电传操纵系统。中国商飞自行研发了飞控系统的核心技术,同时还针对 100 多项关键技术进行了攻关。

图 2-1 C919 驾驶舱

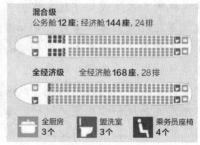

图 2-2 C919 客舱布局

C919的研发表明了我国民航制造业立志要跻身国际大型客机市场，要与 Airbus（空中客车公司）和 Boeing（波音）一道在国际大型客机制造业中形成 ABC 并立格局的决心。

C919 大型飞机自研发以来一直吸引着各方关注，国产大飞机的打造不仅圆了中国民航工业半个世纪的梦想，也有望打破长期以来被波音公司和空中客车公司垄断的国际民用飞机市场。根据中国商飞的统计，国内有 22 个省市、200 多家企业、36 所高校参与了大型客机的研制，16 家材料供应商和 54 家标准件制造商成为大型客机项目的供应商或潜在供应商（见图 2-3），这些都表明了我国航空产业从设计到零件自主探索的决心、恒心和信心。

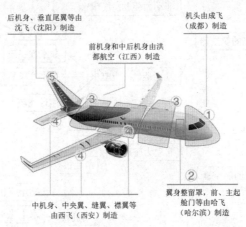

后机身、垂直尾翼等由
沈飞（沈阳）制造

机头由成飞
（成都）制造

前机身和中后机身由洪
都航空（江西）制造

中机身、中央翼、缝翼、襟翼等
由西飞（西安）制造

翼身整流罩，前、主起
舱门等由哈飞
（哈尔滨）制造

图 2-3　参与 C919 零部件设计制造的主要企业

C919（见图 2-4）于 2017 年 5 月 5 日在上海浦东国际机场完成首飞，2021 年 1 月圆满完成呼伦贝尔高寒专项试验试飞任务。中国商飞透露，首架 C919 飞机会向东航交付，6 架 C919 大型客机正在按此前计划节点有序开展试验试飞工作，完成适航取证的科目之后即可交付。截至 2021 年 10 月，C919 已累计收到 28 家客户共 815 架订单。

图 2-4　国产大飞机 C919

实现民航强国离不开飞机制造业，飞机制造业是实现民航强国的引擎；飞机制造业同样离不开民航，只有融入民航才能成功，没有国内民航的支撑飞机制造业难以发展与壮大。民航与飞机制造是实现民航强国的两翼，两翼齐飞的核心是融合与携手，这是实现民航强国的最佳途径。在世界格局发生巨变之时，民航与飞机制造业融合与携手不单单是经济问题，同时也肩负着民族崛起的伟大使命。

资料来源：百度百科. C919[EB/OL].(2023-05-20)[2023-05-25]. https://baike.baidu.com/item/C919/2400615?fr=aladdin.

能在大气层内进行可控飞行的各种飞行器统称为航空器。任何航空器都必须产生一个大于自身重力的向上的力，才能升入空中。根据产生向上力的基本原理的不同，航空器可划分为两大类：轻于空气的航空器和重于空气的航空器，前者靠空气静浮力升空，后者靠空气动力克服自身重力升空，包含的类别如图 2-5 所示。

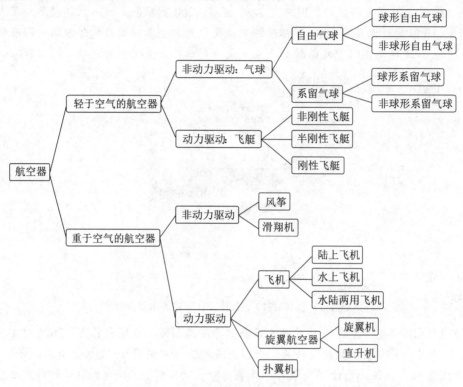

图 2-5　航空器的类别

第一节　飞机的定义及分类

飞机是指由动力装置产生前进的推力或拉力，由机身的固定机翼产生升力，在大气层内飞行的重于空气的航空器。飞机是最常见的一种固定翼航空器，它深刻地改变和影响了人们的生活，推动了人们征服蓝天的历史。

飞机的分类方法多种多样，可以根据其用途、最大起飞重量、航程、结构外形、发动机数量等来进行分类，这里介绍其中几种典型的分类方式。

按飞机机体构造对飞机分类，如图 2-6 所示。

按照使用用途对飞机进行分类，可分为军用航空飞机和民用航空飞机。军用航空飞机是指军队、警察和海关等使用的飞机；民用航空飞机是指用于非军事目的的飞机，分为商业飞机（客机、货机或客货两用机以及国内支线运输机等）和通用飞机（公务机、农业机、林业机、轻型多用途机、巡逻救护机、体育运动机和私人飞机等）。按飞机的飞行速度分类，有亚音速飞机和超音速飞机，亚音速飞机又分为低速飞机（飞行速度低于 0.4 马赫数）、

亚音速飞机(飞行速度为 0.4～0.8 马赫数)和高亚音速飞机(飞行速度为 0.8～0.9 马赫数),
多数喷气式飞机为高亚音速飞机。按飞机的航程远近分,有近程、中程、远程之别,远程
飞机的航程为 8000 km 以上,可以完成中途不着陆的洲际跨洋飞行,中程飞机的航程为
3000～8000 km,近程飞机的航程一般小于 3000 km。近程飞机一般用于支线,因此又称支
线飞机。中、远程飞机一般用于国内干线和国际航线,又称干线飞机。按飞机客座数可将
飞机划分为大、中、小型飞机,飞机的客座数在 100 座以下的为小型,100～200 座的为中
型,200 座以上的为大型。

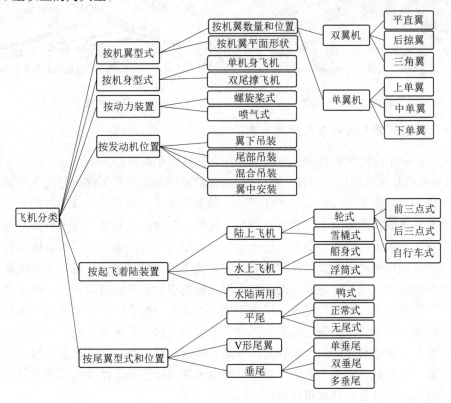

图 2-6 按照构造不同对飞机的分类

第二节 飞机的机体构造

自从世界上出现飞机以来,虽然飞机的结构形式在不断改进,飞机类型在不断增多,
但到目前为止,除了极少数特殊形式的飞机之外,大多数飞机都是由下面五个主要部分组
成,即机翼、机身、尾翼、起落架和发动机,它们各有其独特的功用,如图 2-7 所示。

一、机翼

机翼的主要功用是产生升力,以支持飞机在空中飞行,也起到一定的稳定和操纵飞机
的作用。在机翼上一般安装有副翼、襟翼、扰流片,还可安装发动机、起落架和油箱等,

如图 2-8 所示。机翼有各种形状，数目也有不同。

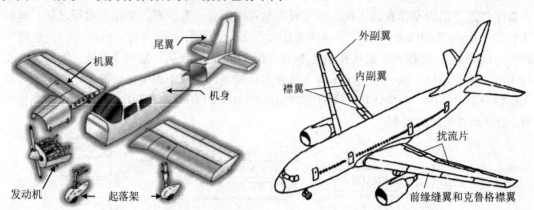

图 2-7 飞机的五大基本部件　　　　　图 2-8 飞机机翼上的各个舵面

（一）按照机翼不同对飞机进行分类

第一，按照不同的机翼数量，飞机可以分为单翼机和双翼机。

（1）单翼机是指飞机只安装有一副机翼，按照机翼的安装位置不同可分为上单翼飞机、中单翼飞机和下单翼飞机，如图 2-9 所示。上单翼飞机是机翼置于机身顶部的机翼布局形式，这种布局形式干扰阻力小，有很好的向下视野，机身离地面近，便于货物的装运，发动机可以安装得离地面较高，免受地面飞起的沙石损害，因而大部分军事运输机和使用螺旋桨动力装置的运输飞机都采用这种布局；中单翼飞机是机翼置于机身中部的机翼布局形式，这种布局形式气动外形是最好的，但大型飞机的翼梁要从机身内穿过，中单翼会使客舱容积受到严重影响，因而在民航飞机中不采用这种布局形式；下单翼飞机是机翼置于机身底部的机翼布局形式，民航运输机大部分为下单翼飞机，机翼离地面近，起落架可以做得短些，两个主起落架之间的距离较大，增加了降落的稳定性，起落架很容易在翼下的起落架舱收放，从而减轻重量。此外，发动机和机翼离地面较近，做维修工作方便。目前多数民航客机采用下单翼的机翼布局形式。

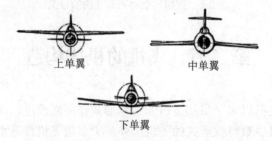

图 2-9 上单翼飞机、中单翼飞机和下单翼飞机

（2）双翼机是指有上下并列配置两副机翼的飞机（两副机翼前后配置的飞机称串翼机）。双翼机的上下机翼用支柱和张线连成一个承力的整体，组成一个空间桁架结构，如图 2-10 所示。

图 2-10　双翼机

　　双翼机与单翼机相比能够产生更多的升力，在飞机诞生的初期阶段，为了解决离开地表的问题，飞机在构造上多采用双翼机甚至多翼机。但是在成功解决飞起来的问题后，人们对飞机的性能提出了更快、更大方面的要求，而双翼机的飞行阻力较大，尤其是在高速运行时，因此很难使飞机增速；同时与单翼机相比，双翼机制造需要的材料多，重量大，因此飞机很难加大，所以很快单翼机取代了双翼机成为航空运输的主力。在现代的飞机中，除对载重量和低速性能有特殊要求的小型飞机外，双翼机已不多见。

　　第二，按照机翼平面形状不同，飞机又可以分为平直翼飞机、后掠翼飞机和三角翼飞机，如图 2-11 所示。

平直翼　　　　　　后掠翼　　　　　　三角翼

图 2-11　平直翼飞机、后掠翼飞机和三角翼飞机

　　（1）平直翼飞机的机翼无明显后掠角，一般指后掠角小于 20°，平面形状呈矩形、梯形或半椭圆形，常用在亚音速飞机上。这种机翼结构简单、制造容易、产生升力的效率较高，但是阻力较大。

　　（2）后掠翼飞机的机翼各剖面沿展向后移，这种机翼的外形特点是前缘和后缘均向后掠，机翼后掠的程度用后掠角的大小来表示。这种机翼具有以下几方面优点：首先，与平直翼相比，后掠翼的气动特点是可增大机翼的临界马赫数，并减小超音速飞行时的阻力。其次，飞机在飞行中，当垂直于机翼前缘的气流流速接近音速时，机翼上表面局部区域的气流受凸起的翼面的影响，其速度将会超过音速，出现局部激波，从而使飞行阻力急剧增加。后掠翼可使垂直于机翼前缘的气流速度分量低于飞行速度，因而与平直翼相比，只有在更高的飞行速度情况下才会出现激波（即提高了临界马赫数），从而推迟了机翼面上激波的产生，即使出现激波，也有助于减弱激波强度，降低飞行阻力。但是同样也存在缺点，如后掠角使扭转刚度变差、升力线斜率较低、气流容易从翼梢处分离、亚音速飞行时诱导阻力较大等。

　　（3）三角翼飞机的机翼平面形状为三角形，与之相近的有双三角翼和切角三角翼，目前常用的主要是略有切角的三角翼。三角翼飞机出现于 20 世纪 50 年代。三角翼飞机的优

点主要表现在大后掠角三角翼的超音速阻力小、焦点随 M 数变化小、结构刚度好等方面，适合于超音速飞行和机动飞行。三角翼的缺点主要是在亚音速飞行状态下，机翼的升力线斜率较低、诱导阻力较大、升阻比较小，从而影响飞机的航程和起降性能。

（二）机翼上的舵面

舵面是指在气流中利用偏转而产生平衡力和控制力来操纵飞机飞行的气动翼面。

机翼的前缘和后缘加装了很多改善或控制飞机气动力性能的装置，这些装置包括襟翼、副翼、缝翼和扰流板，它们都是舵面。

（1）襟翼是为了使飞机在起飞和降落时（此时飞机速度较低）保持升力而在机翼上增加的活动翼面。襟翼安装于机翼后缘内侧，起飞、降落时襟翼下偏，使机翼翼型的弯度变大，升力增加。襟翼只能下偏，不能上偏。襟翼的设计形式多种多样，如图 2-12 所示。

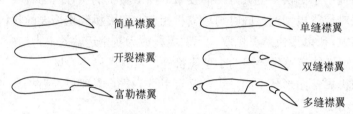

图 2-12　各种不同形式的襟翼

（2）副翼一般安装于机翼后缘外侧，转弯飞行时使用，产生横向力矩，使飞机产生滚转。

（3）缝翼在机翼的前缘，当它向前移动时在机翼的前部出现了一道缝隙，这将使气流由翼下流到机翼的上表面，这样使上表面的气流加速，同时消除了上表面后部形成的大部分气流旋涡，使升力增加，并加大迎角，从而可以进一步提高升力，这对降落是极为有利的，如图 2-13 所示。襟翼和缝翼的作用相同，统称为增升装置。

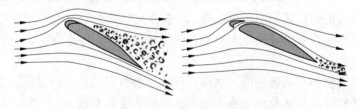

图 2-13　前缘缝翼打开时气流分离被推迟

（4）扰流板是铰接在翼面上表面的板，它只能向上打开，当它打开时，增加机翼的阻力，同时减少升力，使飞机能在空中迅速降低速度，以空气动力制动飞机。当只有一侧的翼面上的扰流板打开时，它的作用和副翼相似，使一侧的阻力上升，使飞机侧倾，所以扰流板属于增阻装置，如图 2-14 所示。

（三）翼型

关于机翼还有一个重要的概念就是翼型（见图 2-15）。在空气动力学中，翼型通常理解为二维机翼，即剖面形状不变的无限翼展机翼。

图 2-14　机翼上已经打开的扰流板

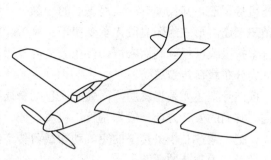

图 2-15　飞机翼型截面

翼型有六种基本类型，如图 2-16 所示。关于翼型的对升力产生所起到的作用，将在后面的章节中进行详细介绍。

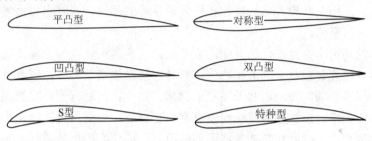

图 2-16　翼型的基本类型

（四）机翼的内部构造

机翼内部的受力构件是保证飞机承受巨大的气动载荷的关键，由于飞机是在空中飞行，并且速度非常快，这就要求飞机上的每一个部件都要有很高的强度和刚度，以保证飞机的飞行安全。机翼的基本受力构件包括纵向骨架、横向骨架、蒙皮和接头，其中接头的作用是将机翼上的载荷传递到机身上。下面以典型的梁式机翼的结构为例进行介绍，如图 2-17 所示。

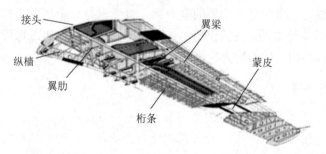

图 2-17　梁式机翼结构内部构成

纵向骨架的纵向是指沿翼展方向。梁式机翼的纵向骨架由翼梁、纵墙和桁条等组成，它们都是沿翼展方向布置的。翼梁是最主要的纵向构件，它承受全部或大部分弯矩和剪力。翼梁一般由凸缘和腹板构成。凸缘通常由锻造铝合金或高强度合金钢制成，腹板用硬铝合金板材制成，与上下凸缘用螺钉或铆钉相连接。凸缘和腹板组成工字型梁，承受由外载荷转化而成的弯矩和剪力。纵墙与翼梁十分相像，二者的区别在于纵墙的凸缘较窄较薄并且

不与机身相连，其长度有时仅为翼展的一部分。纵墙通常布置在机翼的前后缘部分，与上下蒙皮相连，形成封闭盒段，承受扭矩。靠后缘的纵墙还可以悬挂襟翼和副翼。桁条是用铝合金挤压或板材弯制而成，铆接在蒙皮内表面，支持蒙皮以提高其承载能力，并共同将气动力分布载荷传给翼肋。

横向骨架主要是指翼肋，而翼肋又包括普通翼肋和加强翼肋，横向是指垂直于翼展的方向，它们的安装方向一般都垂直于机翼前缘。普通翼肋的作用是将纵向骨架和蒙皮连成一体，把由蒙皮和桁条传来的空气动力载荷传递给翼梁，并保持翼剖面的形状。加强翼肋就是承受集中载荷的翼肋。

二、机身

机身是飞机上用来装载人员、货物和机载设备等的部件，同时它将机翼、尾翼、起落架等部件连成一个整体。

按照机身的功用，首先在使用方面，应要求它具有尽可能大的空间，使它的单位体积利用率最高，以便能装载更多的人和物资，同时连接必须安全可靠，应有良好的通风加温和隔音设备，视界必须广阔，以利于飞机的起落。其次在气动方面，它的迎风面积应减小到最小，表面应光滑，形状应流线化而没有突角和缝隙，以便尽可能地减小阻力。另外，在保证有足够的强度、刚度和抗疲劳能力的情况下，应使它的重量最轻，对于具有气密座舱的机身，抗疲劳的能力尤为重要。

柱形的机身在结构受力方面比薄的机翼有利得多。因此其结构件剖面尺寸比机翼小，刚度比较大。机身结构由蒙皮、纵向骨架和横向骨架组成。纵向骨架有桁条、桁梁和纵向局部加强件。横向骨架有普通框和加强框。除桁梁和纵向局部加强件外，其他结构元件的基本作用与机翼结构元件相同。桁梁相当于机翼翼梁中的缘条，承受弯曲正应力，其剖面尺寸比桁条大。在有桁梁的机身结构中，多布置4根桁梁和少量的（或没有）桁条，机身轴向力多由桁梁承受。纵向局部加强件的作用是将集中力分散传给蒙皮和隔框。它可能由几根纵向短梁组成，也可能是一个短的盒形梁。普通框是一个环形结构，剖面尺寸较小，用以维持机身外形并起加强蒙皮的作用。加强框可以是环形结构，也可以是桁架式和板式结构。机身可按其结构元件的受力特点分为以下几种类型。

（一）桁梁式机身

这种结构由4根桁梁承受机身的全部或大部分弯曲正应力。蒙皮较薄，只承受扭矩和横向剪切力。桁条较少，用于支持蒙皮或承受少量轴向力。这种结构类型多用于机身口盖较多的部位。如歼击机的前机身有较多的大开口（座舱盖、前起落架舱盖、电子设备舱和武器舱口盖等），蒙皮不可能受力，宜用桁梁式结构，如图2-18所示。

（二）桁条式机身

这种结构没有强的桁梁，密布的桁条与蒙皮一起承受弯曲正应力。这种结构重量较轻，机身上开口较少的部位大多采用这种结构类型，如图2-19所示。

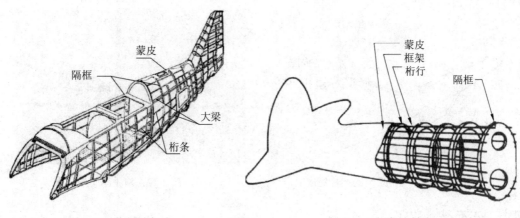

图 2-18 桁梁式机身   图 2-19 桁条式机身

（三）硬壳式机身

这种结构没有桁梁和桁条，为了改善蒙皮的支持情况，沿机身长度方向布置有较密的普通框，有时也称密框结构。一般用在弯矩很小而又无大开口的部位。有些轻型飞机为便于制造而采用硬壳式机身，如图 2-20 所示。

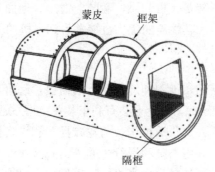

图 2-20 硬壳式机身

三、尾翼

尾翼是飞机尾部的水平尾翼和垂直尾翼的统称，它的作用是保证飞机在三个轴的方向的稳定性和操纵性，其结构如图 2-21 所示。

（1）水平尾翼由水平安定面和升降舵组成，水平安定面是固定的，作用是保持飞机纵向稳定；而升降舵可以上、下转动，用来控制飞机抬头、低头运动。

（2）垂直尾翼由固定的垂直安定面和活动的方向舵组成，当飞机左转弯时，方向舵向左偏转；当飞机右转弯时，方向舵向右偏转，同时要与副翼配合使用，控制飞行的航向。垂直安定面的作用是当飞机受到干扰偏离航向时，它就会受到迎面气流的力，使飞机恢复到原来的航向，保证飞机的侧向和横向稳定性。

有的飞机有一个垂直尾翼，有的飞机有两个或多个垂直尾翼，分别称为单垂尾飞机、双垂尾飞机（见图 2-22）或多垂尾飞机。现在一般客机采用单垂尾，为推迟激波产生，现代高速飞机的水平尾翼和垂直尾翼都采用后掠式。

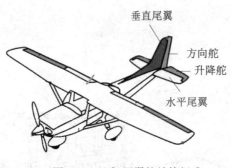

图 2-21　飞机尾翼的结构组成

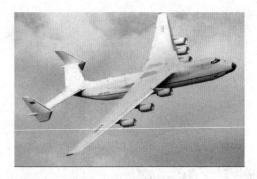

图 2-22　双垂尾飞机

四、起落架

起落架是飞机下部用于起飞降落或地面（水面）滑行时支撑飞机并用于地面（水面）移动的附件装置。起落架是唯一一种支撑整架飞机的部件，因此，它是飞机不可或缺的一部分，没有它飞机便不能在地面移动。当飞机起飞后，可以视飞行性能而收回起落架。起落架装置是飞行器重要的具有承力功能且兼具操纵性的部件，在飞行器安全起降过程中担负着极其重要的使命。起落架是飞机起飞、着陆、滑跑、地面移动和停放所必需的支持系统，是飞机的主要部件之一，其性能的优劣直接关系到飞机的使用与安全。

（一）基本组成

为了满足飞机起飞、着陆、滑跑和地面滑行的需要，起落架的最下端装有带充气轮胎的机轮；为了缩短着陆滑跑距离，机轮上装有刹车装置；此外还包括承力支柱、减震器（常用承力支柱作为减震器外筒）、收放机构、前轮减摆器和转弯操纵机构等。承力支柱将机轮和减震器连接在机体上，并将着陆和滑行中的撞击载荷传递给机体。前轮减摆器用于消除高速滑行中前轮的摆振。前轮转弯操纵机构可以增加飞机地面转弯的灵活性。对于在雪地或冰上起落的飞机，起落架上的机轮用滑橇代替，如图 2-23 所示；在水面上起降、滑跑的飞机则采用浮筒式起落架，如图 2-24 所示。

图 2-23　雪橇式起落架飞机

下面对起落架的基本组成做简单的介绍。

1. 减震器

飞机在着陆接地瞬间或在不平的跑道上高速滑跑时，与地面发生剧烈的撞击，除充气轮胎可起小部分缓冲作用外，大部分撞击能量要靠减震器吸收。现代飞机上应用最广的是油液空气减震器。当减震器受撞击压缩时，空气的作用相当于弹簧，储存能量。而油液以极高的速度穿过小孔，吸收大量撞击能量，把它们转变为热能，使飞机撞击后很快平稳下来，不致颠簸不止。

图 2-24　浮筒式起落架飞机

2. 收放系统

收放系统一般以液压作为正常收放动力源，以冷气、电力作为备用动力源。一般前起落架向前收入前机身，而某些重型运输机的前起落架是侧向收起的。主起落架收放形式大致可分为沿翼展方向收放和沿翼弦方向收放两种。收放位置锁把起落架锁定在收上和放下位置，以防止起落架在飞行中自动放下和受到撞击时自动收起。对于收放系统，一般都有位置指示和警告系统。

图 2-25 为起落架的各种收放形式。

目前大型飞机起落架系统多沿翼展方向收放，且向机身内侧；翼弦方向收放会改变飞机重心位置，对飞机载重平衡配置不利。

3. 机轮和刹车系统

机轮的主要作用是在地面支持飞机的重量，减少飞机地面运动的阻力，吸收飞机着陆和地面运动时的一部分撞击动能。主起落架上装有刹车装置，可用来缩短飞机着陆的滑跑距离，并使飞机在地面上具有良好的机动性。

机轮主要由轮毂和轮胎组成。轮毂一般由镁铝合金或钢制成，起支撑作用。轮胎起到吸收一部分震动能量、减速摩擦的作用，按照其内部充压大小可以分为低压、中压、高压和超高压四种，如图 2-26 所示。低压轮胎减震效果最好，对跑道要求低，可吸收震动能量的 30%以上，但体积大，一般用于支线飞机及在低标准机场起飞和降落的飞机，高压轮胎用在高速飞机上，适合在比较硬的机场地面上起降。

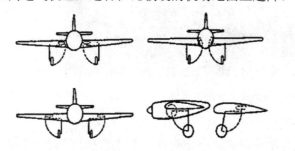

图 2-25　起落架的各种收放形式

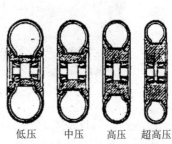

低压　中压　高压　超高压

图 2-26　飞机不同压力的轮胎

刹车装置主要有弯块式、胶囊式和圆盘式三种。应用最为广泛的是圆盘式，其主要特点是摩擦面积大，热容量大，容易维护。

4. 转弯系统

操纵飞机在地面转弯有两种方式：一种是通过主轮单侧刹车或调整左右发动机的推力（拉力）使飞机转弯；另一种是通过前轮转弯机构操纵前轮偏转使飞机转弯。轻型飞机一般采用前一种方式；而中型及以上的飞机因转弯困难，大多装有前轮转弯机构。另外，有些重型飞机在转弯操纵时，主轮也会配合前轮偏转，提高飞机的转弯性能。

（二）配置类型

飞机起落架的配置类型是指飞机的起落架支柱数量及其位置关系。在飞机出现的初期，也曾有过四点式起落架，后来实践证明，只要有三个支点，飞机就可以在地面上稳定地运动。目前常见的飞机起落架配置类型有前三点式、后三点式和自行车式，如图 2-27 所示。

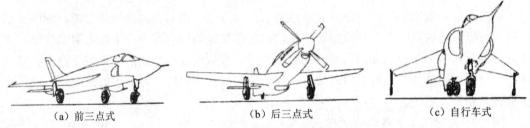

（a）前三点式　　　　　　　（b）后三点式　　　　　　（c）自行车式

图 2-27　起落架的几种常见的配置类型

1. 前三点式

现代飞机上使用最广泛的是前三点式起落架，如图 2-28 所示。两个主轮保持一定间距、左右对称地布置在飞机质心稍后处，前轮布置在飞机头部的下方。飞机在地面滑行和停放时，机身地板基本处于水平位置，便于旅客登机和货物装卸。重型飞机用增加机轮和支点数目的方法减低单个轮胎对跑道的压力，以改善飞机在前线土跑道上的起降滑行能力。

图 2-28　前三点式起落架飞机

前三点式起落架具备如下几方面优点。

（1）滑跑方向具有稳定性。当机身轴线偏离滑跑方向时，主轮摩擦力的合力将产生恢复力矩，使飞机回到原来的运动方向。侧风着陆时较安全。地面滑行时，操纵转弯较灵活。

（2）当飞机以较大速度小迎角着陆时，主轮着陆撞击力对飞机质心产生低头力矩，减小迎角，使飞机继续沿地面滑行而不致产生"跳跃"现象，因此着陆操纵比较容易。

（3）前起落架远离质心，因此着陆时可以大力刹车而不致引起飞机"翻倒"，从而大大缩短了着陆滑跑距离。

（4）由于飞机轴线接近水平，因此起飞滑跑阻力小，加速快，起飞距离短，而且驾驶员向前视界好，乘坐舒适。

（5）喷气发动机的喷流不会直接喷向跑道，因而对跑道的影响较小。

但是也存在以下几方面缺点。

（1）前起落架的安排较困难，尤其是对单发动机的飞机，机身前部剩余的空间很小。

（2）前起落架承受的载荷大、尺寸大、构造复杂，因而质量大。

（3）着陆滑跑时处于小迎角状态，因而不能充分利用空气阻力进行制动。在不平坦的跑道上滑行时，跨越障碍（沟渠、土堆等）的能力也比较差。

（4）前轮会产生摆振现象，因此需要有防止摆振的设备和措施，这又增加了前轮的复杂程度和重量。

尽管如此，由于现代飞机的着陆速度较快，并且着陆时的安全成为考虑确定起落架配置类型的首要决定因素，前三点式在这方面与后三点式相比有着明显的优势，所以得到最广泛的应用。

2. 后三点式

早期在螺旋桨飞机上广泛采用后三点式起落架。其特点是两个主轮（主起落架）布置在飞机的质心之前并靠近质心，尾轮（尾支撑）远离质心布置在飞机的尾部。在停机状态时，飞机90%的质量落在主起落架上，其余的10%由尾支撑来分担。后三点式起落架的重量比前三点式起落架轻，但是地面转弯不够灵活，刹车过猛时飞机有"拿大顶"的危险（见图2-29）。正因为后三点起落架滑行不安定的特性，所以现在用于培训的基础教练机全都是前三点式起落架，后三点对初学者来讲难度过高。而且对于后三点机型需要做针对性的训练，按照中国民用航空局（Civil Aviation Administration of China，CAAC）和美国联邦航空管理局（Federal Aviation Administration，FAA）的法规要求，驾驶后三点起落架飞机应完成的附加训练包括：地面滑行、正常起飞与着陆、侧风条件下起飞与着陆、复飞程序、三点式着陆以及两点式着陆。

图2-29 后三点式起落架飞机"拿大顶"

虽然驾驶操作难度大，但后三点式起落架具备如下优点。

（1）后三点式起落架整体构造比较简单，重量也较轻。

（2）在螺旋桨飞机上容易配置。螺旋桨飞机要产生大的推力桨叶就会很大，这迫使飞机在设计安装时提高螺旋桨发动机的离地高度，而装有后三点式起落架的飞机停留在地面时机头抬起很高，迎角很大，利于提高螺旋桨发动机的离地高度。

（3）在飞机上尾轮易于装置。与前轮相比，尾轮结构简单，尺寸、质量都较小。

但同样也存在着如下一些缺点。

（1）在大速度滑跑时，遇到前方撞击或强烈制动，容易发生倒立现象。为了防止倒立，后三点式起落架不允许强烈制动，因而使着陆后的滑跑距离有所增加。

（2）着陆速度要求高。若着陆速度过快，主轮接地的冲击力会使飞机抬头迎角增大，引起飞机升力增大而重新离地产生"跳跃"现象，甚至会跳起后失速，发生事故。升力增大也会使飞机在着陆时产生拉飘。

（3）地面滑跑时方向稳定性差。如果在滑跑过程中，某些干扰（如侧风或由于路面不平，使两边机轮的阻力不相等）使飞机相对其轴线转过一定角度，这时在支柱上形成的摩擦力将产生相对于飞机质心的力矩，它使飞机转向更大的角度。

（4）在停机、起、落、滑跑时，前机身仰起，因而向下的视界不佳。

基于以上缺点，后三点式起落架的主导地位便逐渐被前三点式起落架所替代，只有一小部分小型和低速飞机仍然采用后三点式起落架，如图 2-30 所示。

图 2-30 后三点式起落架飞机

3. 自行车式

还有一种用得不多的自行车式起落架，它的前轮和主轮前后布置在飞机对称面内（即在机身下部），重心距前轮与主轮几乎相等。为防止转弯时倾倒，在机翼下还布置有辅助小轮。但这种布置类型由于起飞时抬头困难而较少采用。

自行车式起落架的优点主要是解决了部分薄机翼飞机主起落架的收放问题。缺点主要体现在以下几个方面。

（1）前起落架承受的载荷较大，而使尺寸、质量增大。

（2）起飞滑跑时不易离地而使起飞滑跑距离增大。为使飞机达到起飞迎角，需要依靠专门措施，例如在起飞滑跑时伸长前起落架支柱或缩短后起落架支柱。

（3）不能采用主轮刹车的方法，而必须采用转向操纵机构实现地面转弯等。

由于以上不利因素，除非是不得已，一般不采用自行车式起落架。目前仅有少数飞机采用这种起落架布局形式，如英国的"海鹞"垂直起降战斗机，如图 2-31 所示。

此外，还存在一种多支点式起落架，这种起落架的布置类型与前三点式起落架类似，飞机的重心在主起落架之前，但其有多个主起落架支柱，一般用于大型飞机，如美国的波音 747 客机（见图 2-32）、空客公司的 A380 客机等。采用多支点式起落架可以使局部载荷减小，有利于受力结构布置；还能够减小机轮体积，从而减小起落架的收放空间。

图 2-31　英国的"海鹞"垂直起降战斗机采用自行　　　图 2-32　波音 747 采用多支柱式起落架
　　　　　车式起落架

（三）结构形式

根据承受和传递载荷的方式，即结构受力形式，可将起落架分为桁架式、梁式以及混合式等。

1. 桁架式起落架

桁架式起落架由空间杆系构成的桁架结构和机轮组成。桁架式起落架的主要特点是：它通过承力构架将机轮与机翼或机身相连。承力构架中的杆件及减震支柱都是相互铰接的，它们只承受轴向力（沿各自的轴线方向）而不承受弯矩。因此，这种结构的起落架构造简单，质量也较小，但由于难以收放，通常只用在速度不大的轻型飞机或直升机上，如图 2-33 所示。

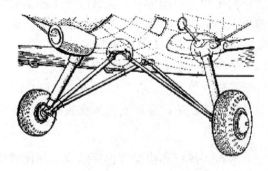

图 2-33　桁架式起落架

2. 梁式起落架

梁式起落架通常由受力支柱、减震器、扭力臂、支撑杆系、机轮和刹车系统等组成。

其主要承力构件是梁（支柱或减震支柱），根据支柱梁的支撑形式不同，可分为简单支柱式、撑杆支柱式、摇臂式和外伸式等多种形式，如图 2-34 所示。

简单支柱式　　　　撑杆支柱式　　　　摇臂式

图 2-34　几种梁式起落架

（1）支柱式起落架的主要特点是：减震器与承力支柱合二为一，机轮直接固定在减震器的活塞杆上，减震支柱上端与机翼的连接形式取决于收放要求。对收放式起落架，撑杆可兼作收放作动筒。扭矩通过扭力臂传递，亦可以通过活塞杆与减震支柱的圆筒内壁采用花键连接来传递。支柱式起落架构造简单紧凑，易于放收，而且质量较小，是现代飞机上广泛采用的形式之一。

简单支柱式起落架的优点是质量轻，容易收放，结构简单，可以用不同的轮轴、轮叉形式来调整机轮接地点与机体连接点之间的相互位置和起落架的高度。但由于杆与筒不能直接传递扭矩，因而杆与外筒之间必须用扭力臂连接；机轮通过轮轴与减震器支柱直接连接，减震器不能很好地吸收水平方向的撞击；减震支柱本身是一个承受弯矩的构件，因此密封性较差，减震器内灌充的气体压力受到限制，使减震器行程增大，整个支柱较长，质量增加，并且在伸缩过程中容易出现卡滞。

（2）撑杆支柱式起落架的主要构件是减震支柱、扭力臂、机轮、收放作动筒和斜撑杆，与简单支柱式不同的是多了一个或几个斜撑杆。在收放时，撑杆可以作为起落架的收放连杆，有时撑杆本身就是收放作动筒。当受到来自正面水平撞击时，减震支柱仍不能很好地发挥其减震作用，在着陆时支柱必须承受弯矩，减震支柱的密封装置易受磨损。

（3）摇臂式起落架主要是在支柱下端安装一个摇臂，摇臂的一端支柱与减震器相连，另一端与机轮相连，这种结构多用于前起落架。摇臂改变了起落架的受力状态和承受迎面撞击的性能，提高了在跑道上的适应性，降低了起落架的高度。但构造和工艺比较复杂，质量大，机轮离支柱轴线较远，附加弯矩较大，收藏空间大。

（4）外伸式起落架由外伸支柱、减震器、收放机构、收放作动筒、垂直支柱和机轮等组成。为了增加轮距，将起落架向外伸出，收起时则收藏于机身内。由于斜撑杆式的支柱需要承受很大弯矩，收放机构比较复杂，因此支柱和收放机构质量大。

3. 混合式起落架

混合式起落架由支柱、多根斜撑杆和横梁等构件组成，撑杆铰接在机体结构上，是桁架式和梁架式的混合结构。支柱承受剪切、压缩、弯矩和扭矩等多种载荷，撑杆只承受轴向载荷，撑杆两端固定在支柱和横梁上，既能承受轴向力，又能承受弯矩，因此大大提高了支柱的刚度，避免了摆振现象的发生。

另外，质量大的运输机和客机上，采用多轮式起落架，由多个尺寸小的机轮取代单个大机轮，提高了飞机的漂浮性，减小了收藏空间，在一个轮胎损坏时保证了飞机的安全。

五、发动机

航空发动机是为航空器提供飞行所需动力的装置。航空发动机是飞机的心脏，它直接影响飞机的性能、可靠性及经济性，是飞机的核心部件。航空发动机可以分为活塞式和喷气式两大类。其中，活塞式是飞机或直升机最早采用的动力形式，到第二次世界大战结束时发展到巅峰状态。但是活塞式飞机在速度上不能满足人们对飞机性能不断提高的要求，于是喷气式发动机产生了，目前主流的发动机是燃气涡轮发动机。

（一）活塞式发动机

活塞式发动机也叫往复式发动机，是一种利用一个或者多个活塞将压力转换成旋转动能的发动机。活塞式发动机是热机的一种，靠汽油、柴油等燃料提供动力，是早期在飞机或直升机上应用的航空发动机，用于带动螺旋桨或旋翼，大型活塞式航空发动机的功率可达 2500 千瓦。后来被功率大、高速性能好的燃气涡轮发动机所取代。但小功率的活塞式航空发动机仍广泛用于轻型飞机、直升机及超轻型飞机。

活塞式发动机主要由气缸、活塞、连杆、曲轴、气门机构、螺旋桨减速器、机匣等组成。气缸是混合气（汽油和空气）进行燃烧的地方。气缸内容纳活塞做往复运动。气缸头上装有点燃混合气的电火花塞（俗称电嘴），以及进气门、排气门。发动机工作时气缸温度很高，所以气缸外壁上有许多散热片，用以扩大散热面积，其工作原理如图 2-35 所示。

气缸在发动机壳体（机匣）上的排列形式多为星形或 V 形，如图 2-36 所示。常见的星形发动机有 5 个、7 个、9 个、14 个、18 个或 24 个气缸不等。在单缸容积相同的情况下，气缸数目越多，发动机功率越大。活塞承受燃气压力在气缸内做往复运动，并通过连杆将这种运动转变成曲轴的旋转运动。连杆用来连接活塞和曲轴。曲轴是发动机输出功率的部件。曲轴转动时，通过减速器带动螺旋桨转动而产生拉力。除此以外，曲轴还要带动一些附件（如各种油泵、发电机等）。气门机构用来控制进气门、排气门的定时打开和关闭。

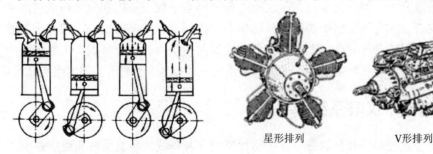

星形排列　　　　　V形排列

图 2-35　活塞式发动机工作原理示意图　　　图 2-36　航空活塞式发动机气缸排列形式

（二）喷气式发动机

喷气式发动机是一种通过排出高速流体做功的热机或电机，使燃料燃烧时产生的气体

高速喷射而产生动力，大部分喷气式发动机都是依靠牛顿第三定律工作的内燃机。喷气式发动机应用最广，有很多不同种类，民航领域中飞机应用较多的包括涡轮喷气式发动机、涡轮风扇发动机、涡轮螺旋桨发动机和涡轮轴发动机，都具有压气机、燃烧室和燃气涡轮。涡轮螺旋桨发动机的螺旋桨效率较低，不能用于高速飞行，但是在中低速下，使用涡轮螺旋桨发动机是适当的，主要用于时速小于 800 km 的飞机；涡轮轴发动机主要用作直升机的动力装置；涡轮风扇发动机主要用于速度更快的大型民航运输飞机；涡轮喷气式发动机适合的航行范围很广，从低空低亚音速到高空超音速飞机都广泛应用，与涡轮风扇发动机相比，燃油经济性要差一些，但是高速性能特别是高空高速性能要优于涡轮风扇发动机。

涡轮风扇发动机又称涡扇发动机，是飞机发动机的一种，由涡轮喷气式发动机发展而成。涡扇引擎最适合飞行时速 400～1000 km 时使用，因此现在多数的飞机引擎都采用涡扇作为动力来源。涡扇发动机具有推力大、推进效率高、噪声低、燃油消耗率低、飞机航程远的优点，但由于其风扇直径大，迎风面积大，因而阻力大，发动机结构复杂，设计难度大，其工作原理如图 2-37 所示。

上述发动机均由大气中吸取空气作为燃料燃烧的氧化剂，故又称吸气发动机。其他还有火箭发动机、脉冲发动机和航空电动机。火箭发动机的推进剂（氧化剂和燃烧剂）全部由自身携带，燃料消耗太大，不适于长时间工作，一般作为运载火箭的发动机，在飞机上仅用于短时间加速（如起动加速器）。脉冲发动机主要用于低速靶机和航空模型飞机。由太阳电池驱动的航空电动机仅用于轻型飞机，尚处在试验阶段。

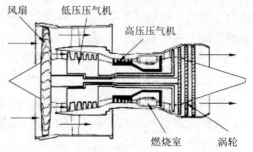

图 2-37　涡轮风扇发动机工作原理示意图

第三节　飞机主要系统介绍

飞机系统包含的内容广泛而复杂，这里主要介绍电子仪表系统和座舱环境控制系统。飞机的电子仪表系统是飞机感知和处理外部情况并控制飞行状态的核心，相当于人的大脑及神经系统，对保障飞行安全、改善飞行性能起着关键作用；座舱环境控制系统是为了保证在高空中人员的安全和舒适而必须采取的一系列技术措施，了解这些技术措施意义重大。

一、飞机的电子仪表系统

飞机的电子仪表系统共分为三部分：飞行控制仪表系统、导航系统和通信系统。

（一）飞行控制仪表系统

飞行控制仪表系统的基本功能是控制飞机气动操纵面、改变飞机的布局、增加飞机的稳定性、改善操纵品质、优化飞行性能。其具体表现在：保持飞机姿态和航向；控制空速及飞行轨迹；自动导航和自动着陆。该系统的使用可以减轻飞行员工作负担，做到安全飞行，提高完成任务的效率和经济性。

飞行控制系统一般由传感器、计算机、伺服作动器、控制显示装置、检测装置及能源部分组成。

飞机的控制仪表系统通过提供飞机飞行中的各种信息和数据，使驾驶员及时了解飞行情况，从而对飞机进行控制以顺利完成飞行任务。早期的飞机飞行又低又慢，只装有温度计和气压计等简单仪表，其他信息主要是靠驾驶员的感觉获得。现在的飞机则装备了大量仪表，并由计算机统一管理，用先进的显示技术直接显示出来，大大方便了驾驶员的工作。

飞行控制仪表包括以下几种类型。

第一类是大气数据仪表，由气压高度表、飞行速度表、气温度表、大气数据计算机等组成，举例如图 2-38 所示。

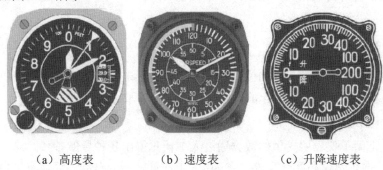

　(a) 高度表　　　　　(b) 速度表　　　　　(c) 升降速度表

图 2-38　飞机的几种大气数据仪表

第二类是飞行姿态指引仪表，该系统可提供一套精确的飞机姿态数据，如位置、倾斜、航向、速度和加速度等，实现了飞机导航、控制及显示的一体化，如图 2-39 所示。

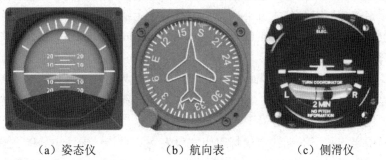

　(a) 姿态仪　　　　　(b) 航向表　　　　　(c) 侧滑仪

图 2-39　飞机的几种飞行姿态指引仪表

第三类是惯性基准系统，主要包括陀螺仪表。20 世纪 70 年代以前是机械式陀螺，如图 2-40 所示，现代客机使用更先进的激光陀螺。惯性导航是通过测量飞行器的加速度（在惯性参考系中），并自动进行积分运算，获得飞行器瞬时速度和瞬时位置数据的技术。组成惯性导航系统的设备都安装在飞行器内，工作时不依赖外界信息，也不向外界辐射能量，不易受到干扰，是一种自主式导航系统。

惯性导航系统有如下主要优点：第一，由于它是不依赖于任何外部信息，也不向外部辐射能量的自主式系统，故隐蔽性好且不受外界电磁干扰的影响；第二，可全天候、全球工作于空中、地球表面乃至水下；第三，能提供位置、速度、航向和姿态角数据，所产生的导航信息连续性好而且噪声低；第四，数据更新率高、短期精度和稳定性好。其缺点是：第一，由于导航信息经过积分而产生，定位误差随时间而增大，长期精度差；第二，每次使用之前需要较长的初始对准时间；第三，设备的价格较昂贵；第四，不能给出时间信息。

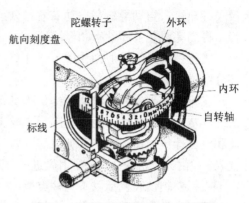

图 2-40　机械式航向陀螺仪内部结构

（二）导航系统

飞机导航系统可以确定飞机的位置并引导飞机按预定航线飞行，包括飞机上的和地面上的设备。飞机导航系统按照工作原理的不同可分为多种。

1. 仪表导航系统

利用飞机上简单仪表所提供的数据通过人工计算得出各种导航参数，这些仪表是空速表、磁罗盘、航向陀螺仪和高度表等，后来由人工计算发展为自动计算而有了自动领航仪，各种简单仪表也逐渐发展成为航向姿态系统和大气数据计算机等。

2. 无线电导航系统

利用地面无线电导航台和飞机上的无线电导航设备对飞机进行定位和引导。无线电导航系统按所测定的导航参数分为五类：测角系统，如无线电罗盘和伏尔导航系统；测距系统，如无线电高度表和测距器（distance measuring equipment，DME）；测距差系统，如罗兰 C 导航系统和欧米伽导航系统；测角测距系统，如塔康导航系统和伏尔-DME 系统；测速系统，如多普勒导航系统。作用距离在 400 km 以内的为近程无线电导航系统，达到数千千米的为远程无线电导航系统，10 000 km 以上的为超远程无线电导航系统和全球定位导航系统。全球定位导航则借助于导航卫星。

此外，利用定向和下滑无线电信号可组成仪表着陆系统。无线电导航又有陆基导航和星基导航两种。陆基导航依靠的是台站与台站之间的相对位置，由一个台站到另一个台站。例如，由无方向性信标（non direction beacon，NDB）到 NDB、由甚高频全向信标（very high frequency omnidirectional range，VOR）到 VOR 或 NDB 与 VOR 之间。星基导航依赖的是一系列航路点的精确位置，它的主要特征是任一点的坐标化，它所使用的导航设施有 DME-DME、VOR-DME、GPS（Global Positioning System，全球定位系统）等。

全球卫星导航系统（Global Navigation Satellite System，GNSS）是星基导航系统的核心。它主要包括美国国防部掌握的 GPS 和由俄罗斯空间局管理的 GLONASS（格洛纳斯，是俄语"全球卫星导航系统"的缩写），以及由西欧欧洲空间局正在建设的 NAVSAT

（Navigational Satellite，导航卫星）系统。GPS 是目前应用最广泛的卫星导航系统，但在航空应用方面却受到了技术和政策的干扰，在纯民用的 NAVSAT 系统投入使用前，用户还没有自主选择的空间，所以使用的还是 INS（Inertial Navigation System，惯性导航系统）/GPS 这种组合，这也是现在最主要和最常用的导航方式。所以平常所说的 GPS 位置，对飞机而言，其实就是 GPIRS（Global Positioning Inertial Reference System，全球定位惯性参考系统），即 INS/GPS 的混合位置。

3. 惯性导航系统

利用安装在惯性平台上的三个加速度计测出飞机沿互相垂直的三个方向上的加速度，由计算机将加速度信号对时间进行一次和二次积分，得出飞机沿三个方向的速度和位移，从而能连续地给出飞机的空间位置。测量加速度也可不采用惯性平台，而把加速度计直接装在机体上，再把航向系统和姿态系统提供的信号一并输入计算机，计算出飞机的速度和位移，这就是捷联式惯性导航系统。

4. 天文导航系统

以天体（如星体）为基准，利用星体跟踪器测定水平面与此星体视线间的夹角（称为星体高度角）。高度角相等点构成的位置线是地球上的一个大圆。测定两个星体的高度角可得到两个大圆，它们产生两个交点，其中一个交点就是飞机的位置。

5. 组合导航系统

由以上几种导航系统组合起来所构成的性能更为完善的导航系统，就是组合导航系统。

组合导航设备包括机场终端区域导航设备和航路导航设备。机场终端区域导航设备包括航台着陆引导设施、全向信标、测距台、仪表着陆系统等；航路导航设备包括中长波导航台（NDB）、罗兰（LORAN）远距导航系统、伏尔塔康系统、欧米伽（OMEGA）导航系统等。

（三）通信系统

通信系统的主要用途是使飞机在飞行的各阶段中和地面的航行管制、签派、维修等相关人员保持双向的语音和信号联系，当然这个系统也提供了飞机内部人员之间及机组人员与旅客之间的联络服务。主要分为甚高频通信系统、高频通信系统、选择呼叫系统和音频综合系统。

1. 甚高频通信系统

甚高频通信系统是移动无线电通信中的一个重要系统，用于民用航空及海事近距离通信。其通信方式以话音、图像、数据为媒体，通过光或电信号将信息传输到另一方，是供飞机与地面台站、飞机与飞机之间进行双向话音和数据通信联络的装置。每一个驾驶员通过其中任一系统选择一个工作频率后，即可进行发射和接收。甚高频通信系统采用调幅工作方式，其工作的频率范围为 118.000～151.975 MHz，频道间隔为 25 kHz。由于 VHF（very high frequency，甚高频）使用甚高频无线电波，所以它的有效作用范围较小，只在目视范围之内，作用距离随高度变化，在高度为 300 m 时距离为 74 km，是目前民航飞机主要的通信工具，用于飞机在起飞、降落时或通过控制空域时机组人员和地面管制人员的双向语

音通信。起飞和降落时期是驾驶员处理问题最繁忙的时期，也是飞行中最容易发生事故的时间，因此必须保证甚高频通信的高度可靠，所以民航飞机上一般都装有一套以上的备用系统。

2. 高频通信系统

高频通信系统是一种传统的机载远程通信设备，主要用于远距离空地对话，它是利用电离层的反射现象来实现电波的远距离传输，如图 2-41 所示。通信质量不高，一般作为备份系统使用，是供飞机与地面或飞机与其他飞机之间远距离报话通信之用。HF（high frequency，高频）通信系统工作于短波波段，工作频率为 2～30 MHz。短波信号的不稳定、电台数量众多及电台之间的相互干扰，严重影响了 HF 通信系统的通信质量。为了提高信噪比，节约频谱，HF 通信系统普遍采用了单边带与普通调幅兼容的通信方式。在卫星通信还没有完全普及的情况下，HF 通信仍然是远距通信的主要手段，即便采用卫星通信，HF 仍然是高纬度地区的主要通信手段。大型飞机一般装有两套高频通信系统，使用单边带通信，这样可以大大压缩所占用的频带，节省发射功率。

图 2-41　民用航空通信系统示意图

3. 选择呼叫系统

选择呼叫系统用于地面塔台通过高频（HF）或甚高频（VHF）通信系统对指定飞机进行联系。选择呼叫系统持续接收来自飞机通信接收机输出的选择呼叫音频编码信号，在收到本飞机的编码时，选择呼叫系统就用指示灯亮和提示音信号向机组发出提醒。这样，飞行员平时不用时刻戴耳机准备接听语音信息。有了提醒后再按照所指示的通信系统联络通话，从而免除了机组对地面呼叫的长期守候。

选择呼叫系统主要由选择呼叫译码器、选择呼叫控制面板、选择呼叫程序开关组件和选择呼叫音响警告继电器等组成，如图 2-42 所示。

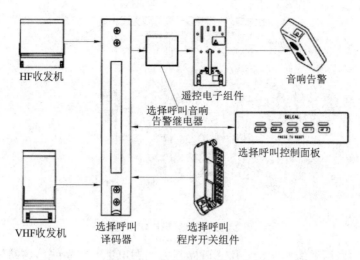

图 2-42　选择呼叫系统组成

HF 和 VHF 收发机接收来自地面台站的选择呼叫信号，收发机对收到呼叫信号进行处理，得到音频编码脉冲信号送往选择呼叫译码器。

当选择呼叫译码器接收到呼叫音频时，它向选择呼叫控制面板送出一个接地信号。该接地信号使接收到呼叫信号的收发机所对应的提示灯亮。按压提示灯开关则可复位译码器通道。

选择呼叫译码器送出的接地信号也送至吸合音响警告继电器，吸合的继电器输出 28V 直流电压经遥控电子组件给音响警告组件使其产生高/低谐音，用于声响提示。

选择呼叫程序开关组件设置飞机的选择呼叫代码。当飞机加电时，程序开关组件向选择呼叫译码器发送选择呼叫代码。与选择呼叫系统相连接的有 VHF 收发机、HF 收发机、遥控电子组件和音响警告组件等。

选择呼叫系统分飞行机组呼叫系统和地面机组呼叫系统。

飞行机组呼叫系统可使飞行机组与乘务员之间的相互呼叫。可进行驾驶舱到乘务员站位、乘务员站位到驾驶舱和乘务员站位到乘务员站位的呼叫。

地面机组呼叫系统可用于飞行机组与地面机组之间的相互呼叫。这个系统会提醒驾驶舱内的人或飞机外面的人使用飞行内话系统进行通话。

4. 音频综合系统

音频综合系统是飞机内部的通话系统，包括飞行内话系统、勤务内话系统、客舱广播及娱乐系统、呼唤系统和驾驶舱话音记录器。

飞行内话系统的主要功能是通过音频选择盒，把话筒连接到所选择的通信系统，向外发射信号，同时使这个系统的音频信号输入驾驶员的耳机或扬声器中，也可以用这个系统选择收听从各种导航设备发来的音频信号，或利用相连的线路进行机组成员之间的通话。

勤务内话系统的终端为飞机上各服务站位（包括驾驶舱、客舱或货舱乘务员站位），地面服务维修人员站位处安装话筒，从而实现机组人员之间、机组与地面服务人员之间的电话联系。

客舱广播及娱乐系统是机内向旅客广播通知或播放音乐的系统，如图 2-43 所示。

图 2-43　飞机客舱广播示意图

呼唤系统与内话系统相配合，用于呼唤对方接通电话。该系统由各站位上的呼唤灯、谐音器及呼唤按钮组成，各内话站位上的人员按下要通话的站位按钮，该站位的扬声器发出声音或接通指示灯，即可通话。呼唤系统还包括旅客座椅上呼唤乘务员的按钮和乘务员舱位的指示灯。

话音记录器俗称"黑匣子"（见图 2-44），颜色是便于识别的橙色，用于记录飞机着陆之前 30 分钟内的机组耳机内和驾驶舱内的声音（固态记录器能记录 120 分钟）。记录器共有四个录音通道，一号记录观察员耳机内的声音，二号记录副驾驶耳机内的声音，三号记录机长耳机内的声音，四号记录驾驶舱内的声音。

图 2-44　飞机话音记录器

二、飞机座舱环境控制系统

由于在高空存在缺氧、低压、低温等不利情况，机上人员可能出现缺氧症。在海拔 3000～4000 m 长时间飞行时，缺氧症常表现为头痛、疲倦轻度症状；4500 m 飞行时缺氧症表现为嗜睡、嘴唇指甲发紫、视力和判断力下降等中度症状；6500 m 以上飞行时缺氧症表现为惊厥、丧失意识甚至死亡等严重症状。飞机座舱环境控制系统的基本任务是使飞机的座舱和设备舱在各种飞行条件下具有良好的环境参数，以满足飞行人员、乘客和设备的正常生活条件和工作条件。座舱环境控制系统的主要设备包括氧气系统、增压座舱和空调系统等，座舱环境参数主要是指座舱空气的温度和压力以及它们的变化速率，还包括空气的流量、流速、湿度、清洁度和噪声等。

航空人员呼吸用氧与工业用压缩氧气的主要区别是，航空用氧除去了绝大部分水分和水蒸气，纯度为 99.5%，每毫升含水量小于 0.005 mg。

（一）氧气系统

飞机座舱氧气系统包括三部分，即机组氧气系统、乘客氧气系统以及手提氧气系统。

1. 机组氧气系统

机组氧气系统的氧气来源于气态氧，气态氧通常储存在高压氧气瓶中，压力为 1800～1850 psi，供氧持续时间长，并可根据需要接通或关断，有利于飞行安全。如图 2-45 所示，机组氧气系统的组成包括高压氧气瓶、关断活门、压力传感器、减压调节器、氧气调节器以及氧气面罩（见图 2-46）等。

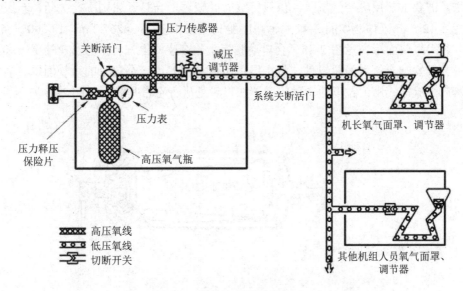

图 2-45　机组氧气系统的组成

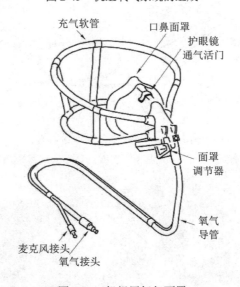

图 2-46　机组用氧气面罩

机组供氧系统的氧气面罩供氧方式有三种，分别为稀释供氧、100%供氧以及连续供氧。

稀释供氧是指在一定座舱高度（飞机座舱压力所对等的海拔高度）以下将氧气与空气混合后进行供给，混合比例依据飞机座舱高度而定，座舱高度越高，混合的氧气量越大，手柄位于"N"位，超过这一高度时调节器进行 100%纯氧供给；100%供氧是指氧气不与空气混合直接输送纯氧进行供给，手柄位于"100%"位；连续供氧是指吸气和呼气时均提供氧气，连续输氧到氧气面罩，手柄位于"应急"位。

2.乘客氧气系统

乘客用氧的氧气来源于固态氧，固态氧是在化学氧气发生器内储存铁粉和固态氯酸盐混合物，需要加热反应产生氧气，供氧持续时间较短，一旦开启则不能关断，一般供氧时间可持续 12~15 分钟，如图 2-47 所示。座舱高度在 4114.8~4267.2 m（13 500~14 000ft）时，乘客用氧气面罩（见图 2-48）会自动脱落。旅客座椅上方、乘务员座椅上方和洗手间马桶上方均安装有氧气面罩组件，每个服务组件至少多出一个备份的氧气面罩。当氧气面罩脱落后，旅客应用力拉下面罩并将其罩在口鼻处进行正常呼吸，如图 2-49 所示。

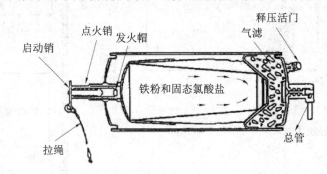

图 2-47 化学氧气发生器示意图

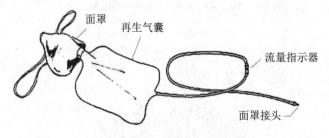

图 2-48 乘客用氧气面罩示意图

图 2-49 客舱失压后机上乘客佩戴氧气面罩

3. 手提氧气系统

手提氧气系统用于飞行时在飞机座舱内的游动医疗救助，多为高压氧气瓶。另外，在客舱密封区域失火和有浓烟时，机组人员可使用防护性呼吸设备——烟雾罩，它可保护灭火者的眼睛和呼吸道不受火和烟的侵害。烟雾罩使用化学空气再生系统，由口鼻面罩吸进再生的空气，并把呼出的空气返回到再生系统，使用有效时间至少 20 分钟，如图 2-50 所示。

图 2-50　机组人员所用烟雾罩

（二）增压座舱

高空的低气压会使人产生减压症状，因而在高空飞行时座舱的气压要保持在一定的范围，早期的活塞式飞机只能在 5000 m 以下的空域中飞行，但为了躲避雷雨，有时要飞到 6000 m 以上，当时的解决方法是给乘员戴上氧气面罩或穿上抗压服。喷气飞机出现后，为了快速安全地运送大量旅客，必须长时间地在 7000 m 以上高空飞行，因此就需要把整个座舱的压力保持在适当范围，即使座舱增压，增压的座舱要有一定的密封性能，以保证舱内有压力。增压座舱内的大气压力由飞机座舱环境控制系统控制，使之高于环境气压并根据飞行高度自动调节，以保证乘员在高空飞行时具有舒适环境和工作条件。

增压座舱有两种：第一种是大气通风式增压座舱。原理是将环境大气经压缩提高压力后，由飞机座舱环境控制系统输送到座舱中对座舱增压和通风，然后经座舱压力调节器排回到大气中去。第二种是再生式增压座舱。原理是将舱内空气与大气隔绝，用机载压缩气源对座舱增压并补偿少量的座舱漏气，用过的空气经再生后在舱内循环使用。大气通风式增压座舱一般限于 24 km 以下高度使用，在更高的高度上由于空气稀薄，需要使用再生式增压座舱。再生式增压座舱主要用于飞行高度大于 24 km 的飞机和载人航天器。现代飞机广泛使用大气通风式增压座舱。

增压座舱的功用是：第一，通过舱压调节，乘员可以减轻或避免高空低气压引起的缺氧症、高空减压病、胃肠气体膨胀和航空中耳气压症；第二，为舱内乘客提供良好的空气调节，使舱内空气温度、湿度、压力、气流速度和空气清洁度等符合生理标准；第三，舱壁上的隔热材料既可减小座舱热载荷，又可降低噪声。增压座舱内的空气压力与舱外大气压力之差称为座舱压差，是座舱设计的一项参数。座舱压力随高度变化的规律称为座舱压力制度。不同用途的飞机对座舱压力的要求不同。旅客机采用高压差座舱。歼击机采用低压差座舱，目的是减轻飞机结构重量，以适应战斗要求。座舱通风空气流量应满足增压、调温和保持空气清洁度等要求。

大气通风式增压座舱所用的空气来自发动机，喷气飞机由发动机的压气机引出气体来加压，活塞式发动机则备有专用增压器为座舱增压，使座舱的压力高度保持在 1800～4000 m。飞机高度越高，座舱外压力越低，如果座舱内压力不变，飞机结构承受压力越来越大。

为使飞机结构能够承受，必须保持座舱内外压力差在允许范围内，所以飞行高度增加

到一定阈值，座舱内需要向外排出气体来降压（气压高度增加），以保持压力差在允许范围内；为使座舱内乘客安全，座舱内必须保持一定范围（2400～4000 m 气压高度）的大气压。综合考虑以上两个因素，现代飞机座舱压力高度一般保持在 3000 m 以下（即保持飞机座舱的气压在 3000 m 高度的大气压强以下）。

（三）空调系统

空调系统的作用是保证座舱的温度、湿度和二氧化碳的浓度，保障舒适安全的飞行环境。空调系统由加热、通风、去湿等部分组成，循环供应。

在小型飞机上加热由电加热器或烧油的加热器完成，通风和去湿则由飞机前部向外界开孔把外界的冲压空气引入而完成。现代化的大型飞机上把控制飞机座舱内部的压力、温度、通风的机械组成一个完整的系统，它由空调组件、分配管路和控制系统组成，将由发动机压气机引来的热空气和外界进来的冲压空气混合，经过几次热交换机使气体压力和温度不断降低，最后注入座舱。

第四节　现代民航飞机的特点

现代民航飞机在构造上多采用后掠下单翼，发动机吊装在机翼下方或尾翼部分，起落架则采用前三点式。经过近一个世纪的发展，飞机的飞行性能已达到很高的水平。

以速度为例，虽然目前大部分民航机都是亚音速及高亚音速民航机，但跨音速、超音速民航飞机也曾投入运营，如苏联 1977 年投入运营的图-144 飞机，1976 年英、法合作研制的"协和号"飞机等，但跨音速、超音速客机由于经济性差、噪声水平高等一系列原因没能在民航运输领域推广。

在航程方面，现代民航飞机也根据使用需要研制出多种不同航程的机型，如大型客机空客 A380、波音 747 等航程可以达到 15 000 km 左右，轻松完成跨洋运输；2015 年，空客公司宣布推出的 A321neo 客机航程可达 7400 km，可以胜任洲际航班，已于 2016 年完成首飞工作，2017 年 4 月，全球首架 A321neo 飞机交付使用，是目前单通道飞机中航程最大的机型，如图 2-51 所示。

图 2-51　空客公司的新型飞机 A321neo

民航飞机的载客量也逐渐向更大的数量级发展,空客公司2007年投入航线运营的A380客机在全经济舱布局的情况下最多可装载800余人,相当于10节火车车厢的装载量。而且客舱的内饰也更加奢华,使用功能日趋完善(见图2-52、图2-53),如A380客舱内设置免税店、酒水吧台、会议室等功能性区域,供乘客在飞行期间使用,使漫长的旅途变得轻松而愉悦。

图2-52 新加坡航空公司A380头等舱套间

图2-53 卡塔尔航空公司A380空中吧台

 资料2-1

民航客机之最

1. 世界上最快的民航客机

目前世界上大型民航客机的飞行速度为800~1000 km/h,在高亚音速范围之内,如果想飞得更快的话就必须突破音障的考验。那么,飞机的结构、外形、蒙皮材料等都要随之改变。

世界上最快的民航客机——"协和号"在1976年正式投入运营,成为当时世界上唯一一种超音速客机。"协和号"重约175 t,载客100名。在16 000~18 000 m的高空,可以超音速2倍的速度来飞行,从伦敦到纽约只需要3个多小时。由于其飞行速度比地球自转还要快,所以如果您乘坐"协和号"向西飞行,可以追赶太阳,感受到"日不落"的奇景。不过因为成本较高等原因,该机型已经退役。

2. 世界上载客最多的民航客机

当我们想形容一件东西很大的时候,一个词总闪现在我们眼前——"巨无霸",空中"巨无霸"A380正是目前世界上载客最多的民航客机。

A380最多可载客840名,航程可达14 800 km。起落架轮子更是有22个之多。超大的机身可以配置多种豪华娱乐场所。很多A380上设立了健身房、浴室、餐厅、酒吧等娱乐场所,为旅客的飞行增添乐趣。2002年1月,A380的第一组机翼开始建造;2005年1月18日,首架A380在空客厂房中诞生;2005年4月27日,首架A380试飞成功。A380的投入服务也打破了波音747飞机在远程超大型宽体客机市场上30年的垄断地位。

3. 世界上航程最远的民航客机

如果说选出目前世界上航程最远的民航客机的话,无疑是波音777-200LR。777-200LR

于 2006 年 2 月正式投入服务。波音公司将其命名为"环球客机",从名字我们便能明白其超远的航程是多么突出了。2005 年 11 月 10 日,一架 777-200LR 客机从中国香港国际机场起飞,途经太平洋,穿过美国,横跨大西洋抵达伦敦,全程约 21 601 km,打破了商用客机不停靠站长途飞行的纪录。

资料来源:中国民用航空局.最快的民航飞机[EB/OL].(2015-09-23)[2023-05-25]. http://www.caac.gov.cn/GYMH/MHBK/HKQJS/201509/t20150923_1791.html.

百度百科.空中客车 A380[EB/OL].(2023-04-28)[2023-05-25]. https://baike.baidu.com/item/%E7%A9%BA%E4%B8%AD%E5%AE%A2%E8%BD%A6A380/1537333?fr=aladdin.

民航资源网.波音 B777-200LR 飞机创下飞行距离新世界纪录[EB/OL].(2005-11-11)[2023-05-25]. http://news.carnoc.com/list/59/59592.html?_t=t.

资料 2-2

飞机的"黑匣子"

资料 2-3

民航飞机的救生设施和逃生技巧介绍

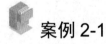

案例 2-1

机组周密配合力挽狂澜救乘客

阿罗哈航空 243 号航班是来往于夏威夷的希洛岛和檀香山的定期航班,客机机型是波音 737-200 型。1988 年 4 月 28 日,阿罗哈航空 243 号航班像往常一样从希洛国际机场起飞,当时飞机上共计 94 人,分别是 89 名乘客和 5 名机组人员。当飞机爬升到巡航高度 7300 m 时,意外发生了,机体前端左边一小块天花板爆裂,机舱瞬间失压,驾驶舱的门没了,而飞机头等舱的顶棚出现了一个大洞,如图 2-55 所示,客机前五排的座椅全部暴露在空中,一名正在回收客人杯子的乘务员,瞬间被强大的气流吸出了机舱外。

客舱天花板破裂导致氧气供给系统被摧毁,此时还有时速 555.6 km 的强风和接近-50℃

的严寒，飞机处于随时可能解体的状态，航班的当务之急是下降到适合人类生存的高度。

接下来，阿罗哈航空 243 号航班的两名飞行员在 13 分钟内力挽狂澜。机长要求副驾驶立即联络地面，请求紧急降落。而空管在得到请求后，立马展开了营救行动，消防员、救护车、管理人员全部到场，静静等候飞机的降落。

由于飞机破裂，风噪很大，机组只能用手势来交流。幸运的是，两人都在阿罗哈航空服务了近 10 年，非常熟悉自己所飞的航线和机型，对夏威夷的天空、地形、机场也非常熟悉。

在飞机即将降落时，机长发现，飞机除了顶部解体外，液压系统也出现严重受损，导致操作起来十分吃力。此外，飞机的系统显示也出现紊乱，屏幕上显示起落架正常放下，但实际上前轮根本没有放下。在系统显示失灵的情况下，机长经验十分丰富，他沉着冷静地在机场绕了一圈，等地面的工作人员用望远镜观察到起落架放下后，才缓缓地准备降落。与此同时，在驾驶舱的后方，那名唯一清醒的机舱服务员，一边抱着昏迷的同事，以防她被气流冲出去，一边提醒大家做好防冲撞准备，防止受伤。

最终，凭借机组天衣无缝的配合阿罗哈航空 243 号得以安全降落。在此前，航空史上从未有遭此重创还安全降落的记录。事后美国国家交通安全局展开了全面调查，发现事故是因为裂缝氧化导致金属疲劳引起，而当时执飞的飞机已经使用了 19 年，起降次数早已超出额定标准，导致飞机机体结构变得更加脆弱。事发后，美国各大航空公司决定淘汰一批老旧的机型，并规定客机在特定的机龄后必须接受额外的检修程序。

图 2-54 安全返回地面的"敞篷"飞机阿罗哈 243 号航班

资料来源：百度百科.阿罗哈航空 243 号班机事故[EB/OL].(2023-05-23)[2023-05-25]. https://baike.baidu. com/item/%E9%98%BF%E7%BD%97%E5%93%88%E8%88%AA%E7%A9%BA243%E5%8F%B7%E7%8F %AD%E6%9C%BA%E4%BA%8B%E6%95%85/3662402?fr=aladdin.

 ## 本章小结

本章主要介绍了飞机的定义及各种分类方式、机体构造、飞机系统以及现代民航运输机的特点。

在飞机的分类中介绍了多种不同的分类方式，从类别角度更全面地展示了飞机的多样性。在飞机构造部分详细介绍了飞机的组成部件及其作用，为下一章飞行原理的理解建立了一定的基础。飞机系统部分主要对电子仪表系统及座舱环境控制系统进行了重点讲解，电子仪表系统相当于飞机的神经系统，用于感知外部情况；座舱环境控制系统则是为飞机

上所有的人提供良好、舒适的内部环境，因此对这些系统的了解意义重大。最后宏观地介绍了现代民航飞机的各方面特点。

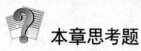

本章思考题

1. 飞机机翼上的副翼、襟翼、扰流板对飞机的操纵起到什么样的作用？
2. 飞机的起落架组成部件包含哪些？有什么作用？
3. 前三点式起落架与后三点式起落架相比有哪些优势和不足？
4. 为什么要对飞机的座舱环境进行控制？
5. 机组氧气系统与乘客氧气系统有什么不同之处？
6. 飞机的电子仪表系统共包含几部分？各自有什么作用？
7. 飞机通信系统的组成包括哪些部分？各自有什么功用？
8. 飞机的五个主要组成部分是什么？
9. 国产大飞机 C919 在技术上有什么突破？查找资料了解。

第三章　飞机的基本飞行原理

【学习目的】

民航飞机在空气当中飞行，就像船舶在海洋当中航行一样，空气状态和气象现象的变化直接关系到在飞机上产生的空气动力的大小以及飞机的飞行品质，也影响着飞机的飞行安全。飞机在发动机的拉力（或推力）的作用下，与空气发生相对运动，产生了空气动力，其中包括了升力和阻力：升力可以克服重力，帮助飞机离地升空，也可以帮助飞机在空中改变飞行姿态；阻力的方向与速度方向相反，会阻碍飞机前进，但有时飞行中需要增加阻力帮助飞机减速。所以，飞行员在空中对飞行状态的改变，就是通过改变发动机的拉力（或推力）、升力以及阻力来完成的。

【本章学习目标】

1. 了解大气环境的基本特性和环境对飞行安全的影响；
2. 掌握飞机空气动力的产生原理；
3. 了解飞机的基本操纵方法。

【核心概念】

1. 空气流动的基本规律；
2. 飞机上的作用力对飞行姿态的影响；
3. 飞机的稳定性和操纵性。

【素质目标】

1. 夯实民航飞行理论基础；

2.培养独立分析科学问题的能力。

【导读】

举重若轻的空气动力

苍穹浩瀚，是追求自由的人们身心向往的蔚蓝沃土。自古以来，人们都渴望能够像小鸟一样在天空中无拘无束地飞翔。在世界各国的神话故事中，都流传着许多飞天的传说。我国唐代古诗中写道："嫦娥应悔偷灵药，碧海青天夜夜心"；《西游记》中的孙悟空可乘云御风，一个跟头十万八千里；《封神演义》中的雷震子肋生双翅，凭着善于空战的本事，为武王伐纣立下赫赫战功。西方神话中也有可爱的天使长着洁白无瑕的翅膀。

古往今来，无穷无尽的想象激发着人们征服蓝天的欲望，但是几千年的努力和探索，使人们又经历了太多的波折。距今已有 2000 多年历史的风筝在本质上是世界上第一种重于空气的飞行器，有着和现代飞机近乎相同的飞行原理。人类历史上最早尝试飞行的记录出自《前汉书》，早在 1900 多年前的东汉时期，有奇人用羽毛做成两只翅膀，从高处一跃而下，尝试滑翔飞行。后来画家达·芬奇经过长期的观察，发表航空科学的开山之作《论鸟的飞行》，其中出现了扑翼机的设计草图，将科学与艺术完美地融合在了一起。随后，人们继续着对飞行科学的探索，热气球、滑翔机、飞艇等飞行器相继在航空史上画下浓墨重彩的一笔。时间来到 1903 年 12 月 17 日，莱特兄弟驾驶着他们自己设计和制造的飞机实现了人类的第一次有动力、可操纵的载人飞行，这架飞机就是赫赫有名的"飞行者 I 号"，当天兄弟中的哥哥威尔伯·莱特完成的第四次飞行，持续时间 59 s，飞行距离 260 m，开创了人类航空的新纪元。1909 年 9 月 21 日，中国的第一个飞行家冯如，驾驶着自己设计和制造的飞机成功飞上蓝天，完成了中国人的飞天梦想。

现在，航空业正在改变和塑造着人类的历史，形形色色的飞行器在空中飞行，结构布局形式多样、用途不一，不同飞机的飞行速度和高度也有所差别。但是不论任何一种结构和用途的飞行器，都遵循着基本的空气动力学原理，就是用足够的动力使机翼与空气产生相对快速的运动，利用机翼上产生的空气动力克服重力，令飞机离地升空，而且依靠改变空气动力的大小，改变飞机的飞行状态。

第一节　大气环境介绍

包裹在地球表面的一层空气，叫作大气层，简称大气。如果形象地将地球看成一个苹果，大气层的厚度就相当于一层苹果皮。大气层像地球的外衣，保护了地球上的生命免受来自外层空间的宇宙射线的危害，避免了地表温度的剧烈变化和地表环境中水分的散失。由于地心引力的作用，大气中几乎全部气体都集中在距离地面 100 km 的高度范围内。随着高度的增加，大气的密度、气压、温度等性质都会出现相应的变化。民航飞机在大气中飞行，飞行性能就会直接受到这些变化带来的影响。如伴随着机场的高度增加或机场温度的升高，空气密度下降，飞机发动机的功率也会随之减弱，飞机起飞滑跑时的加速度减小，起飞滑跑距离增加。所以，在研究飞机的基本飞行原理之前，要先了解大气环境的基本知识。

一、大气的组成成分

大气是一种混合物，由干洁空气、水蒸气和尘埃颗粒组成。干洁空气的主要成分是氮气和氧气。如图 3-1 所示，若按照体积计算，大气中的氮气约占78%，氧气约占 21%，其余的 1%是氩气、二氧化碳、氖气等其他气体。

水蒸气来源于地表江河湖海水分的蒸发和植物的蒸腾。水蒸气的密度小于干洁空气的密度，所以往往空气的湿度越大，空气密度越小，对飞机产生的空气动力和发动机的功率影响较大。同时，水蒸气又是成云致雨的物质基础，在气象中扮演了重要的角色。

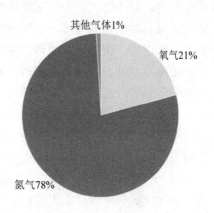

图 3-1　大气的组成成分

大气中的尘埃颗粒又叫大气杂质，是指悬浮在大气当中的固体微粒或水汽凝结物。固体微粒大部分来自于地球表面，如沙漠中的沙子、海水中的盐粒、花粉、烟尘和汽车排放的尾气等。水汽凝结物包括大气中的水滴和冰粒。这些大气杂质常常聚集在一起，形成各种天气现象。

二、大气层的结构

依据大气温度随高度变化的规律，大气层的结构可以分为对流层、平流层、中间层、电离层和散逸层五层，如图 3-2 所示。

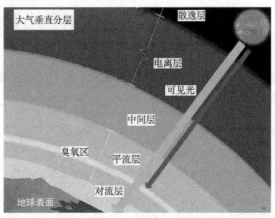

图 3-2　大气层结构示意图

（一）对流层

对流层是大气中最低的一层空气，是大部分飞行活动的范围。对流层的底界是地面，顶界随着纬度和季节的不同而发生变化。对流层的厚度在赤道地区最大，平均厚度为 16 km，在极地地区则降低到 8 km，而在中纬度地区，对流层的厚度平均约为 11 km。在同一地区，

对流层的厚度在夏季大于冬季。

对流层中空气的温度来源是地表反射的太阳辐射，所以随着海拔的升高，对流层空气的温度逐渐降低，空气温度的递减规律为海拔每升高 1 km，空气温度降低 6.5℃。基于这样的原因，对流层低层的空气温度高、密度小，而上层的空气温度低、密度大，这就导致低层空气具备上升的趋势，上层空气有下沉的趋势，形成了空气的上下对流，这也是对流层名称的由来。由于地表地形地貌的不同和太阳对地表照射程度不一，地面各地区空气气温和密度不相同，气压也不相等，即使同一地区，气温、气压也常会发生变化，使大气产生水平方向的对流现象，即形成风，且风向、风速也会经常变化。

另外，对流层包含空气当中 90%以上的水蒸气，所以云、雾、降水等天气现象基本上都出现在这一层空气当中。因为地心引力的影响，整个大气层当中约 75%的大气质量集中在对流层中。

综上所述，对流层中的空气性质会对飞行造成一系列的影响，例如，高空飞行空气温度低，易使飞机表面产生积冰；水平方向的风会使飞行方向和飞行距离发生变化；垂直方向的空气对流会使飞机产生颠簸。

（二）平流层

平流层，也叫同温层，位于对流层之上，它的顶界距离地面约 50 km。平流层中的下半部空气（大约在 20 km 以下）距离地球表面较远，空气从地面受热减少，但平流层中空气的热量来源主要是臭氧吸收太阳紫外线辐射，使得下半部空气温度几乎常年保持不变，维持在-56.5℃。而在 20～50 km 的高度范围内，平流层中的上层空气温度随高度上升而缓慢增加，大约每上升 1 km，温度增加 1℃。

对流层顶是平流层和对流层之间的交界部分，它像一个盖子，把对流层中的水蒸气隔离在了对流层顶之下，使得平流层中几乎没有水蒸气。这样，在平流层中就没有各种天气现象的出现。同时，平流层中不存在空气的上下对流，只有水平方向的风，所以是非常适合民航运输机飞行的空间。

在平流层以上的中间层、电离层和散逸层的高度不适于民航运输机的飞行，这里对此三层大气的性质就不再赘述。

三、国际标准大气

国际标准大气（International Standard Atmosphere，ISA），是人为规定的一个大气状态标准，理论上不变的大气环境，其中包括了空气温度、密度、气压值等参数随着高度而发生变化的关系。国际民航组织会制订这样的一个标准，是为了使飞机在不同环境下试验得到的试飞性能数据便于计算、整理和比较。在试飞中，同一架飞机在不同地点试飞，会得到不同的性能数据；同一架飞机在相同地点、相同高度试飞，试飞时间和季节不同也会得到不同的性能数据。国际标准大气的制订，就使得不同的试验数据在计算时有了统一的基准。

国际民航组织在制订国际标准大气参数时，参考北半球中纬度地区大气物理性质的平均值，并加以适当地修正，而这一组数值与我国北纬 45°地区的大气非常接近。国际标准大气规定：在海平面处高度为 0，气温为 15℃或 59°F，海平面处气压为 1013.25 hPa（百帕），空气密度为 1.225 kg/m³，音速为 340.29 m/s；对流层高度为 0～11 km，在对流层内高度每增加 1 km，气温下降 6.5℃，或高度每增加 1000 ft（304.8 m），气温下降 2℃，音速随气温的下降而减小；平流层内 11～20 km 的底部大气温度常年保持-56.5℃，音速因此保持常数，而在平流层 20～50 km 的上层大气的温度则随高度升高而增加，音速也随之变大。

四、航空气象要素

气象要素是表示大气状态的物理量和物理现象的统称。在气象要素中，往往将大气温度、气压、湿度三种物理量称为三大气象要素，它们都能在一定程度上反映出大气的性质，从而在一定程度上影响飞行器的飞行性能，甚至有时还会对飞行安全造成一定的威胁。

（一）大气温度

大气温度是指空气的冷热程度，是空气分子平均动能大小的宏观表现，反映了空气分子做不规则热运动的激烈程度。通常情况下可以将空气看作是没有黏性的理想气体，此时空气分子的平均动能就是空气的内能，因此大气温度的上升或下降体现了空气内能的增加或减少。

表示气温的单位有三种，通常用摄氏温标（℃）来表示，也可用华氏温标（°F）表示，有时在热力学理论研究工作中用绝对温标（K）表示。摄氏温标将标准状况下的纯水的冰点规定为 0℃，沸点规定为 100℃，其间分为 100 等份，每一等份为 1℃。华氏温标将标准状况下的纯水的冰点规定为 32°F，沸点规定为 212°F，其间分为 180 等份，每一等份为 1°F。由此可知，1℃和 1°F 是不相等的。

在热力学研究中，绝对温标规定-273.15℃为零点，称为绝对零点，但是其分度法和摄氏温标相同（即绝对温标上相差 1K 时，摄氏温标上也相差 1℃），所以标准状况下纯水的冰点用绝对温标表示为 273.15K，沸点表示为 373.15K，如表 3-1 所示。

表 3-1　度量温度的单位

标准状态下，纯水的冰点及沸点	摄氏温度/℃	华氏温度/°F	绝对温度/K
冰点	0	32	273.15
沸点	100	212	373.15

由于受到太阳辐射强度的变化带来的影响，某一地点的气温呈现出一定周期性的变化规律，即局地气温具有年变化和日变化的周期性规律。气温在一年之中呈现出的年变化，一般具有最低值和最高值，如图 3-3 所示。在大寒节气前后，气温往往呈现最低值，而在大暑节气前后，气温表现出最高值。气温在一天之中也呈现出日变化的规律，同样具有最低值和最高值，一天当中气温最低值一般出现在清晨日出时，最高值出现在当地正午午后 2 小时左右，如图 3-4 所示。

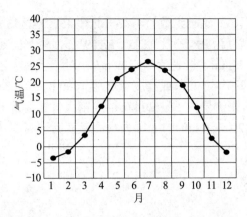

图 3-3　我国某地气温的年变化示意图

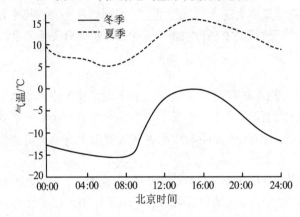

图 3-4　某地冬夏两季气温平均日变化示意图

局地气温除了周期性的变化之外，还带有一定的非周期性的变化，主要是大规模冷暖空气运动和阴雨天气带来的影响。例如，在白天出现较大降雨（雪）时，可以使当天气温的最高值与最低值之差减小，甚至可能在晚上出现当天气温的最高值。又如我国江南春季气温不断变暖之时，北方冷空气南下会产生倒春寒，使得气温下降；秋季气温也可能突然回暖，形成"秋老虎"天气。

气温对飞行器的飞行性能和飞行运行经济性的影响较大，具体表现在以下几个方面：首先，按照气压高度表在同一高度飞行时，空气温度可以使得部分机型（如波音 747 等）飞机的巡航速度变化 40 km/h 以上。其次，在飞行环境中大气温度变化较大时，发动机推力也会呈现显著变化的趋势，当飞机短时间进入暖气团时或进入冷气团时，推力可能相应减小或增大 5%～10%。再次，理论计算和实践证明，当气温变化 30℃时，飞机单位时间燃料消耗量变化 5%～6%。最后，若环境温度高于同高度处的标准大气温度，则机载气压高度表读数低于实际高度值；若环境温度低于同高度处的标准大气温度，则机载气压高度表读数高于实际高度值。

（二）气压

大气压强简称气压，是指物体与大气相接触的面上空气分子作用在每单位面积上的力。

空气对物体表面产生压力的原因有两个：一是上层空气的重力对下层空气造成了压力，即某一高度上空气的压力就是该高度以上的空气柱重力作用的结果。所以在垂直方向上，高度越高时上方空气柱越短，空气压力相应较低。二是空气分子不规则热运动导致了空气压力的出现。空气分子不规则热运动导致空气分子彼此间相互碰撞，或碰撞容器壁而产生压力。所以在同一高度上，由于空气温度不同，空气压力的分布也是不均匀的。

常用的度量大气压力的单位有帕（Pa）、毫米汞柱（mmHg）、英寸汞柱（inHg）、磅每平方英寸（psi）等，其中帕为国际计量单位。

通常，人们规定在海平面温度为 15℃时的大气压力为一个标准大气压，表示为1 013.25 hPa、29.92 inHg、760 mmHg 等。

大气压力一般随高度的升高而降低，如图 3-5 所示。当飞行高度为 5 km 左右时，该高度气压是海平面气压的一半，如果没有使用任何辅助呼吸工具，人的反应将低于正常水平。在飞行高度接近 10 km 处，该高度气压只有 250 hPa，因此在高空飞行时，必须配备氧气设备及增压座舱。

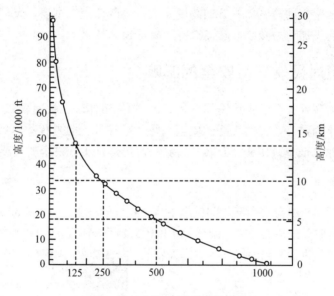

图 3-5　大气压力随高度的变化

（三）空气湿度

空气中的水汽含量是随时间、地点、高度、天气条件在不断变化的。空气湿度是指空气的潮湿程度，通常用相对湿度来表示。

相对湿度为空气中的实际水汽压与同温度下的饱和水汽压的百分比，如式（3-1）所示：

$$f = \frac{e}{E} \times 100\% \tag{3-1}$$

其中，E 为饱和空气的水汽压；e 表示水汽压，是空气中的水汽所产生的气压值，是气压的一部分。在其他条件都相同的情况下，水汽压随着水汽含量的增加而变大。在温度不变的情况下，单位体积空气所能容纳的水汽含量有一定的限度，如果水汽含量达到了这个限度，

空气为饱和状态，称为饱和空气，此时空气中的水蒸气含量达到最大，相对湿度为100%。水汽含量和大气温度会影响空气相对湿度的大小。水汽含量越高，水汽压越大，相对湿度相应增大；在水汽含量不变的情况下，温度上升，会使得饱和水汽压增大，相对湿度因此而减少。一般情况下，温度变化大于水汽含量的变化，所以温度对大气相对湿度的影响较大。例如，早晚大气温度较低，相对湿度大，中午和午后的大气温度较高，相对湿度就相应减小。

露点是航空气象中一个非常重要的概念。对于给定体积的气体，温度降低，湿度增大，当温度降低到相对湿度为100%时的温度称为露点温度，此时空气中的水分处于临界状态。当空气处于未饱和状态时，其露点温度低于大气温度，气温与露点温度之差称为温度露点差。因此，可以通过温度露点差判断空气的饱和程度，温度露点差越小，空气越潮湿。潮湿的空气会导致飞机的发动机和某些金属部件被锈蚀，从而降低金属材料的强度，缩短飞机和机载设备的使用寿命，增大使用和维护成本。飞机上的用电设备长时间在潮湿环境中工作，绝缘性能被降低，使得电子元件性能改变，甚至导致故障发生。另外，空气中水蒸气的密度小于干洁空气的密度，空气的湿度变大，会降低空气密度，发动机的性能因此下降，致使飞机的起飞加速力减小，起飞滑跑距离延长。

五、大气环境对民航飞行安全的影响

航空运输作为现代社会五大运输体系之一，它的优势体现在快速、舒适和安全等方面。随着科技水平的不断进步，民航飞行的安全系数不断提升。但是有些恶劣复杂的极端天气环境，如飞机积冰、低空风切变、颠簸、雷暴等，仍然是飞行安全的重要威胁。

（一）飞机积冰

飞机积冰是指飞机机身表面某些部位产生冰层积聚的现象。飞机积冰是当飞机在云中飞行或在降水中飞行时，云中的过冷水滴或降水中的过冷雨滴受到飞机机体撞击后冻结而成的，也可以由水汽在机体表面凝结而成。冬季露天停放的飞机可能会形成机体积冰或结霜。

在一定高度处，云体中会存在温度低于0℃却仍未冻结的过冷水滴，这种水滴的热力状态不稳定，在受到震动后立即冻结成冰。当机体表面温度低于0℃的飞机在含有过冷水滴的云中飞行时，过冷水滴受到撞击就会在机体表面形成冻结，出现飞机积冰。所以，飞机积冰首先在飞机外凸处和迎风部位开始，如机翼前缘、尾翼、螺旋桨桨叶、发动机进气道前缘及整流锥、空速管、天线等，如图3-6所示。

图3-6　发动机整流锥积冰

积冰出现在飞机表面，但冰的类型是不同的：有光滑透明、结构坚实的明冰，除冰设备也很难使之脱落，对飞行安全危害较大；有由粒状冰晶组成的雾凇，表面较为粗糙，结构较松脆，易于清除，对飞行安全危害较小；有表面粗糙不平，结构较为坚固的毛冰，色泽如白瓷；有寒冷水汽在飞机表面直接凝华而成的霜，虽然很薄，但如果在风挡处结霜，会对目视飞行造成影响。

飞机出现积冰后，飞行性能会受到不同程度的影响，具体表现为以下几个方面。

第一，积冰使得飞机气动外形遭到破坏，使得飞机重量增加，重心位置改变，空气动力性能发生改变，影响到飞机的飞行品质。机翼和尾翼处的积冰导致飞机升力减小、阻力增加，若副翼、升降舵、方向舵等操纵翼面前缘处出现积冰，会在翼面偏转时形成卡阻，使飞机操纵发生困难。

第二，螺旋桨桨叶积冰，使得螺旋桨拉力减小。桨叶积冰或机体表面的积冰脱落，会打坏发动机和飞机其他部位。若发动机进气道或汽化器积冰，则会导致发动机进气量减少，降低发动机功率，甚至使发动机停车。

第三，空气压力探测部位积冰，影响空速表和气压式高度表的正常工作，甚至会使这两个仪表失效，2009 年 6 月 1 日，法航 AF447 航班的飞行事故就与此有关。机身表面外凸处的天线积冰，无线电的接收和发射将会受到一定干扰，通信甚至会因此中断。风挡积冰影响目视，在进场着陆时尤其危险。

（二）低空风切变

风向和风速在特定方向上的变化叫风切变。风向和风速在水平方向的变化叫作水平风切变，在垂直方向的变化叫作垂直风切变。在不同高度处都可能出现风切变，在 500 m 以下高度出现的低空风切变对飞机起落飞行安全的影响很大，曾多次导致严重事故。飞机着陆是高度不断降低、速度不断减小的过程，而起飞反之，所以着陆阶段往往受到低空风切变的危害更大。

风切变往往以多种表现形式出现，并以其中一种形式为主。风切变的一般形式有顺风切变、逆风切变、侧风切变和下冲气流切变。

1. 顺风切变

顺风切变，如飞机由小顺风区进入大顺风区；由逆风区进入顺风区；由大逆风区进入小逆风区等。顺风切变减小飞机的相对空速，使升力减小，飞行高度降低。在低空进近飞行时，如果顺风切变出现在较低高度，飞行员来不及做出修正，有使飞机提前接地的可能，是一种较危险的风切变形式，如图 3-7（a）所示。

2. 逆风切变

逆风切变，如飞机由小逆风区进入大逆风区；由顺风区进入逆风区；由大顺风区进入小顺风区等。逆风切变增加飞机的相对空速，增大升力，使飞机高度上升，危害程度与顺风切变相比较小，如图 3-7（b）所示。

3. 侧风切变

侧风切变是飞机从一个方向的侧风区进入另一个方向的侧风区。如果在飞行中对侧风切变的修正不到位，会使得飞机产生明显的侧滑，造成空气动力的损失，并且飞机会向侧风的上风方向偏转、向下风方向滚转，如图 3-8 所示。

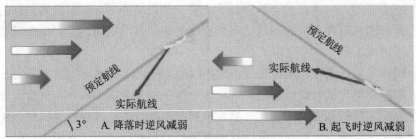

（a）顺风切变情况举例

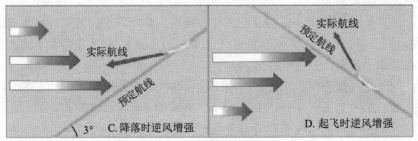

（b）逆风切变情况举例

图 3-7　飞机起降时顺风切变、逆风切变对航迹的影响

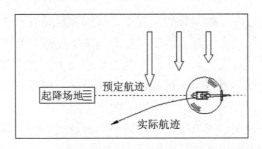

图 3-8　侧风切变改变飞行轨迹

4. 下冲气流切变

飞机从无明显的升降气流区进入强烈的升降气流区。下冲气流切变猝发性很强，会导致飞机高度突然下降，对飞行安全有很大的危害。

而下冲气流切变区往往会同时出现逆风切变和顺风切变，如图 3-9 所示，飞机在着陆过程中遇到下冲气流切变，从 A 到 B 的过程中飞机首先遭遇逆风切变，飞机空速增加，空气动力性能增强；从 B 到 C 的过程中逆风切变改变为下冲气流切变，飞机高度迅速降低至预定下滑线以下；继续向前飞行，飞机则遭遇顺风切变，空速减小，飞行高度进一步降低，若不及时做出修正，则有在到达跑道前接地的危险发生。

一般情况下，产生较强的低空风切变的天气条件包括雷暴、锋面等。机场附近山脉较多或地形、地物复杂时，常会引起低空风切变。为了确保飞行安全，目前在有些飞机上已经装备了用于探测低空风切变的设备。

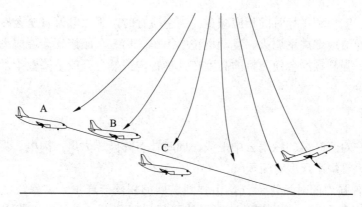

图 3-9　下冲气流切变示意图

（三）飞机颠簸

飞机在飞行中遇到扰动气流，就会产生颤振、上下抛掷、左右摇晃、飞行员操纵困难、仪表不准等现象，这就是飞机颠簸（见图 3-10）。轻度颠簸会使得乘员感到不适甚至受伤。颠簸强烈时，短时间内飞机上下抛掷十几次，同时伴有数十米甚至几百米的高度变化，空速变化 20 km/h 以上，飞行员暂时失去对飞机的控制。特别严重时，若颠簸产生的过载高于飞机机体结构强度，还会造成飞机解体，对飞行安全影响极大。

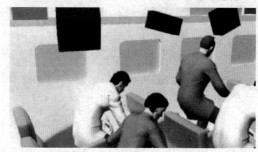

图 3-10　飞机颠簸

大气中空气的不规则的旋涡运动是造成飞机颠簸的直接原因，空气中气温在水平方向上分布不均、空气流过粗糙不平的地表或绕流障碍物、风切变、飞机飞行时产生的尾涡都会造成飞行不同强度的颠簸。颠簸强度等级如表 3-2 所示。

表 3-2　颠簸强度等级表

弱颠簸	中度颠簸	强烈颠簸
飞机轻微地和有间歇地上下抛掷，空速表读数时有改变	飞机抖动，上下抛掷频繁，左右摇晃，操纵较吃力，空速表读数跳动范围达 10 km/h	飞机抖动强烈，频繁剧烈地上下抛掷，空速表读数跳动范围达 15～20 km/h，操纵有困难

颠簸对飞行安全的影响可以分为以下三个方面：第一，颠簸使飞机操纵困难，甚至使飞行员失去对飞机的控制。颠簸使飞机的飞行状态和空气动力性能发生较明显的不规则的变化，从而破坏飞机的稳定性。某些仪表的误差在颠簸中被加大，甚至失常，飞行员因此失去对飞机飞行状态的判断，造成操纵困难。第二，强烈颠簸会损害飞机结构，使飞机部件受到损害，严重时造成无法估量的损失。在颠簸状态中飞行，飞机的阻力增大，飞机燃

料的消耗加大，航程和飞行时间相应减少。高空飞行时，强烈颠簸甚至会减少飞机发动机的进气量，进而造成燃烧室熄火、发动机空中停车。第三，颠簸还会造成飞行人员和乘客的紧张和疲劳，强烈颠簸会使飞机的高度在几秒钟内突然上升或下降数十米至数百米，严重危及飞行安全。

（四）雷暴

雷暴一般在对流旺盛的积雨云中形成，同时伴有阵雨、大风、闪电、雷鸣，有时还出现冰雹、龙卷风等中小尺度对流天气。

雷暴是一种强烈的对流性天气，由强烈发展的积雨云产生。雷暴过境时的近地面气象要素和天气现象会发生急剧变化，经常给飞机飞行，尤其是低空起降造成严重影响，如图 3-11 所示。在一般强度的雷暴来临之前，气压下降，地面气温升高，空气湿度变大；在降雨开始后，气温迅速下降，气压开始上升。雷暴引起的降雨强度较大，虽然降雨持续时间短，但是对能见度的影响较为明显。强雷暴过境时的天气变化要比一般雷暴大得多，除了一般雷暴中具备的天气之外，还有可能出现飑、冰雹、龙卷风、暴雨等灾害性天气中的一种或多种。

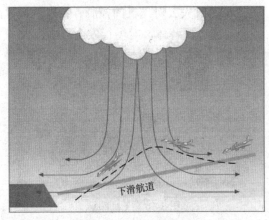

下滑航道

图 3-11　雷暴云下的下击暴流改变飞机航迹

在雷暴活动区飞行比较危险，可能会遭遇非常恶劣的飞行环境，如强烈的颠簸、积冰、闪电、阵雨、恶劣能见度、冰雹、低空风切变等。在飞行过程中，应尽量避免进入雷暴云中，可以选择从雷暴云两侧绕过，在云上或云下通过。目前很多飞机上都配备了气象雷达，可以通过彩色显示屏观察飞机飞行方向区域中的降雨区、冰雹区等强对流天气区域，在显示屏上，大雨用红色来表示，雷暴中的湍流区和冰雹区用紫色来表示。因此，飞行员可以有效地通过机载气象雷达来回避雷暴，选择更为安全的航路飞行。

第二节　流体的流动特性

飞机在飞行过程中，空气与飞机间存在相对运动。我们可以把飞机看作是静止的，而空气从机翼的前缘沿着机翼的上下翼面流向后缘。就是在这样的相对运动中，机翼上产生了空气动力，即升力和阻力。民航客机重则几百吨的起飞重量，正是有了升力，才能够使得飞机克服重力的束缚离地升空，客机在空中改变飞行姿态，也是通过改变升力而完成的。在讨论升力和阻力产生的原理之前，首先要讨论气体流动所遵循的两个基本规律：连续性定理和伯努利定理。

一、连续性定理

通常在日常生活中，我们会发现一些规律：在高楼大厦间的风往往比开阔地区的风大，山谷间的风往往比平原的风大。风速即空气流动的速度，那么空气流动的速度与空气所流经区域的截面积存在一定的关系。这样的联系，可以利用连续性定理来解释。

质量守恒定律是连续性定理的基础。这一定律在空气动力学中就叫作连续性定理，它的数学表达式被称为连续性方程。

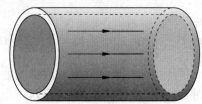

图 3-12　流体在流管中的流动

连续性定理可以这样来描述：如图 3-12 所示，当流体稳定地流过一个流管时，流体将连续不断地在流管中流动，在单位时间内流体流过流管的任意截面处的流体质量相等。

如图 3-13 所示，空气从左至右稳定地流过一个压缩扩张管（也称文氏管），以密度 ρ 分别经过两个不同横截面积的截面：A_1 和 A_2。分别假设在横截面 1 处空气的速度为 v_1，横截面 2 处空气的速度为 v_2，那么在单位时间内流过截面 1 的空气体积为 $v_1 \cdot A_1$，空气质量即为 $\rho_1 \cdot v_1 \cdot A_1$，同理，在单位时间内流经截面 2 的空气质量为 $\rho_2 \cdot v_2 \cdot A_2$。根据之前的表述，在单位时间内流体流过流管的任意截面处的流体质量相等，可以得到如下等式：

$$\rho_1 \cdot v_1 \cdot A_1 = \rho_2 \cdot v_2 \cdot A_2 \tag{3-2}$$

$$\rho \cdot v \cdot A = C_{常数} \tag{3-3}$$

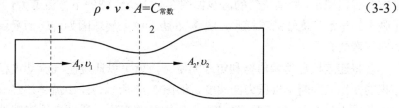

图 3-13　流体在压缩扩张管中的流动

式（3-2）和式（3-3）即为连续性定理的数学表达式。由于低速流动中密度常可以被认为是常值，故可以将等式中的 ρ_1 和 ρ_2 约去，即得到：

$$v_1 \cdot A_1 = v_2 \cdot A_2 \tag{3-4}$$

$$v \cdot A = C_{常数} \tag{3-5}$$

从式（3-4）和式（3-5）可以看出，空气稳定连续地在一流管中流动时，如果流管的横截面积减小，流速将增大；反之，如果流管的横截面积增大，流速减小。即空气流速与其所在的流管横截面面积成反比。这就是流体的连续性定理。

二、伯努利定理

1738 年，38 岁的瑞士物理学家、数学家丹尼尔·伯努利提出了著名的伯努利定理，解释了流体流动过程中，压力与流速之间的关系。

伯努利定理的表述为：在同一流管的任意截面处，流体的静压与动压的和保持不变。伯努利定理遵循能量守恒定律。空气的能量有四种，分别为动能、压力能、热能和重力势能。其中，在低速流动中，空气的热能变化被忽略不计；另外，由于空气密度小，在空气流动中重力势能的变化也可忽略不计。这样，沿流管任意截面的能量守恒被简化为：动能+压力能=常值。用公式表述，即为：

$$\frac{1}{2}\rho v^2 + P = P_0 \tag{3-6}$$

式中，$\frac{1}{2}\rho v^2$ 表示动压，是一种附加在运动空气中，当空气流动受阻时，流速降低产生的一种压力；P 表示静压，是空气垂直作用在物体表面的压力，静止的空气中，静压等于当时当地的大气压；P_0 表示总压，是静压与动压的和，是流动的气流受阻，流速减慢到零点处的静压值。

由此可以分析，在同一条流线处，气流的总压始终保持不变，而随着动压的增加，静压减小。

乒乓球比赛中的"上旋球"具有很大的威力，这种"上旋球"的原理可以用伯努利原理来解释。上旋球和不带旋转的乒乓球的飞行轨迹不同，是因为球周围空气流动情况不同。图 3-14 表示不带旋转的乒乓球水平向左运动时周围空气的流线。球的上方和下方流线对称，流速相同，上下不产生压强差。接下来考虑球的旋转，转动轴通过球心且垂直于纸面，球逆时针旋转。球旋转时会带动周围的空气跟着它一起旋转，致使球的下方空气的流速增大，上方的流速减小，周围空气的流线如图 3-15 所示。球的下方流速大，压强小，上方流速小，压强大。与不带旋转的球相比，图 3-16 所示的上旋球因为旋转而受到向下的力，飞行轨迹要向下弯曲。

若将连续性定理和伯努利定理相结合，就可以通过空气流动过程中流经流管的横截面面积的变化来判断空气压力的改变，如图 3-17 所示，图中流体流经一个压缩扩张管，流管的横截面积从左至右出现了先减小、后增加的变化。通过应用连续性定理和伯努利定理的共同分析，在流管横截面积减小的地方，流速增加，压力减小；反之，在流管横截面积变大的地方，流速减小，压力增加。

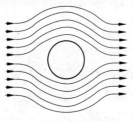　　　　　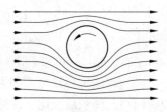

图 3-14　不带旋转的乒乓球　　　　　图 3-15　逆时针旋转的乒乓球（上旋球）

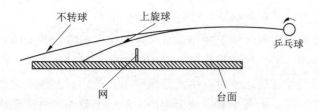

图 3-16 不转球和上旋球的不同轨迹

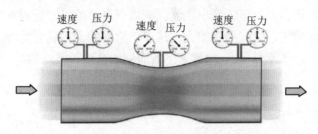

图 3-17 流体在流管不同截面处流速与压力的变化

第三节　飞机上的作用力

在飞行时，飞机发动机产生推力或拉力，带动飞机克服阻力与空气出现相对运动，在飞机上就会相应地产生空气动力。再算上飞机本身固有的重力，在飞行过程中，飞机上将共同存在四个力的作用，如图 3-18 所示。

图 3-18 飞机上的四个作用力

这四种力两两组成一对：升力平衡重力使得飞机能够离地升空；拉力（或推力）克服阻力，带动飞机产生前进的动力。

拉力（或推力）由飞机发动机产生，其原理前文已有介绍，本节介绍飞机的升力和阻力的产生原理，以及飞机的重力。

一、升力

升力是飞机飞行中非常重要的一个作用力。正是因为有了升力，飞机才能够离地升空。

飞机在空中改变飞行状态，也是通过改变升力来实现的。

升力产生的原理可以用连续性定理和伯努利定理做出解释。图 3-19 是机翼剖面的流线谱。在空气流动过程中，若假设空气流动过程中的各种参量（如密度、压力、温度等）不随时间改变，那么空气流过的路线可以用流线来表示，把所有的流线组合在一起就得到流线谱。通过观察可以发现，机翼上翼面向上弯曲，流经上翼面的气流流线在机翼前缘处被抬升，上翼面前缘位置处的流管被压缩，横截面积减小，结合连续性定理和伯努利定理可知，此处气流流速加快，空气静压减小；流经机翼下翼面的气流受到直接的阻碍，气流流管被扩张变粗，流速减慢，空气静压加大。这样，机翼的上下翼面就形成了压力差。在垂直于远前方流来的相对气流方向上，机翼上下翼面间的总压力差即为升力，如图 3-20 所示。

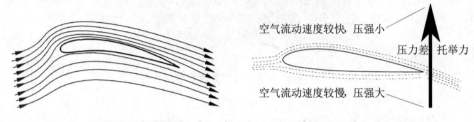

图 3-19　机翼剖面的流线谱　　　　图 3-20　机翼上升力的产生

升力大小和机翼与气流的相对位置有关。机翼的前后缘之间的连线叫作翼弦，翼弦和相对气流之间的夹角叫作迎角，迎角即机翼与气流的相对位置，如图 3-21 所示，其中 V 为远前方流来的相对气流速度，L 代表升力，D 代表阻力，R 为总空气动力。

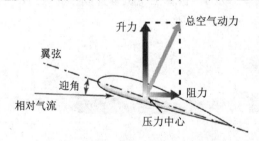

图 3-21　机翼的翼弦和迎角示意图

另外，升力还与机翼的形状有关，包括机翼上下表面的弯曲程度、机翼上下翼面间的距离等因素。通过对空气动力学的研究分析，可以把这两种因素用升力系数 C_L 表示。由此，升力公式可以表示成：

$$L = C_L \cdot \frac{1}{2} \rho v^2 \cdot S \tag{3-7}$$

故机翼升力与升力系数、飞行动压、机翼面积成正比。

虽然机翼升力由上下翼面的压力差产生，但是上翼面的作用更为突出，尤其是上翼面的前段，而不是主要靠下翼面的作用。由上翼面所产生的升力，一般占总升力的 60%～80%；而下翼面所产生的升力只占总升力的 20%～40%。

二、阻力

阻力与飞机的运动轨迹平行，同时与飞行方向相反，阻碍飞机飞行，但是在稳定的飞行过程中，阻力又是不可或缺的。根据低速阻力形成的途径不同，一般把阻力分成两大类：一类是由空气黏性引起的阻力，称为废阻力，也称寄生阻力，包括摩擦阻力、压差阻力和干扰阻力；另一类是由飞机产生升力而出现的阻力，称为诱导阻力。

（一）摩擦阻力

由于飞机表面并不是绝对光滑，靠近飞机表面流动的空气分子就容易在自身黏性的作用下被飞机减速，这是由于流动的空气分子受到了机翼表面给它的向前的力的作用。根据牛顿第三定律可知，这些被减速的空气分子也会给机翼飞机表面一个反作用力，这个反作用力就是摩擦阻力。

摩擦阻力的大小同空气与飞机的接触面积大小有关，接触面积越大，摩擦阻力就越大。同时，摩擦阻力还和飞机表面的光滑程度有关，越光滑的表面产生的摩擦阻力越小。

（二）压差阻力

上翼面中前部的低压区和中后部的高压区形成与空气流动反向的逆压差。如图 3-22 所示，紧贴机翼上翼面流动并且在自身黏性作用下被减速的气流，在逆压区的反向推动力的作用下，形成了自后向前的逆流。顺流而下和逆流而上的气流在上翼面中后部相遇顶撞，形成大小不一的旋涡，同时脱离开机翼表面，不再紧贴机翼运动。众多的旋涡在旋转过程中使空气分子间发生摩擦，空气的流动因而被减速，动能转变成热能，以温度的形式将动能消耗掉，就减小了机翼上翼面中后部的空气压力。同时，空气遇到机翼前缘被阻挡，速度减小，压力相应提高。在机翼运动的方向上出现前缘压力大、后缘压力小的反向压力差。这种压力差阻碍了机翼的向前运动，被称为压差阻力。

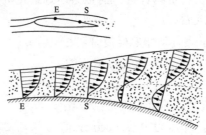

图 3-22　逆压差使气流发生倒流并脱离上翼面

总的来说，飞机压差阻力与迎风面积、形状和迎角有关。迎风面积大，压差阻力大。迎角越大，压差阻力也越大。

（三）干扰阻力

在机翼和机身、尾翼和机身的连接处，由于气流干扰而产生的阻力，被称为干扰阻力。为了减小干扰阻力，可以把以上连接部位制成光滑平整的过渡，如将机翼和机身做成翼身

融合体或在连接位置加装整流罩。

（四）诱导阻力

由于产生升力时，机翼下翼面压力高于上翼面压力，空气又会自动地从高气压区流向低气压区，因此，机翼下翼面的高压气流会自动绕过翼尖向上翼面流动，这样就在翼尖形成翼尖涡，翼尖涡向后的流动产生翼尖涡流。因翼尖涡流的诱导作用，整个机翼的翼展范围内出现了额外的自上而下的空气下洗流动，导致升力作用线向飞行方向的后上方倾斜，如图 3-23 所示。因此，可将升力分解出一个与飞行方向相反的分力，即为诱导阻力。

诱导阻力随着飞行速度的提高而不断减小。同时，在翼尖位置安装翼梢小翼可有效减小诱导阻力，如图 3-24 所示。

图 3-23　翼尖涡使得翼展范围内的空气出现下洗　　图 3-24　翼梢小翼可减小诱导阻力

除此之外，飞机在高速飞行时会通过压缩空气产生激波阻力，但由于目前的民航客机均为亚音速飞机，所以关于激波阻力就不再赘述。

三、重力

飞机各部件、燃料、乘员、货物等重力的合力，就是飞机的重力，飞机重力的着力点称为重心（center of gravity，CG）。

无论飞机在空中飞行时，飞行动作怎样复杂，飞机的运动都可以被分解为飞机各部分随飞机重心的移动和围绕重心的转动。

一般来看，常规布局民航客机的重心位置比较靠前，与机翼上升力的作用点，即压力中心（center of pressure，CP）相比更为靠近机头方向，如图 3-25 所示。这样的布置有保持飞机的平衡、增强飞机的稳定性的作用。但是随着飞机装载的重量和位置的变化，重心的位置会出现前后、上下和左右方向的移动。只要飞机装载重量和位置不发生变化，不论飞机的运动状态如何改变，重心位置都会保持固定。

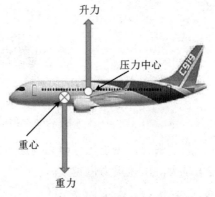

图 3-25　飞机重心位置比压力中心靠前

思政案例

C919 的超临界翼型

C919 大型客机是我国按照国际民航规章自行研制、具有自主知识产权的大型喷气式民用飞机，座级 158～168 座，航程 4075～5555 km。C919 大型客机采用了先进气动布局和新一代超临界机翼等先进气动力设计技术，达到比现役同类飞机更好的巡航气动效率，采用先进的发动机以降低油耗、噪声和排放；采用先进的结构设计技术和较大比例的先进金属材料和复合材料，降低了飞机的结构重量；采用先进的电传操纵和主动控制技术，提高飞机综合性能，改善人为因素和舒适性；采用先进的综合航电技术，减轻飞行员负担，提高导航性能，改善人机界面；采用先进客舱综合设计技术，提高客舱舒适性；采用先进的维修理论、技术和方法，降低维修成本。

C919 与运 20 飞机一样，都采用了超临界机翼技术。超临界翼型与传统翼型剖面形状不同，超临界翼型有较大的前缘半径，上翼面比较平坦，机翼后缘处略向下弯曲，如图 3-26 所示。在传统机翼上，由于翼面有更加向上的弯曲弧度，气流经过上翼面增速较大，当翼面进入高亚音速，即 $Ma=0.85～0.9$（Ma—马赫数，是飞机的真空速与飞机所在高度处音速的比值，表示为 $Ma=\dfrac{TAS}{a}$）时，上翼面流速最快的那部分气流就可以达到音速，这时的飞行马赫数称为临界马赫数，民航运输机的飞行速度基本不会超过这个数值。如果飞行速度再增加，上翼面气流被强烈压缩出现激波，增大飞机的阻力，会严重影响飞行。超临界翼型由于前缘圆钝和上翼面平坦的设计使气流流过上翼面时增速较小，只有在飞行马赫数较高时，上翼面局部气流才达到音速，从而延迟了机翼激波的产生，提高了飞行的临界马赫数。

图 3-26　超临界翼型剖面形状

相对于传统翼型而言，超临界翼型可使巡航气动效率提高 20% 以上，巡航速度提高近 100 km/h。如果用同一厚度的标准来设计传统翼型和超临界翼型，超临界翼型的整体阻力比传统翼型小 8% 左右，因而，超临界翼型具有较大的机翼相对厚度，而这可以减轻飞机的结构重量，增大结构空间及燃油容积。

资料来源：新华社. C919 国产大飞机首飞成功，你最想知道的十个问题都在这里[EB/OL]. (2017-05-05) [2022-07-16]. http://www.xinhuanet.com/politics/2017/05/05/c_1120926462.htm.

第四节　飞机的操控

一、飞机的平衡

飞机的运动和地面上车辆的运动不同，分析飞机的运动状态应从三个机体轴线上着手，

分别研究飞机沿着每个轴线方向的运动和围绕三个轴线的转动。这样的三个轴线被称为飞机的机体坐标轴系,轴线间彼此相互垂直,共同通过飞机的重心,并以重心作为机体坐标轴系的原点。

如图 3-27 所示,机体坐标轴系中的三个轴线分别为纵轴、立轴和横轴。纵轴通过飞机重心,在飞机的左右对称面内,机头方向为正方向,飞机围绕纵轴所做的运动叫作滚转运动。立轴通过飞机重心,在飞机的左右对称面内,与纵轴和横轴确定的平面垂直,座舱上方为正方向,飞机围绕立轴所做的运动叫作偏航运动。横轴通过飞机重心,垂直于由立轴和纵轴确定的飞机左右对称面,指向右翼方向为正,飞机围绕横轴所做的运动叫作俯仰运动。

飞机的平衡主要表现为作用在飞机上的外力平衡和力矩平衡。

飞机的外力处于平衡状态时,飞机的运动表现为匀速直线运动,如飞机在平飞时,作用在飞机上的各种外力处于平衡状态,升力平衡重力,拉力平衡阻力。如果这种平衡被打破,飞机就无法继续保持平飞:若飞机的升力大于重力,拉力等于阻力,飞机便会改变平飞状态转而进入上升飞行,而此时飞机仰角变大,重力向后的分力与阻力的和就会大于拉力,导致飞行速度下降。

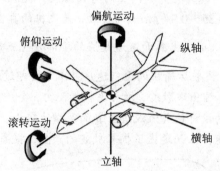

图 3-27 飞机的机体轴系

飞机在稳定上升和稳定下降时,也处于外力平衡的状态。在上升时,飞机的重力可按照上升角 $\theta_{上}$ 被分解为两个分力,如图 3-28 所示。升力用于平衡重力的一个分力 $W\cos\theta_{上}$,使飞机轨迹保持直线;重力的另一个分力 $W\sin\theta_{上}$ 和阻力作用方向相同,成为飞机上升时的一部分阻力,所以在上升时只有增加发动机的推力,才可以平衡阻力,保持匀速飞行的状态。在下降时,飞机的重力按照下降角度 $\theta_{下}$ 被分解为两个分力,如图 3-29 所示。飞机升力平衡重力的一个分力 $W\cos\theta_{下}$,使飞机轨迹保持直线;重力的另一个分力 $W\cos\theta_{下}$ 与飞机推力方向相同,与推力共同克服飞机阻力,保持飞机匀速飞行。作用在飞机上的力矩平衡时,飞机的姿态将保持不变。飞机上的力矩是由飞机上的外力相对于飞机的重心产生的。例如,机翼上的升力对飞机重心构成使飞机做低头运动的下俯力矩,而飞机平尾上产生的负升力(相对气流作用在平尾上的迎角为负,产生的升力方向向下,称为负升力,机翼上的升力方向向上,称为正升力)对飞机重心构成使飞机抬头的上仰力矩,如图 3-30 所示。若这两种力矩大小相等、方向相反,则飞机将出现俯仰平衡的状态,即飞机不会围绕横轴转动,迎角也不会发生变化;反之,如果飞机的俯仰平衡状态被打破,飞机将会围绕横轴发生转动，迎角随之改变。如果飞机的方向平衡被打破，飞机将会围绕立轴发生转动，出现侧滑角的变化。如果飞机的横侧平衡被打破，飞机将会围绕纵轴发生转动，出现滚转角速度和坡度的变化。

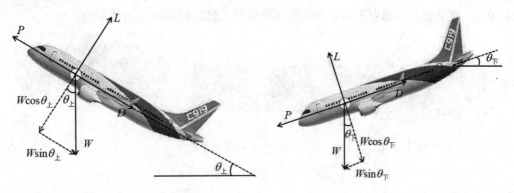

图 3-28　飞机稳定上升时的作用力　　　　图 3-29　飞机稳定下降时的作用力

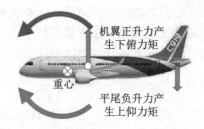

图 3-30　机翼和尾翼上产生的俯仰力矩

影响飞机平衡状态的因素有很多。如发动机的推力作用线不通过飞机重心，那么在加减油门变化发动机推力时就会对重心构成俯仰力矩；使用襟翼增加升力的同时，将升力作用点后移，增加机翼产生的下俯力矩；一边机翼变形导致两翼阻力不相等，出现额外的偏航力矩，改变飞机的侧滑角。

二、飞机的稳定性

在飞行中，飞机的飞行状态经常会受到各种各样的扰动影响（如阵风、发动机工作不均衡、舵面的偶然偏转等），在扰动的影响下，飞机将偏离原来的飞行状态。飞机若能自动地将偏离修复，恢复到原有的平衡状态，而不需要人为修正，则称飞机是稳定的，或飞机具有稳定性。稳定性通常也被称为安定性。

飞机的稳定性是飞机本身具备的一种特性，但飞机在一定条件下具备稳定性，在另一些条件下，飞机的稳定性可能被减弱，甚至由稳定变为不稳定。飞机的稳定性和操纵性之间也有着密切的联系。一般来说，大型飞机和民用客机的稳定性要求相对较高。

一般来说，运动系统中的稳定性包括三种状态：稳定、不稳定和中立稳定。如图 3-31 所示，图中有三个小球分别被放置于曲面或平面的三种不同的位置上，并处于静止平衡状态。在图 3-31（a）中，小球被放置于曲面的底部，若有外力将小球移动到曲面上方，在外力消失后，小球会自动地运动回到原有的平衡位置，这样的运动系统即为稳定的。在图 3-31（b）

中，小球被放置在平面上，若有外力将小球移动到其他位置，在外力消失后，小球将在新的位置处继续保持平衡状态，这样的系统被称为中立稳定。在图 3-31（c）中，小球被放置在曲面的顶端，若有外力将小球移动到曲面下方，在外力消失后，小球将沿着曲面坡度继续移动，并不会回到曲面顶端原有的平衡位置处，这样的系统是不稳定的。

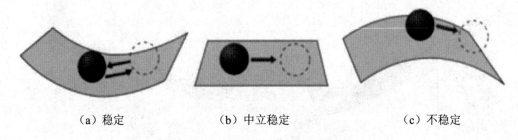

（a）稳定　　　　　　　（b）中立稳定　　　　　　（c）不稳定

图 3-31　小球的三种稳定状态

总的来看，飞机稳定性也有类似的表现。在原有的平衡状态飞行过程中，若飞机的平衡被外力或力矩破坏，改变了迎角、侧滑角或坡度，飞机能够自动地恢复到原本的平衡状态，则是稳定的；若干扰之后，飞机在新的位置处保持平衡，则飞机是中立稳定的；若干扰之后，飞机不但不能恢复平衡，而且继续偏离原来状态，则是不稳定的。

（一）飞机的俯仰稳定性

飞机绕横轴的稳定性，叫作俯仰稳定性，也称纵向稳定性。如图 3-32 所示，在平衡飞行状态中，飞机受到阵风等扰动的影响，使得飞机机头瞬间上抬，俯仰平衡状态被破坏，机翼和平尾等处的迎角均变大。平尾处迎角增加，平尾升力随之提高，对飞机构成额外的下俯力矩，飞机便会在此力矩作用下产生回到原有迎角的趋势。在经过一段时间的摆动之后，飞机最终自动恢复到原飞行迎角。

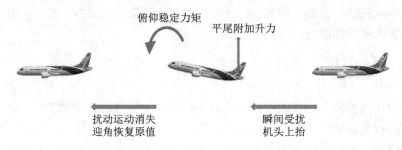

图 3-32　飞机的俯仰稳定性

（二）飞机的方向稳定性

飞机围绕立轴的稳定性，叫作方向稳定性。在有些情况下，飞机的纵轴和飞行方向不共线，这样的飞行状态被称为侧滑，纵轴和飞行方向（即相对气流方向）间的夹角叫作侧滑角，如图 3-33 所示。

飞机的方向稳定性主要在垂尾上产生。如图 3-34 所示，在飞机受到扰动后，方向平衡被破坏，飞机的侧滑角发生变化。若飞机受扰产生左侧滑，相对气流直接作用在垂尾的左侧，产生向右的侧力。该侧力作用对前方的飞机重心构成使飞机纵轴向左偏转的方向稳定力矩。在稳定力矩的作用下，经过一段时间的左右摆动，飞机纵轴又重新与相对气流方向重合，侧滑消失。垂尾面积对方向稳定性的影响较为可观，所以为了增强飞机的方向稳定性，有些机型的垂尾做得很大，有些飞机还具有双垂尾。另外，在飞机机身下方安装腹鳍、机身上方安装背鳍都有增加垂尾面积的效果，可以增强飞机的方向稳定性。

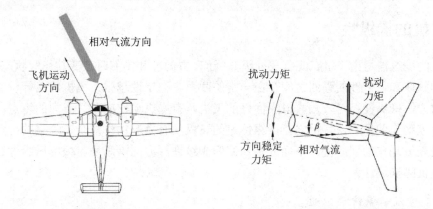

图 3-33　飞机侧滑时的飞行状态　　　　图 3-34　方向稳定性在垂尾产生

（三）飞机的横侧稳定性

飞机围绕纵轴的稳定性，叫作横侧稳定性。横侧稳定性能够帮助飞机在受到扰动后自动修复坡度的变化。横侧稳定力矩主要是机翼的上反角、后掠翼和高垂尾处产生的。

飞机在受到扰动影响后出现了坡度的变化，导致两侧机翼高度不同。如图 3-35 所示，飞机受扰产生左坡度，升力作用线便向左倾斜，与飞机重力形成侧向合力。在此侧力的影响下，飞机出现了左侧滑。

如图 3-36 所示，在具有上反角机翼的飞机产生左坡度而出现左侧滑后，两翼的迎角值会发生相应的变化。左侧机翼的迎角大于右侧机翼的迎角，使得左侧机翼升力大于右侧机翼的升力，两翼升力差对飞机重心构成横侧稳定力矩，使飞机自动恢复到原有坡度。

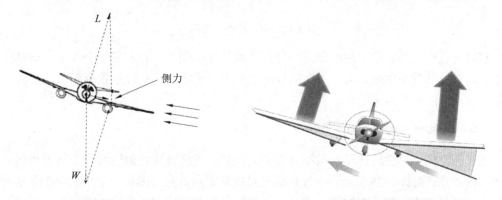

图 3-35　坡度变化导致飞机出现侧滑　　　　图 3-36　飞机的上反角产生横侧稳定力矩

流过后掠机翼的相对气流在垂直于机翼前缘方向的分速度，被称为有效分速，后掠翼上形成升力、阻力的多少直接受到有效分速大小的影响，而不是受到相对气流速度的影响。在后掠翼飞机产生左坡度而出现左侧滑后，两翼各自气流的有效分速将会出现一定的差异。

左侧机翼的有效分速大于右侧机翼，使得左侧机翼的升力大于右侧机翼，同样，在升力差的影响下形成横侧稳定力矩，使飞机自动恢复到原有坡度。

另外，机翼的上单翼结构布局和高垂直尾翼都会在飞机受扰产生坡度后，形成横侧稳定力矩。

三、飞机的操纵性

飞机的操纵性是指飞机在飞行员操纵升降舵、方向舵和副翼时改变其飞行状态的特性。操纵性的好坏和稳定性的强弱之间存在一定的联系，稳定性越强，飞机的飞行状态就越不容易被改变，操纵性相对较弱。操纵性好的飞机具有操纵动作简单、省力的特点，飞机对飞行员操纵动作的反应快。反之，操纵性差的飞机具有操纵动作复杂、笨重的特点，飞机对飞行员操纵动作的反应慢。下面分别从俯仰操纵性、方向操纵性、横侧操纵性三个方面来介绍飞机的操纵性。

（一）飞机的俯仰操纵性

飞机的俯仰操纵性是指飞行员操纵驾驶盘偏转升降舵后，飞机绕横轴转动而改变其迎角等飞行状态的特性。以直线飞行中增加迎角为例，如图 3-37 所示，飞行员向后拉驾驶杆，使得平尾升降舵向上偏转一个角度，在升降舵上产生一个向下的附加气动力，该气动力对前方的飞机重心构成一个使机头上仰的俯仰操纵力矩，飞机迎角随之变大。反之，向前推驾驶杆，飞机迎角减小。

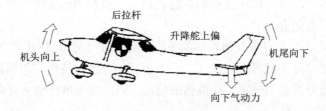

图 3-37　飞机的俯仰操纵

直线飞行中，驾驶杆前后的每一个位置（或升降舵偏角）对应着一个迎角。驾驶杆位置越靠后，升降舵上偏角越大，对应的迎角也越大。反之，驾驶杆位置越靠前，升降舵下偏角越大，对应的迎角也越小。

（二）飞机的方向操纵性

飞机的方向操纵性是指飞行员操纵方向舵以后，飞机绕立轴偏转而改变其侧滑角等飞行状态的特性。如图 3-38 所示，飞行员踩左踏板使方向舵向左偏转一个角度，在垂尾上产生一个向右的侧力，对前方的重心构成一个迫使机头左偏的方向操纵力矩。在机头左偏的过程中，飞机便出现了右侧滑。

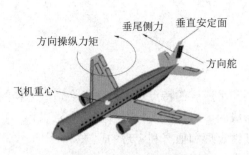

图 3-38 飞机的方向操纵

在方向操纵中，直线飞行时的每一个脚蹬位置对应着一个侧滑角，蹬左舵，飞机产生右侧滑；蹬右舵，飞机产生左侧滑。

（三）飞机的横侧操纵性

飞机的横侧操纵性是指飞行员操纵副翼以后，飞机绕纵轴转动而改变其滚转角速度、坡度等飞行状态的特性。如图 3-39 所示，飞行员向右压驾驶杆（或向右转盘），左侧副翼下偏，增加这一侧机翼的弯度，左侧机翼升力增大；右侧副翼上偏，破坏了上翼面气流的流动，右侧机翼升力减小。两翼的升力差对飞机重心构成横侧操纵力矩，使飞机加速向右滚转，飞机坡度进而发生改变。

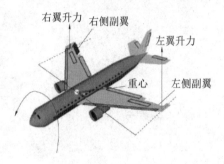

图 3-39 飞机的横侧操纵

在横侧操纵中，驾驶盘左右转动的每个位置都对应着一个稳定的滚转角速度。压左盘，飞机左滚转；压右盘，飞机右滚转。驾驶盘左右转动的角度越大，滚转的角速度就越大。

飞机的操纵性并不是一成不变的，它受到很多因素的制约，包括由于人员移动和燃油消耗导致重心位置的前后移动、飞行速度和高度的变化等，在大迎角飞行时，飞机的横侧操纵性会变差，甚至会出现横侧反操纵的现象。

 ## 本章小结

本章内容共分四节进行介绍。

第一节主要介绍了民航飞机飞行所处的大气环境特点和大气层的结构，国际标准大气的标准和意义；简要讲解了基本航空气象要素以及极端天气对飞行安全的影响。

第二节通过讲述空气流动所遵循的连续性定理和伯努利定理，说明了气流流动的基本特性。

第三节介绍了飞机上产生的空气动力，包括升力、摩擦阻力、压差阻力、干扰阻力和诱导阻力的产生原理和影响因素；简要介绍了重力的基本定义。

第四节主要围绕作用在飞机上的力矩讲解了飞机的平衡、稳定性和操纵性的相关内容，内容涉及飞机维持飞行状态的能力和操纵飞机改变其飞行状态的方法。

通过对本章内容的学习，能够明确了解飞机的基本飞行原理。

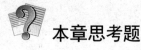 **本章思考题**

1. 大气层中的对流层和平流层的特点对民航飞机会造成怎样的影响？

2. 飞机积冰是怎样形成的，对民航飞行有哪些安全隐患？

3. 找到身边符合连续性定理和伯努利定理的现象。

4. 说明飞机机翼升力产生的原理。

5. 说明诱导阻力产生的原理。

6. 飞行员是如何操纵飞机上的主操纵翼面控制飞机飞行状态的？

7. 飞机的阻力有几种？都是什么原因产生的？

8. 飞机飞行中的四个基本作用力是指什么？方向如何？

第四章　民航飞机的飞行性能与安全特性

【学习目的】

安全是民航运输工作不可逾越的底线。民航飞机完成一次飞行任务要经历起飞、上升、巡航、下降和着陆五个阶段。飞行人员要在执行飞行任务中以飞机的飞行性能作为依据，利用不同的机载导航设备，准确、准时地引导飞机飞向目的地。同时，机上人员的位置移动、燃油的消耗次序、机上物品的位置变化都会引起飞机重心位置的变化，从而改变飞机的性能表现、飞行品质，甚至会严重影响飞行安全。另外，气象条件的变化、飞机的机械故障、机组与地勤人员的沟通等问题都关系到飞行任务的安全。所以，在飞行中，机组人员必须正确地操纵飞机，克服一系列不利的因素，才能确保飞机的飞行安全。

【本章学习目标】

1. 掌握飞机飞行的基本过程及各阶段的特点；
2. 熟悉飞机载重相关的基本概念；
3. 了解平衡工作相关内容和流程；
4. 了解民航飞机不同飞行阶段的安全性能；
5. 了解起飞和着陆阶段易出现的几种安全隐患。

【核心概念】

1. 民航飞机飞行任务中的基本过程；
2. 民航飞机在不同飞行阶段的性能表现；

3. 装载与配平的基本概念；
4. 起飞和着陆阶段的安全特性。

【素质目标】

1. 从安全角度了解民航飞行任务的基本过程；
2. 树立安全高于一切的责任心。

【导读】

从中国机长说起

2018 年 5 月 14 日，四川航空公司 3U8633 航班执行重庆—拉萨航班任务，在成都区域巡航阶段，驾驶舱右前座挡风玻璃破裂脱落，机组实施紧急下降，在民航各保障单位密切配合下，机组正确处置，飞机于 07:46 分安全备降成都双流机场，所有乘客平安落地，有序下机并得到妥善安排。备降期间，右座副驾驶面部划伤腰部扭伤，一名乘务员在下降过程中受轻伤。

事发突然，没有任何征兆，挡风玻璃突然爆裂，"轰"的一声发出巨大的声响，飞机瞬间失压，驾驶舱温度瞬间降到-40℃左右。由于驾驶舱与外界环境存在较大压力差，驾驶舱物品全都飞起来了，许多设备出现故障，整个飞机震动严重，噪声非常大，飞行员无法听到无线电、看清仪表，使得飞机操作十分困难。在相关部门的全力配合下，机长刘传健凭借过硬的心理素质和驾驶技术，沉着果断处置险情，凭借顽强的毅力手动操纵飞机。十余秒，他无一失误地完成36个完整动作；34分钟，他操纵飞机平稳落地，确保了机组人员和机上 119 名旅客的生命安全，书写了中国民航史上的奇迹！

之后，中国民航局和四川省政府授予川航 3U8633 航班机组"中国民航英雄机组"称号，授予机长刘传健"中国民航英雄机长"称号。在经历了为期6个月的康复疗养后，2018年 11 月 16 日，川航英雄机组再次重返蓝天。"我们将尽心执飞好每一个航班，确保安全飞行。"在接到复飞指令后，机长刘传健表示。

自成为飞行员的那一天起，机长刘传健就始终牢记确保飞行安全这一最高职责，正是多年来的坚守与坚持，始终把敬畏生命、敬畏规章、敬畏责任摆在心头，把安全飞行规章标准落到每一个航班飞行的全过程，才能够确保飞行安全，践行了民航人恪守安全的最高职责。

资料来源：中国民航网.没有风挡玻璃的飞行[EB/OL].(2018-05-17)[2022-07-16].http://www.caacnews.com.cn/1/6/201805/t20180517_1247726.html.

第一节　飞行的基本过程

一、起飞

起飞是指飞机从跑道上开始滑跑，速度达到抬前轮速度 V_R 时抬轮离地，上升到距起飞表面约 15 m（50 ft）的高度，速度达到起飞安全速度 V_2 的运动过程。所以飞机的起飞是速度不断增加、高度不断变大的过程。一般在起飞前，飞行员的准备工作包括对飞机的各种工作状态进行调整，如调整发动机的功率，使之处于正常工作状态；将襟翼和配平设置于起飞位；调定高度表，按照机场和航路的飞行要求正确地选择飞行高度的参考零点；等待得到塔台许可后进入跑道。

民航飞机的起飞过程分为起飞滑跑、抬前轮离地、初始上升三个阶段，如图 4-1 所示。

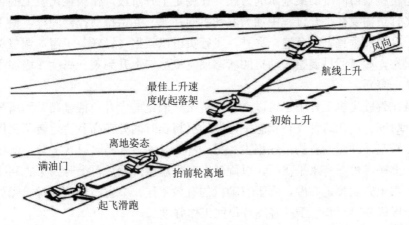

图 4-1　飞机起飞的过程图

飞行员在得到塔台的起飞许可后，前推油门杆，使发动机处在最大功率状态在地面加速滑跑。在滑跑的起始阶段，由于飞机速度较小，方向舵的偏转对飞机的方向控制作用不大，此时飞行员通过控制飞机前轮的偏转来控制飞机的滑跑方向，使飞机沿着跑道中心线运动。飞机速度达到决断速度 V_1 之前，飞行员一手控制驾驶杆，另一手不离油门杆，这样做是为了在遇到突发情况时终止起飞。在飞机速度大于 V_1 之后，飞行员必须继续起飞过程，因为此时飞机速度过大，若中断起飞，剩余跑道长度将小于飞机减速距离，飞机将在速度完全静止之前冲出跑道，酿成事故。

当飞机的滑跑速度达到抬前轮速度 V_R 时，飞行员将向后拉驾驶杆，使飞机绕横轴转动，抬起飞机前轮，飞机将保持以两个主轮接地的姿态继续向前滑跑，如图 4-2 所示。这时飞机的机头上扬，在地面滑跑的迎角增加，升力随之变大。这样做可以帮助飞机在滑跑速度相对较小的时候就获得足够大的升力，从而克服重力离地升空，使地面滑跑距离减小，提高飞机的起飞性能。

图 4-2　飞机抬起前轮后获得的姿态

在起飞过程中，为了提高飞机的起飞性能，缩短地面滑跑距离，飞行员应使用最大油门，放下一定角度襟翼，朝着逆风方向起飞。情况许可时，适当减轻飞机重量或利用下坡起飞，可进一步缩短起飞滑跑距离和起飞距离，从而提高飞机的起飞性能。

二、上升

上升是飞机获得高度的最基本的方法。在稳定上升阶段，作用在飞机上的各作用力保持平衡。飞行员需要在上升过程中加大发动机的功率，并保持后拉驾驶杆，使飞机稳定在所需要的上升角和垂直上升分速。另外，飞行员可以根据飞行任务所需，调整飞机获得不同的上升状态，如可通过调整发动机的状态使飞机尽快上升到某一高度或增加飞机的上升角以飞越某一障碍。

飞行员在驾驶飞机上升中也可以选择保持某一固定的上升角持续爬升到所需高度层，以节省飞行时间。但在这种飞行状态下，发动机将长时间处在高负荷运转的工作模式下，发动机温度较高，并对燃料的消耗稍大。另一种上升的方式是阶段式上升，即在飞行到某一高度后，驾驶飞机保持水平飞行，以降低发动机温度，然后再上升到第二高度。如此经过几个阶段后上升到预定高度，利于发动机的有效工作，节省燃料，同时飞行员不必长时间保持同一操纵姿势，有助于减轻飞行员的工作强度。

三、平飞

平飞即巡航状态，是飞机在到达预定高度后，保持水平等速飞行状态。在平飞状态中，飞机的升力平衡重力保持飞行高度不变，发动机拉力平衡阻力保持等速飞行。

在巡航飞行中，飞机的飞行性能主要体现在最大平飞速度、最小平飞速度、平飞有利速度和平飞经济速度。

（一）最大平飞速度

在一定的高度和重量下，发动机加满油门（最大推力状态）工作时，飞机所能达到的稳定平飞速度即做等速直线飞行时飞机所能达到的极限速度，就是飞机在该高度上的最大平飞速度。

由于发动机不能长时间在最大功率状态下工作，所以也将发动机在额定功率状态工作时飞机所能达到的稳定平飞速度称为最大平飞速度。

最大平飞速度是理论上飞机巡航所能达到的最大速度，而并不是飞机实际的最大使用速度，由于飞机结构强度等限制，最大使用速度可能小于最大平飞速度。例如，三叉戟飞机在海平面高度处、标准大气、全发最大推力状态下，最大平飞速度约为 889 km/h，而最大使用速度则规定为 676 km/h；国产大飞机 C919 的最大使用速度为 1005～1029 km/h。

（二）最小平飞速度

最小平飞速度是飞机做等速平飞所能保持的最小速度。理论上，飞机在以临界迎角飞行时的飞行速度即为平飞最小速度。对飞机的飞行性能来说，最小平飞速度越小越好，因为该速度越小，飞机就可用更小的速度接地，以改善飞机的着陆性能。

同样，临界迎角对应的平飞速度是平飞的最小理论速度。实际上当飞机接近临界迎角时，飞行状态将变得极不稳定，出现强烈抖动，飞机容易失速，所以实际上以平飞最小速度飞行是不可能的。为了确保飞行安全，要求平飞最小使用速度比平飞最小理论速度大，是后者的 1.1～1.25 倍。

（三）平飞有利速度

平飞有利速度，也称最小阻力速度，是在平飞中所需发动机推力最小的速度。装配有螺旋桨动力装置的民航飞机若保持最小阻力速度巡航飞行，航程较长，所以这个速度也称为远航速度。

（四）平飞经济速度

经济速度就是用最小所需功率做水平飞行时的速度。用经济速度平飞所需功率最小，即所用发动机的功率最小，比较省油，航时较长，所以这个速度也称为久航速度。

四、下降

在降落前半小时或更短的时间内，驾驶员开始逐渐降低高度到达机场的空域上空。根据飞机的动力状态不同，下降阶段分为零拉力下降（闭油门）、正拉力下降和负拉力下降（使用发动机反推）。在正常飞行中，下降过程都采用正拉力下降的方式，但飞行员要时刻做好发动机停车后丧失动力的准备，即在下降过程中可能被迫选择零拉力下降，但采用负拉力下降的情况很少见。

与多数人的想法相反，当发动机在空中停车时，飞机即便丧失动力也不会立即从空中自由落体掉到地面上，相反会飞行相当长的一段距离。这就是飞机的滑翔能力。顾名思义，滑翔机的滑翔性能是比较强的，这种类型的飞机在发动机停车失去前进动力后依然可以前进相当长的水平距离，而飞行高度却降低很少。数据显示，滑翔机的滑翔比为 25：1～60：1，意味着飞机每下降 100 m，它的水平飞行距离为 2500～6000 m，而典型民用客机的滑翔比相对较小，约为 16：1。由此看出，没有发动机的民用客机相当于滑翔能力不强的滑翔机，因此当动力失去时，飞行员应该尽量延长飞机在空中滑翔的时间，这样会有更多的时间来选择紧急着陆地点，或再次启动发动机并与空中交通管制员联络。

下降与上升的状态不同，为了保证飞机下降状态的平稳与安全，通常选择下降角和下降率最小、下降时前进的水平距离最长的下降方式。

在零拉力下降过程中，为保证滑翔时间最长，也就是实现最大的航时，就必须将飞机单位时间内下降的高度（即下降率）降到最低，此时对应的速度为久翔速度。而选择有利速度下滑，飞机的滑翔距离最长，因此有利速度也称远翔速度。在零拉力下降时，飞机的下滑状态与飞机的重量无关，只与飞机的升阻比成正比。

在正拉力下降过程中，发动机的推力越大，下降角越小，同时下降一定高度时飞机前进的水平距离变大。

五、着陆

飞机在机场或指定空域下降到一定高度时，由地面管制人员指挥对准跑道，继续下降过程中减速、放下襟翼和起落架，并降落地面滑跑直至完全停止运动的整个过程，称为着陆，如图 4-3 所示。着陆是飞机高度不断降低、速度不断减慢的过程。

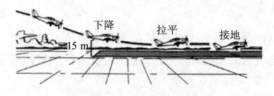

图 4-3　飞机的着陆过程

飞机在最后进近段由飞行员控制飞机的俯仰姿态和油门，以 3° 下降角下降，保持一定的安全速度飞越距离着陆平面 15 m 高度处。无风情况下飞机的纵轴对准跑道中心线，发动机处于慢车工作状态，襟翼处于着陆位，起落架放下。随着高度的进一步降低，飞机接近地面时，必须在一定高度上逐渐后拉驾驶杆，使飞机由进近姿态转入接地姿态，随着速度的减慢逐渐增大迎角。待飞机减速到接地速度时，正好把飞机拉成着陆迎角，飞机以两主轮自然接地。随后放下前轮，使用刹车或发动机反推力减速，直至飞机停止，着陆结束。

第二节　飞机的载重与配平

一、飞机重心

飞机各部件、燃料、乘员、货物等重力的合力，叫作飞机的重力。飞机重力的着力点叫作飞机重心。飞机重心的前后位置，通常用重心到某特定翼弦上投影点到该翼弦前缘点的距离占该翼弦的百分比来表示。这一特定的翼弦就是平均空气动力弦（mean aerodynamic chord，MAC）。平均空气动力弦是一个假想的矩形机翼的翼弦，这个假想的矩形机翼的面积、空气动力特性和俯仰力矩等都与原机翼相同。机翼的平均空气动力弦的位置和长度，均可以从飞机手册上查到。有了平均空气动力弦作为基准，就可以计算飞机重心的相对位置。

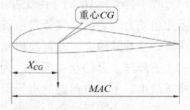

图 4-4　重心前后位置表示法

重心的位置通常以与平均空气动力弦的相对位置来表示。如图 4-4 所示，设重心的投影点到机翼前缘的距离为 X_{CG}，平均空气动力弦长为 MAC，则重心相对前后位置可用下式表示：

$$X_{前后} = \frac{X_{CG}}{MAC} \times 100\% \tag{4-1}$$

飞机重心的上下、左右位置也可用类似的方法表示。飞机的重心位置是随着飞机装载的数量和位置的变化而变化的。只要装载的数量和位置不变，无论飞机飞行状态如何变化，重心的位置总是不变的。

二、飞机的载重

飞机的最大起飞全重、最大落地全重、最大无油全重、最大起飞油量、航段耗油量、最大业务载重量和空机重量是飞机制造商在交付用户时提供的静态业务数据。

（一）飞机的最大业务载重量

飞机由于自身结构强度、客货舱容积、运行条件及运行环境等原因，都必须有最大装载量的限制。飞机是在空中飞行，要求具有更加高的可靠性和安全性以及更加好的平衡姿态，而货物装载量、装载位置和旅客客舱座位分布直接影响飞行安全和飞机平衡。因此，严格限制飞机的最大装载量对飞行安全至关重要。

（二）飞机的最大起飞全重

飞机的最大起飞全重（maximum of take-off weight，MTOW），也被称为飞机最大起飞重量，是指因设计或运行限制，航空器能够起飞时所容许的最大重量。

飞机的最大起飞重量的主要限制条件包括飞机的自身结构强度、发动机的功率和刹车效能限制及起落架轮胎的线速度等。

影响飞机的最大起飞重量的因素主要有：机场空气温度和机场标高、跑道上的风向和风速、起飞跑道的情况、机场的净空条件、飞机在航路上单发失效（飞行时有一台发动机发生故障）后的越障能力、是否使用喷水设备、襟翼放下角度、噪声的限制规定等。

（三）飞机的最大落地全重

飞机的最大落地全重（maximum of loading weight，MLW），也称为最大着陆重量，是根据飞机的起落设备和机体结构强度所能承受的冲击载荷而规定的飞机在着陆时全部重量的最大许用值。

影响飞机的最大落地全重的因素主要有：机场空气温度与机场标高、跑道上的风向和风速、跑道的长度和道面强度限制、机场的净空条件等。

（四）飞机的最大无油全重

飞机的最大无油全重（maximum of zero fuel weight，MZFW），也称为最大无油重量，是指除去燃油之外所允许的最大飞行重量。

由于在飞机的机翼内部装设有燃油箱，机翼上产生的部分升力被燃油重量平衡。在飞行任务中，随着燃油的逐渐消耗，机翼结构承受的升力逐渐增加，由升力而产生的机翼弯矩和扭矩也随之变大。为了在无油状态下机翼结构不受损坏，许多机型都对最大无油重量加以限制。所以在实际飞行中，飞机除燃油之外的全部重量不得超过该飞机的最大无油重量。

（五）飞机的基本重量

飞机的基本重量（basic weight，BW），也称操作空重或干使用重量，是指除去业务载重和燃油外，已完全做好飞行准备的飞机重量。飞机的基本重量主要包括以下几方面内容。

（1）空机重量：指飞机本身的结构重量、动力装置和固定设备（如座椅、厨房设备等）的重量、油箱内不能利用或不能放出的燃油重量、润滑油重量、散热器降温系统中的液体重量、应急设备重量等之和。飞机的空机重量由飞机制造厂提供，记录在飞机的技术手册内。

（2）附加设备重量：包括服务用品及机务维修设备等。

（3）标准机组及随身携带物品重量。每种机型的标准机组人数是确定的，称为空勤组。机组的组成一般用"驾驶员人数/乘务员人数"的格式表示。如有随机机组，但不承担本次航班任务，则再加"非执行任务机组人数"，表示为"驾驶员人数/非执行任务机组人数/乘务员人数"。机组人数超过或少于标准机组时应对飞机基本重量进行相应修正。

（4）服务设备及供应品重量。每种机型的供应品重量是确定的，称为额定供应品重量。

（5）其他应计算在基本重量之内的重量，如飞机的备件等。

一般情况下，每架飞机的基本重量是固定的。但因为飞行任务的不同，有时机组人数、随机机载设备、服务用品和供应品、随机器材等的重量会发生变动，此时需要按规定在基本重量的基础上对增减重量进行修正，修正后的基本重量反映了本次执行航班任务的飞机实际基本重量。在计算最大业务载重量时应采用修正后的基本重量。

（六）飞机的起飞油量

飞机的起飞油量（take off fuel，TOF），是指飞机执行航班任务时携带的全部燃油量。

飞机的起飞油量由航段耗油量和备份油量两部分组成，并未将地面开车和滑行时所消耗的油量计算其中。

航段耗油量（trip fuel weight，TFW），是指飞机由起飞站至降落站航段需要消耗的燃油量。航段耗油量是根据航段距离和飞机的平均地速（相对于地面的速度）以及飞机的平均小时耗油量而确定的。航段耗油量的计算公式如下：

$$航段耗油量 = \frac{航段距离}{飞机平均地速} \times 平均小时耗油量 \tag{4-2}$$

备份油量（reserve fuel weight，RFW），是指飞机在降落站不能正常着陆而需飞往备降机场，并在备降机场上空仍可以继续飞行 45 分钟所消耗的所有燃油量。备份油量的计算公式如下：

$$备份油量 = 平均小时耗油量 \times \frac{降落站至备降站距离}{平均时速} + 平均小时耗油量 \times \frac{45}{60} \tag{4-3}$$

由起飞油量的组成可知，起飞油量应按如下公式计算：

$$起飞油量 = 航段耗油量 + 备份油量 \tag{4-4}$$

三、飞机的实际业务载重量

飞机实际业务载重量是指飞机上实际装载的旅客、行李、邮件和货物的重量之和，简称实际业载。

飞机的大小不同，它的业务载重量差别很大，小型飞机只有几百千克，大型飞机有一百多吨，航空公司在计算实际业务载重量时，行李、邮件、货物的重量按照实际重量计算，而旅客的体重重量计算方法，按照相关部门对承运人颁布的相关规定计算。

相关部门规定大型航空器持有人在计算旅客体重重量时，应使用标准旅客平均体重，按照成人、儿童、婴儿分别计算，这个重量是依据我国人口普查数据和航空公司抽样调查得出的，是国际上普遍采用的方法，根据我国人口普查数据和旅客出行方式随身携带物品的变化，航空公司可以对这个重量进行修正。对于小型航空器来说所有重量要求采用实际重量，中国民航最早规定国内航班每位成人按 72 kg 计算，儿童按 36 kg 计算，婴儿按 8 kg 计算；国际航班每位成人按 75 kg 计算，儿童按 40 kg 计算，婴儿按 10 kg 计算。但目前由于各航空公司情况不同，采用标准不尽相同，但不论采用什么重量标准都是经过行业主管部门批准的，航空公司不能未经批准改变旅客的标准平均体重。旅客行李重量的预留额应根据不同航线的平时流量来估计。一般来讲，长途航线行李较多时，可以按每人 20 kg 或以上来估计，短途航线行李较少时，可以按每人 10 kg 来估计。

飞机的业载是动态数据，只有在飞机起飞前半个小时左右才能知道飞机的实际业载，它的准确性直接影响飞行安全。

四、载重平衡工作简介

飞机作为民航运输的工具，其本身的结构强度、动力装置功率以及运行条件等因素对自身的工作性质有了一定的限制，在起飞、着陆和飞行的各个阶段都有额定的最大装载重量，这样就必须对飞机装载重量严格控制，绝不允许超载。不仅飞机的载重受到严格的限制，而且载重在飞机上的分布也必须符合平衡的要求。通过载重平衡工作可以合理利用载量和舱位，不仅能达到较高的载运率，而且对飞行安全、飞机结构都有益，还可以在飞行中节省耗油量，从而降低营运成本。

载重平衡工作的过程包括准备、预配、调整、结算、与机组交接随机文件、拍发电报。

（一）准备

在准备工作阶段，工作人员一般都被要求在航班起飞前 70 分钟到岗，主要工作内容包括：开启并检查设施设备，准备业务资料，了解航班计划，掌握航班动态。

（二）预配

对航班始发站而言，预配是在计算出最大可用业载的基础上，合理分配各航段的最大许用载量，通过对旅客人数和行李、邮件数量的估计，为货物预留吨位，保证最大限度地利用业务载量，并依据货运部门的预配货为货物安排实际舱位、为旅客安排座位、预配飞

机飞行中重心允许变化范围等。

（三）调整

即便前面对航班的业载进行了预配，航班的实际业载在飞行前也会发生一定变化，因此需要在预配的基础上进行调整，主要的调整工作内容包括：关注航班待运变化情况；通过业载的相关变化进行相应的计算并调整装载量和舱位；在接受危险品信息后，安排其实际装载位置并通知装载人员；及时、准确、全面记录舱位调整信息。

（四）结算

在截止办理旅客乘机手续和货物、邮件、行李装载结束后，应对航班实际运载的旅客、货物、邮件、行李进行结算，填制载重表和平衡图。核对仓单上的信息，包括航班号、飞机号、机组人数、加油量、耗油量、货邮重量、旅客人数等。

（五）与机组交接随机文件

随机文件是地面保障部门与机组交接的重要文件，它的主要内容包括机载平衡图表、货邮舱单、旅客舱单、装载通知单等。

随机文件应使用业务袋统一封装，并在航班离站时间前与机组进行交接。如果是电子仓单也可以通过 ACARS 系统直接上传至飞机，实现无人工交接。

（六）拍发电报

载重电报是将从本站始发的业务载重情况电告航班前方各经停站和终点站，以便接机；有关的经停站根据载重电报的信息来计算过站业载，并继续进行配载与载重平衡的计算。

载重电报应根据载重表上最后结算的数字编制，必须与实际载重情况完全相符。

第三节　飞行的安全特性

有人说安全就是无事故，不过从第一架飞机诞生的那一天起，航空界就一直为飞行事故所困扰。航空业的早期事故频发，以致人们称航空为"冒险者的事业"。世界上第一批40 名班机驾驶员（1935 年美国的空邮服务）中，有 31 人死于飞行事故，驾驶员的平均飞行寿命只有 3 年，至今人们还抱有"坐飞机不安全"的成见。事实上，这种成见早就不正确了。从 1974 年起，乘民用航班旅行就比乘火车还安全。这是整个航空界依靠技术进步不断努力争取来的。有数据表明，自 1974 年以来，世界商用喷气运输机群的事故率基本保持常数，约为每百万次离港三次事故，其中约有一次是机毁人亡的严重事故。

一、不同飞行阶段的安全性

在不同的飞行阶段，飞行的安全性各不相同。如图 4-5 所示，如果将一次飞行过程分解为起飞、爬升、巡航、下降、进近和着陆几个阶段，飞机在空中巡航飞行阶段用时最长，占总飞行时长的 57%，但发生事故的概率却最低，在这一阶段发生的事故仅为全部事故的 6%。因为飞机的设计是围绕着巡航飞行状态进行的，所以巡航飞行阶段各部位的状态最稳定、最可靠。同时，因为飞机具有足够的高度和速度，如果出现意外，只要不是特别严重，飞行员还有一些时间和选择来化解事故。而在起飞、进近和着陆阶段，尤其是飞机滑出跑道升空后的 3 分钟和飞机着陆前的 8 分钟被称为"最危险的 11 分钟"，飞行时间占总飞行时长的 17%，但是发生事故的概率却已达到 78%。在起飞、进近和着陆等阶段，飞行的高度和处理事故的时间十分有限，若出现意外，飞行员的选择时间几乎为零，因此在这几个阶段发生事故的概率最高。

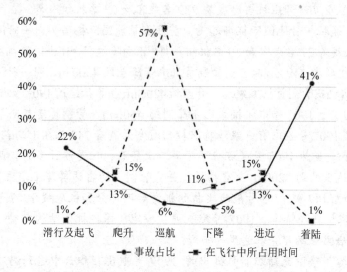

图 4-5　飞行各阶段的时间占比和事故占比

二、起飞、进近和着陆阶段安全性能分析

起飞是飞行任务的开始，但是受周围环境、飞机系统和飞行机组搭配等因素的影响，从起飞动作开始的 3 分钟却是危险的 3 分钟。飞机进近和着陆阶段，则是飞行员操纵飞机最为紧张繁忙、精神高度集中的阶段。飞机上的仪表设备此时会同时接受地面航向台、下滑台、信标台等的许多引导信号，飞行员除了要始终与指挥塔台保持无线电联络，保持规定的飞行数据，也要密切注意飞机的航向、高度，否则就可能飞出安全区，与地面障碍物相撞或着陆失败，造成空难事故。

起飞、进近和着陆阶段的不安全因素除了前面讨论过的恶劣天气之外，还包括中低空冲突、跑道污染、低能见度、爆胎、鸟击、系统失效等。

（一）中低空冲突

起飞离场飞机的活动区域与进近着陆的飞机活动区域相同，而且绝大多数情况下两者都要飞越同一位置点，有可能造成飞行冲突。因此，飞行员在起飞离场中要注意旁听空中交通管制员和其他飞行员的通话，并观察周围的飞行活动情况，与空中交通管制员充分沟通，避免两机空中相撞事故的发生。

 案例 4-1

新德里撞机事件

1996 年 11 月 12 日，刚在英迪拉·甘地国际机场起飞的沙特阿拉伯航空 763 号班机（波音 747-168B，编号：HZ-AIH）与正向同一机场进场的哈萨克斯坦航空 1907 号班机在新德里附近的哈里亚纳邦查基达里上空相撞。两航班上共 349 人，全部罹难，是航空史上最严重的空中相撞空难。

沙特阿拉伯航空 763 号班机当时载着 289 名乘客及 23 名机组人员，在印度当地时间傍晚 6 时 32 分于英迪拉·甘地国际机场起飞，前往法赫德国际机场。同一时间，哈萨克斯坦航空 1907 号班机载着 27 名乘客和 10 名机组人员，正向英迪拉·甘地国际机场进近。当 1907 号班机飞到距离机场约 119 km 时，获管制员批准下降至约 4500 m。同一时间，已爬升至约 3000 m 的 763 号班机获管制员批准继续爬升至约 4200 m，并等待通过 1907 号班机后继续爬升。

大约 6 时 40 分，1907 号班机报告已下降到约 4500 m。管制员清楚两架飞机会接近对方，于是两次提醒 1907 号航班有一架沙特阿拉伯航空的波音 747 正在十二点方向向其靠近，两机距离约 21 km。虽然 1907 号航班确认了第二次警告，但是没过多久，两架飞机还是在哈里亚纳邦查基达里的约 4200 m 上空相撞，并从管制员的雷达屏幕上消失。

两机几乎是迎面相撞，763 号航班飞机的机身后半部分和机尾被 1907 号班机的左边机翼削开，763 号班机立即解体。1907 号班机则在撞地前保持机体结构完整。相撞后，两航机的残骸坠落在哈里亚纳邦查基达里的田野。

事故的原因除了哈萨克斯坦官员提出的 1907 号航班在积云中遇到湍流和飞行员英语水平低导致的沟通不畅之外，还有新德里附近的空域大多被印度空军占用，使得英迪拉·甘地国际机场进近和离场的班机使用同一条"空中通道"，这增加了客机发生中低空冲突甚至出现空中相撞事故的风险。

资料来源：央视网.[空难调查]第三集 新德里撞机事故证据收集[EB/OL].(2014-04-24)[2022-07-20]. https://tv.cctv.com/2014/04/24/VIDE1398274392249847.shtml.

（二）跑道污染

跑道上有积水、积冰或者雪浆等污染物，这些污染物的存在必定会影响到飞机起飞滑跑的距离、方向的保持、中断起飞的停止距离等。许多中断起飞偏出跑道的事故都与跑道上的污染物有关。

 案例 4-2

跑道污染引发的系列事故

1999 年 9 月 23 日，澳大利亚快达航空公司一架波音 747-400 飞机，在泰国曼谷机场着陆时发生事故，机上 391 名旅客和 19 名机组人员无人伤亡。当天夜里气象条件差，跑道湿滑，飞机在夜间实施仪表进近着陆时冲出 21 号跑道 300 m，前起落架毁坏。

1999 年 12 月 21 日，古巴航空公司一架麦道 DC-10-30 型飞机，在危地马拉城机场着陆时失事，机上 296 名乘客和 18 名机组人员中，有 9 名乘客和 8 名机组人员遇难身亡，另外还有 9 名地面人员死亡。当时，飞机开始着陆时状态良好，在跑道上滑行时由于跑道湿滑冲出跑道，并顺着陡堤冲入民房。

2017 年 1 月 19 日，由日本秋田县出发前往北海道的全日空 1831 次（庞巴迪 DHC8-400 型）航班，在日本北海道新千岁机场着陆时冲出跑道，后被积雪拦停。当日中午北海道新千岁机场正在下雪，有偏北风，风速为每秒 6.8 m，跑道外的积雪厚度达 32 cm，气温为-2.5℃。

资料来源：乔布.空难调查[M].冯军，郭圣洪，等译.北京：航空工业出版社，2018.

（三）低能见度

能见度与航空活动的关系非常密切，是决定能否飞行、是简单飞行气象条件还是复杂飞行气象条件的重要依据之一。航空活动中，飞行人员需要观察地标、障碍物、其他飞行物和灯光等目标物，并分辨它们的种类，判断它们的位置。要分辨出目标物，最基本的条件是要看清目标物的轮廓。因此，航空领域使用的能见度定义为：视力正常的人在昼间能够看清目标物轮廓的最大距离，在夜间能看清灯光发光点的最大距离。

 案例 4-3

特内里费空难

特内里费空难指 1977 年 3 月 27 日傍晚于西班牙北非外海自治属地加那利群岛的洛司罗迪欧机场发生的波音 B747 跑道相撞事件。

事故的起因要从另一个机场说起。事故发生的两个主角分别是荷兰皇家航空 KL4805 号班机和美国泛美航空 PA1736 号班机，两次班机为波音 B747 客机，最初的目的地均为位于加那利群岛自治区首府、大加那利岛上的拉斯帕尔马斯国际机场。但是该机场在当地时间 13:15 遭遇恐怖袭击，致使 8 人受伤、机场建筑物受损，机场被迫关闭。本应飞往拉斯帕尔马斯国际机场的两架波音 747 班机和其他航班一起被指挥飞往特内里费岛，等待拉斯帕尔马斯机场重新开放。而此时特内里费岛上的洛司罗迪欧机场已经几乎被大小机群塞满。

当地时间 3 月 27 日下午 4 时，拉斯帕尔马斯机场即将重新开放，各班机的组员也开始准备再次起飞的工作，与此同时，机场渐渐被大雾笼罩，视线逐渐变差。由于风向的原因，飞机不能使用 12 跑道（顺风）起飞，而要使用反向的 30 跑道（逆风）起飞，也就是 12 跑道的相反方向。但滑行道已被转场的飞机停满，起飞的飞机要沿 12 跑道方向滑行到 30 跑道头，再转弯 180 度，沿 30 跑道起飞。塔台准许了荷航 KL4805 沿跑道滑行，此外，塔台方面也准许泛美 PA1736 离开等候区，跟随着前面的荷航 KL4805 客机在主跑道上滑行，并且指示泛美 PA1736 在 C3 滑行道处转弯离开主跑道。荷航 KL4805 先于泛美 PA1736 到达跑道头并完成转向，与塔台联络等待起飞，同时泛美 PA1736 仍在跑道上滑行。

机场没有地面雷达设备，同时机场浓雾使得无论是塔台、泛美航空还是荷航的飞行员，三方都无法看到各自的动态。荷航 KL4805 机长急于起飞，在误解塔台的指示、未得到塔台起飞授权的情况下开始了起飞操作，但此时泛美 PA1736 仍未脱离跑道。在泛美 PA1736

的驾驶员发现荷航 KL4805 的灯光穿破浓雾时，一切为时已晚。泛美的机长立刻全速推进让飞机冲进跑道旁的草皮上，另一边荷航的机长在见到前方横在跑道上的泛美客机后，尽力地让飞机提前离地爬升，仍然无法挽救大局。荷航 KL4805 客机在距离泛美 PA1736 客机 100 m 处离开地面，但发动机、机身下半部和主起落架仍与泛美客机右上部机身相撞。由于发生事故的两架飞机都是满载油料与人员的波音 747 大型客机，因此事件造成两机上共计 583 人丧生，其中，荷航飞机上的 248 人全部遇难，泛美航班上则有 61 人奇迹般得以生还。

资料来源：央视网.盘点波音客机十大惨烈空难[EB/OL].(2013-07-08)[2022-07-20]. http://news.cntv.cn/2013/07/08/ARTI1373277259001803.shtml.

（四）爆胎

通常情况下，爆胎是比较常见的飞行事故，飞机的轮胎故障多发于滑行、起飞或着陆阶段的滑跑中。爆胎的发生一般与两个因素有关：一是轮胎本身的原因，即轮胎的材料、胎压、承重等各环节导致的可靠性降低；二是外因的诱导，常见的包括跑道杂物、刹车不当、刹车防抱死系统失灵、轮毂结构破坏、偏离跑道等。为此，一般规定飞机轮胎的寿命为 150～200 起落次数。

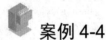

案例 4-4

法国航空 4590 号班机空难

法国航空 4590 号班机空难发生在 2000 年 7 月 25 日，法航一架原定由法国巴黎夏尔·戴高乐国际机场飞往美国纽约肯尼迪国际机场的协和飞机，在起飞后不久坠毁于巴黎市郊的戈内斯。

当天 16 时 40 分，4590 号班机于巴黎戴高乐机场 26 号右跑道起飞。当飞机在跑道上以时速 320 km 滑行时，机场塔台向 4590 号班机报告飞机后方失火，并表示能优先使用跑道降落，但由于飞机已滑行了 1200 m，剩余跑道只有 2000 m，再加上飞机已加速至时速 328 km，超过了起飞的决断速度，已经无法安全停下，飞机除了起飞别无他选。

16 时 43 分 15 秒，协和飞机的左机翼拖着长长的火焰徐徐升空，16 时 43 分 22 秒，飞机驾驶舱的发动机火警警报器响起，机长在 3 s 后关闭 2 号发动机，但此时飞机高度只有 30 m。随后，飞机起火的机翼不断解体，方向舵也在此时被烧毁，飞机无法继续保持平衡而向左倾斜。16 时 45 分，飞机在起飞后 69 s 坠毁于机场附近的戈内斯镇的一家酒店外 25 m 处，坠毁时机腹朝天，机上 100 名乘客和 9 名机组人员全部罹难，并导致旅馆内 4 人死亡。

官方调查报告认为，空难发生当天，有一架美国大陆航空的麦道 DC-10 客机先于协和飞机起飞，在起飞时该飞机的一号发动机掉落一个长条形金属部件。协和飞机 4590 号班机在起飞滑跑时碾过该部件，导致轮胎爆裂，轮胎的碎片高速射向机翼，造成的震荡波导致机翼内的油箱盖受压并打开，大量燃油泄漏；另外一个较小的轮胎碎片将起落架的电缆线割断，电火花引燃漏油起火。随后二号发动机关闭，一号发动机着火，继而烧毁机翼，导致机翼融化，令飞机无法继续稳定飞行，最后失速坠毁。

资料来源：民航资源网.法航 4590 号空难 15 周年祭——协和客机的悲歌[EB/OL]. (2015-07-27)[2022-07-21]. http://news.carnoc.com/list/319/319643.html.

（五）鸟击

为了减小飞机起降过程中的噪声和排放对环境造成的影响，机场一般都被选址在远离市区的市郊。机场周围大量的农田和机场内的草坪会吸引许多昆虫和鸟类在此栖息。飞机在机场空域起飞、降落时，距离地面 100 m 以内的高度是最容易遭到鸟击的高度，约占鸟击发生次数的 90%。在飞机起飞离地爬升阶段，发动机的功率达到最大，飞行速度迅速提升，飞机迎角较大、稳定性相对较差；在降落阶段的飞机因巨大的惯性，驾驶员控制飞机姿态的操作更加复杂。因此，质量巨大的飞机以 300 km 的时速飞行，一旦遭遇飞鸟根本无法避让，发动机强大的吸力会将飞鸟吸入，从而造成发动机的严重损坏。除发动机之外，机翼、雷达整流罩、起落架都是最易被飞鸟撞击的部位。

案例 4-5

哈德逊河迫降

2009 年 1 月 15 日，空中客车 A320 客机（编号 N106US），由机长切萨里·萨伦伯格负责执行，于下午 3 时 26 分在纽约拉瓜迪亚机场起飞。但起飞一分钟左右，机长向机场塔台报告，指出飞机上两具引擎都遭受鸟击而失去动力，要求立即折返机场。当时萨伦伯格机长有两种选择：一是驾驶飞机掉头折返拉瓜迪亚机场；二是安排客机飞往新泽西的泰特伯勒机场做紧急降落。撞击发生后，萨伦伯格机长接手控制飞机，在 6 分钟内迅速做出判断：由于飞机飞得太慢、太低，情况迅速恶化，返航或前往邻近机场都不可行。为了避免飞机降落在人口稠密的邻近区域，他随即向指挥塔台报告说，可能必须在哈德逊河迫降。拉瓜迪亚塔台在机长告知即将降落哈德逊河 23 秒后失去与班机的联系。

随后飞机飞进哈德逊河道上空，并以滑翔方式缓慢下降。飞机机尾首先触水，其后以机腹接触水面滑行，飞机左侧的一号引擎于水面滑行期间脱落沉入河底，机身大致保持完整。机长萨伦伯格凭着过硬的驾驶技术和心理素质，把刚起飞 3 分钟即遭遇鸟击而失去动力的大型客机平稳迫降在狭窄的水面上，创造了飞机迫降的"奇迹"。疏散和救援期间，他虽已受伤，仍从容地两次巡视机舱，自己最后一个撤退。最终，150 多名乘客和机组人员无一遇难，堪称世界民航史上的一个奇迹，如图 4-6 所示。

图 4-6　飞机成功迫降哈德逊河后乘客等待救援

资料来源：萨伦伯格，扎斯洛.最高职责[M].杨元元，译.北京：北京联合出版公司，2016.

民用航空概论

（六）系统失效

有些系统可能会在起飞或进近着陆过程中失效，如起飞过程中发动机失效、客机空中失压、起落架收起或放下故障等。注意到这些失效警告信号后，机组需要做出决断：中断起飞还是继续起飞、继续飞行还是返航、尝试恢复系统正常运作还是选择迫降。这些由飞机系统失效而引发的事件都是对飞行机组人员具有特殊挑战性的典型事件。

 资料 4-1

浦东机场生态驱鸟人：为护航班平安，也为与鸟儿共享蓝天

2021 年 1 月下旬的一个上午，浦东机场飞行区，一架汉莎 A340 客机从飞行区管理部生态净空科管理科科长孙财千头顶掠过，降落后没有滑去航站楼，却靠向了货运区。"客改货！"孙财千和同事们已经习惯了这样的情景。作为中国民航最大的物流枢纽，浦东机场是我国防疫物资出口全球最重要的空中门户，这几个月尤其让机场鸟情团队觉得肩头担子沉甸甸的：浦东机场比邻的长江口迎来了候鸟迁徙高峰，与此同时，全球疫情也进入新一轮高峰，机场岁末年初的驱鸟成效，既事关旅客安全，也直接关系全球抗疫物资运输大动脉。

随着环境改善，过去一年上海地区观测到的鸟类数量同比上升 40%，浦东机场及周边区域观测到的鸟类增幅更猛。而机场驱鸟人说，他们有信心在春运季为旅客和防疫运输筑起平安防线，因为他们正着手开展新一轮以"治虫""控草""防水"为关键、旨在切断飞行区鸟类食物链的生态驱鸟体系建设，并已取得显著成效。

"白花三叶草只有零零星星几点了，"孙财千指着飞行区土面草地上，几乎一片枯黄、偶尔才有的点状绿色如是说。这里曾经遍布喜寒的白花三叶草，秋冬季节也满满绿色，下方庇护了大量越冬的昆虫、蜗牛、两栖爬行动物，容易吸引候鸟觅食。2020 年开始，机场生态净空管理科与上海市农科院合作，由农科院设计除草和替换种植方案，安排专业的园艺和监理机构方案作业、监理。经过生态治理，飞行区草坪到 2021 年年初发生了脱胎换骨的变化，以往占据优势的白花三叶草萎缩了 95% 以上，取而代之的是冬季会凋谢、能切断鸟类食物来源的狗牙根。

和"治虫""控草"一样，浦东机场生态驱鸟中的"防水"，同样围绕切断机场水域的鸟类食物来源。

利用机场航班总量受疫情影响走低的空当，鸟情部门变运行低谷期为生态治理窗口期，进入飞行区内平时因航班运行无法关闭作业的区域，清除排水沟淤泥、给水面全面覆盖地网，从而大幅减少水生生物生长，并在机场调节水池安装拦鸟网、塑料防鸟刺，以防鸟类飞落觅食。

在春运航班、各国货机南来北往的机场飞行区，记者遇到了由首席驱鸟员杨忠君、生态管理员樊波、施工监管员姚康易组成的当值驱鸟分队。这几位工作人员说，如此分工也是通过实践摸索出的创新模式：首席驱鸟员合理制定驱鸟策略，根据航班起降方向、鸟群种类，调集煤气炮、声波等驱鸟设备，提升现场驱鸟效果；生态管理员负责鸟情观测，排

摸引鸟因子和防、驱鸟设备隐患；施工监管员负责把控鸟情部门所委托作业单位的施工安全和质量，确保生态治理效果。

浦东机场鸟情团队还把紫外线杀虫箱搬上机坪，通过分析杀灭情况，调查机坪昆虫品种，为"治虫"提供依据；下一步他们还计划引入能自动拍摄图片、AI读图判别品种、具备数据记录分析功能的自动杀虫箱，进一步提升科研效率。

浦东机场的生态驱鸟，不仅有首当其冲的鸟情部门，还有整个体系的支撑：机场在飞行区周边 20 km 扩展设立了鸟防核心区、鸟防警戒区、鸟防监控区 3 道防线。在外围的警戒区和监控区，机场各部门和各驻场单位互相协作，为驱鸟提供信息与作业支持。就在不久前，机场工作人员驾车行驶途中，发现了一处位于"鸟防监控区"、对飞行安全构成直接影响的鹭鸟栖息地，由各方联动，通过改变当地植被消除了鸟群聚集的隐患。

据统计，通过新一轮生态驱鸟举措，一年来浦东机场飞行区高危肇事鸟类数量下降近70%，责任区鸟击事件同比下降三分之二。

"我们也张网拦截，也必须有枪支这'最后一道防线'，但这些是万不得已，我们最希望的是通过生态治理，让鸟类另选栖息地，不危及航空安全，使人类和鸟类共享蓝天。"孙财千和同事们如是说。

资料来源：中国民航网.浦东机场生态驱鸟人：为护航班平安，也为与鸟儿共享蓝天[EB/OL].(2021-02-01) [2022-07-21].http://www.caacnews.com.cn/1/5/202102/t20210201_1319001.html.

案例 4-6

中国民航第一起迫降事件

1998 年 9 月 10 日 19 时 38 分，中国东方航空公司执行上海—北京航班任务的麦道 11型客机正点起飞。机上载有 120 名乘客和 17 名机组人员。机长收起起落架后发现起落架红色信号灯不灭，表明前起落架没有收好。当飞机升到 900 m 时，机长按照检查单程序又做了一次收起起落架动作，红色信号灯仍在闪亮。机长倪介祥意识到飞机故障的严重性，经虹桥机场塔台管制员同意决定返航。随后，机组人员欲在空中将前起落架降下，首先将飞机下降再爬升，之后再以小半径侧滑，但未能将前起落架降下来。其后，有着二十多年工作经验的老机务赵永亮在腰间缠上绳子后冒险从前起落架舱门口探出身体查看起落架的状况，并用斧头敲打起落架出现故障的地方，但未见松动。接着，机长用后起落架"试着陆"，即驾驶飞机正常着陆，试图让飞机接地时产生的巨大冲击力将前起落架震下来，飞机再升空。在地面人员的精心指挥下，机长驾驶飞机转了两圈，连续"试着陆"两次，前起落架仍纹丝不动，结果就只剩下迫降了。

晚间 20 时 10 分，机场及飞机均开始进行迫降前的准备，机组人员呼吁乘客尽量移往机尾后方，飞机则于机场上空盘旋以消耗燃油，机场跑道亦喷上防火泡沫，降低起火的风险。在晚间 23 时 7 分，飞机在前端喷上防火泡沫的跑道上降落，机长首先让后起落架先触地，之后机头在跑道上摩擦，并且在地面拖出一条火花，当滑行至 380 m 后，飞机终于停下了。飞机停下之后，乘客在机组人员的帮助下纷纷离开飞机，有 9 人在离开飞机时因为逃生滑梯漏气而跌伤。

经过一个多月的调查，客机空中遇险的原因被查明，该飞机起落架的销子中某种金属成分含量过高，成分构成不合理，导致金属发生断裂，造成起落架收放失效。

资料来源：中国民航网.东航后辈飞行员拜访"英雄机长"倪介祥[EB/OL].(2019-09-19) [2022-07-21]. http://www.caacnews.com.cn/1/6/201909/t20190919_1281807.html.

本章小结

本章内容共分三部分。

第一节主要介绍了飞机飞行的基本过程，包括了起飞、上升、平飞、下降和着陆几个过程的基本操纵方法和飞行性能相关内容。

第二节重点描述了飞机装载与配平的相关知识，介绍了与飞机载重有关的概念，简要介绍了平衡工作的大概内容。

第三节讲述了不同飞行阶段的安全性，并从事故发生概率较高的起飞、进近和着陆三阶段入手，分析了飞行安全事故发生的原因。

通过本章的学习，可以对飞行过程和飞机的安全性能有清晰的了解。

本章思考题

1. 飞机起飞都包括哪几个步骤？是如何操作的？
2. 飞机重心的位置是如何表示的？
3. 飞机的最大起飞全重受到哪几个方面的影响？
4. 哪些因素影响了飞机的最大落地全重？
5. 飞机的飞行过程分为哪几个阶段？
6. 总结在起飞和着陆阶段易出现的不安全因素。
7. 飞机在爬升中可采用几种不同方式？有何利弊？
8. 什么是最大平飞速度、最小平飞速度、平飞有利速度和平飞经济速度？
9. 什么是平均空气动力弦？
10. 什么是飞机的最大业务载重？
11. 什么是飞机的最大起飞全重？
12. 什么是飞机的最大落地全重？
13. 什么是飞机的最大无油全重？
14. 什么是飞机的基本重量？
15. 飞机载重平衡工作包括哪几个步骤？

第五章　机场

【学习目的】

　　机场是国家运输系统中的重要结合点，也是机场所在地经济发展的重要基础条件，是该地区通向国内重要经济中心和通向国际的门户和窗口。机场可以增加当地对投资的吸引能力；机场本身也能促进当地经济的发展并有利于就业。如果一个地区没有机场，就像一个世纪前没有铁路穿过该地区或者50年前没有优质的公路交通经过该地区一样，就不能直接快速和远距离地开展人员和货物的交流，特别是在现代社会中，就无法迅速参与目前全球化快速发展的经济。航空闭塞的地区不仅会遭受到经济发展上的损失，还会影响到当地社会发展进步和居民的生活、医疗等。

　　机场运行是民航运输的第一道门槛，中国航空交通体系由三大门户复合枢纽机场、八大区域性枢纽机场、十二大干线机场组成。了解机场的发展、布局、用途、分类、分区及各种设施的功用，是机场从业人员及民航其他相关从业人员的必修课，能够更好地帮助其理解民航运输工作的流程关系，认识到机场安全运营的重要性，深刻理解四型机场的建设内涵和意义，从而能以更高的视角分析和解决工作中遇到的实际问题，成为具有前瞻性和引领性的新型民航人才。

【本章学习目标】

1. 了解机场的定义和各种不同方式的分类；
2. 熟悉机场的不同区域划分及其功用；
3. 了解跑道及其附属区域的位置、作用；
4. 掌握机场飞行区等级划分的方法；
5. 掌握跑道及滑行道上各种标志符号的含义；
6. 熟悉机场内各种标记牌的含义；

7. 掌握机场内各种灯光的含义；

8. 了解航站楼内各区域的功能。

【核心概念】

1. 民用机场；

2. 机场飞行区；

3. 机场飞行区等级；

4. 目视助航设施；

5. 机场航站楼区。

【素质目标】

1. 清楚全国民航运输机场布局体系规划，学习从全局角度思考问题；

2. 明确机场安全运营的重要性，牢固安全意识；

3. 了解"四型"机场建设的背景及目标，把握国家民航战略发展方向，理解中国智慧和中国方案。

【导读】

探索未来的四型机场

近 10 年来，中国民航取得了举世瞩目的成就，特别是机场基础设施建设取得了显著的成果，始终保持快速发展态势，投资规模以千亿、百亿计的大型机场建设项目在行业内已经不鲜见。但是传统的单一依靠加强基础设施建设，依靠挤压早已饱和的运行资源的发展模式已难以适应行业发展的需要，这就需要我们转变发展方式，从过去注重数量、总量、增量的量优式发展，转向注重质量、效率、效益的质优式发展。在这样的时代背景下，民航局提出实施新时代民航高质量发展战略，建设"平安、绿色、智慧、人文"的四型机场，并明确了"平安"是基本要求，"绿色"是重要内涵，"智慧"是创新动力，"人文"是根本目标。

四型机场是国际一流机场的显著标志，也是构建现代化国家机场体系的重要内容。那么四型机场与普通机场有何不同？如何体现中国智慧和中国方案呢？让我们通过 2020 年公布的四型机场示范项目来寻找答案吧。

1. 平安机场

上海浦东机场采用"围界广域全景侦测"系统，提升监控的威力范围，延伸围界安防的视野，配合主动侦测功能，提升安防系统预警、报警处置和全场追踪的逻辑划分能力，实现全景式威胁目标侦测和处置。该系统具备非法入侵主动侦测能力，通过 360° 全景红外探测器，以 600~800 m 为半径，覆盖面积达 1 km^2 的区域，实时搜索探测周界入侵目标；具备实时情景全程跟踪能力，摄像机对入侵目标实施持续跟踪识别定位，并锁定目标位置和轨迹，其跟踪距离最远可达 600~800 m；具备全天候运行能力，即使是在夜晚、雾霾、雨雪、风沙、高温、极寒等恶劣环境以及野生动植物杂乱丛生的野外及山区复杂环境，通过红外热成像也可实现全时空、全天候的围界全景广域高分辨率监测和人、车等入侵目标的实时探测、预警和报警。

无锡机场积极探索生态驱鸟之路，开展飞行区土质改造与植被单一化改良，以切断食物链、改变栖息环境的手段达到驱鸟目的，取得了积极效果。

北京大兴国际机场应用人工智能生物识别技术、信息及物联网技术等，实现人脸识别、自动回框、人包绑定等功能，有效提高安全裕度、强化应急处理能力，较好地实现了无纸化一证通关、安检人员劳动强度的降低、运行效率的提升和旅客服务体验的改善，如图 5-1 所示。

图 5-1　北京大兴国际机场智能旅客安检和人脸识别系统

2. 绿色机场

北京大兴国际机场全力打造"世界水准绿色新国门，国家绿色建设示范区"。北京大兴国际机场 100%按绿色建筑标准建设，70%以上的建筑达到中国最高等级的绿色建筑三星级标准，航站楼单位面积能耗较同规模航站楼减少 20%以上。北京大兴国际机场 100%使用绿色电力，通过电力交易中心购买绿色电力，目前北京大兴国际机场用电为青海省、山西省利用水力、风力及太阳能等可再生资源发电。北京大兴国际机场所有 79 个近机位均具备地井式飞机地面空调和 400 Hz 静变电源，满足提供 APU（auxiliary power unit，辅助动力装置）替代的各项要求；并积极布局远机位 APU 替代设施，计划完成约 40 个远机位地面空调和电源配套设施，如图 5-2 所示。北京大兴国际机场噪声自动监测系统红外布设 30 个固定点、2 个流动点，通过固定和移动两种方式监测站点噪声水平。建设海绵机场，通过渗、滞、蓄、净、用、排系列处理，构建生态堤岸、实现雨水调蓄功能，中小降雨时渗蓄雨水、大雨时削峰减排的功能。此外，在北京大兴国际机场旅客持有效订票证件，即可完成值机、托运、安检、边检等环节，刷脸即可登机，全程无须出示任何形式的登机牌，实现了"一证通关+面像登机"。

四川成都双流机场，系统推进"油改电"、地面设备替代 APU、光伏+远机位地面设备系统、污水处理改造及再生水回收利用、节能照明改造、绿色建筑及景观等项目。此外，天府机场将绿色发展要求融入建设全过程，探索建设了机场智慧环境综合管理平台。

3. 智慧机场

北京大兴国际机场搭建了综合管廊规划、设计、建设、管理、维护一体化智慧管理平

台，提高了能源系统日常维护效率和事故预报准确率，缩短了事故抢修时间，减少了扩建工程量，对于大型新建机场有一定借鉴意义。

图 5-2　北京大兴国际机场跑道光伏和地井式 APU 替代设施

2020 年，深圳机场以全链条提升旅客出行体验为着眼点，以精准抓好新冠疫情防控为重点，全面推广无感红外体温检测、无纸化便捷通关，推进"OneID"的无感出行、"OnePort"员工移动服务，推动应用 RFID（radio frequency identification，射频识别技术）等物联网技术，推进综合交通的空地协同平台建设。

通过采用 OneID 旅客数字化身份的技术手段，使用小程序、App、公众号统一入口，后台打通各相关应用系统，建立完整的旅客画像，统一旅客身份数据，实现旅客行为追踪；运用大数据及 AI 技术，提供场景化、个性化、智能化的线上精准服务。

上海浦东机场加大了各类信息化技术的投入与应用，形成了"一个平台、四大系统"的智慧场区的运行管理模式，统筹推进智慧场区建设。首先，搭建一个智慧场区平台，建立起统分结合的信息化模式。通过这一平台，实现对场区日常运行信息的集中、互通、精准管理。其次，大力构建"神经元"网络，利用 4G、NB-lot（窄带）、光纤、GPS 等多种物联技术，形成一个"全域感知"的场区"神经元网络"，目前已建成监控系统、物联系统、防汛系统、环境系统 4 个智慧系统，实现了对偷运渣土、偷倒垃圾、偷种作物、违规施工、井盖移位、雨污水溢出、围场河水位超标、泵站运行不稳定等多种监管难的异常情况实时监测，如图 5-3 所示。

图 5-3　上海浦东机场智慧井盖和智慧监控系统

4. 人文机场

深圳机场立足"真情服务"优化无障碍环境建设，增强员工爱心服务意识和能力，精心设计全流程爱心服务项目。推出"爱心轮椅衔接""爱心服务预约"等项目,提升特殊旅客保障效率和服务体验,如图 5-4 所示。

图 5-4 深圳机场爱心通道和爱心休息区

首都机场以旅客需求主线为藤,系统部署真情服务、航班正常、轻松抵离、关爱随行、悦购随心、城市名片、员工幸福七个维度任务目标,形成"一藤七花"品牌总体格局。

虹桥机场一方面在"无纸化"服务提质升级上积极推进电子通关、自助值机、人脸识别等新技术应用,简化乘机流程、提高通关效率;另一方面根据实际需求减少广播频次、降低广播分贝,避免长时间广播使旅客出现听觉疲劳、忽视航班动态,同时优化候机提示方式,疏堵结合打造"宁静机场"。

四型机场的建设绝不是一蹴而就的,需要经历长时间的探索和尝试,将机场作为一个有机体进行统筹考虑。打造平安机场,须谨记"安全是民航业的生命线",确保安全理念深入人心、安全举措落实落细;打造绿色机场,须兼顾资源节约和运行效率,做到全生命周期的绿色环保,绿色发展不仅是在运行层面做到节能运行,更是将"绿色基因"贯穿整个项目周期,使机场做到高效低碳运行;打造智慧机场,须将前沿科技与现实需求相结合,构建好机场的"智慧生态圈";打造人文机场,须关注旅客和员工的需求,真正做到"以人为本",机场应从文化彰显、人文关怀两大方面践行真情服务理念,提升服务软实力。相信通过时间积淀和经验积累,未来的机场将给予旅客更安心、顺畅的出行体验和更温暖、贴心的服务感受。

资料来源:中国民用航空局. 四型机场建设导则[EB/OL]. (2020-10-13)[2023-05-25]. http://www.caac.gov.cn/XXGK/XXGK/BZGF/HYBZ/202302/P020230216583310464712.pdf.

中国民用航空局.中国民航四型机场建设行动纲要[EB/OL]. (2020-01-03)[2023-05-25]. http://www.caac.gov.cn/XXGK/XXGK/ZCFB/202001/P020200110664548555485.pdf.

第一节　机场概况介绍

机场的建设经历了从无到有、从小到大、从简单到复杂、从单一功能到多种功能的历程,其发展历史可以分为三个阶段。

第一个阶段:最早的飞机起飞降落地点是草地,一般为圆形草坪,飞机可以在任何角度,顺着有利的风向来进行起降,周围会有一个风向仪,另外,因为当时的飞机一般是木

头及帆布制成，不能经受风吹雨打、日晒雨淋，所以在机场还要配备机库；之后开始使用土质场地，避免草坪增加的阻力，但土质场地并不适合潮湿的气候，否则会泥泞不堪；随着飞机重量的增加，起降要求也跟着提高，混凝土跑道开始出现，避免了以往机场在一些常见天气条件及昼夜时间方面的使用限制。这一阶段是机场发展的幼年期，只是"飞行人员的机场"。

第二阶段：第一次世界大战结束后，欧美国家的航线大量开通。同时为了和殖民地联系，各殖民国家和殖民地之间开通了跨洲的国际航线，与之相伴随的是机场在全世界各地大量出现。同时，随着航空技术的进步，飞机对机场的要求也提高了，机场建设中出现了各种新兴的需求，如航管和通信的要求、跑道强度的要求、一定数量乘客进出机场的要求等。为了满足这些要求，出现了塔台、混凝土跑道和候机楼，现代机场的雏形已经基本出现。20世纪50年代，ICAO为全世界的机场和空港制定了统一标准和推荐要求，使全世界的机场建设有了大体统一的标准，新的机场建设已经有章可循。这时的机场主要是为飞机服务，是"飞机的机场"。

第三阶段：20世纪60年代后，机场的建设随着喷气式飞机数量的增加蓬勃发展，跑道延长至3000 m，并利用滑模机筑出连续性的强化混凝土跑道，现代化的机场航站楼开始使用空桥系统，旅客不必走出室外登机，出现了固定式旅客登机桥、候机楼与飞机间的可伸缩式走廊；出现了因候机楼面积扩大而供旅客使用的活动人行道（电梯）和轻轨车辆；出现了自动运送和提取行李系统；出现了在候机楼与远处停放飞机之间的运送旅客的摆渡车；也出现了许多新建或扩建的先进货物处理设施。机场成为社会交通运输活动中不可或缺的一部分，这个时期的机场是"社会的机场"。

一、机场的定义

国际民航组织将机场（航空港）定义为：供航空器起飞、降落和地面活动而划定的一块地域或水域，包括域内的各种建筑物和设备装置。机场有不同的大小，除了跑道之外，机场通常还设有塔台、停机坪、航空客运站、维修厂等设施，并提供机场管制服务、空中交通管制服务等其他服务。

二、机场的分类

民用机场的分类方式有很多种（见图5-5），如按照使用用途不同，主要分为运输机场和通用航空机场，此外，还有供飞行培训、飞机研制试飞、航空俱乐部等使用的机场。运输机场是指主要为定期航班运输服务的机场，其规模较大，功能较全，使用较频繁，知名度也较大。通用机场主要供专业飞行之用，使用场地较小，因此一般规模较小，功能单一，对场地的要求不高，设备也相对简陋。这里重点介绍运输机场情况。

按航线业务范围不同，机场可以划分为国际航线机场、国内航线机场以及地区航线机场。国际机场是指拥有国际航线并设有海关、边检、检验检疫等联检机构的机场；国内航线机场是指专供国内航线使用的机场；在我国，地区航线机场是指供大陆民航运输企业与香港、澳门地区之间定期或不定期的航班飞行使用，并设有相应联检机构的机场。很多机场同时开设上述多种航线业务，通过不同的航站楼或不同的航站楼层加以区分。

按机场在民航网络系统中所起的作用不同，机场可以划分为枢纽机场、干线机场以及支线机场。枢纽机场是指作为全国航空运输网络和国际航线网络枢纽的机场；干线机场是指以国内航线为主、建立跨省跨地区的国内航线、可开辟少量国际航线的机场；支线机场是指经济较发达的中小城市或经济欠发达但地面交通不便的城市地方机场。

按机场在所在城市的地位、性质不同，机场可以划分为Ⅰ类机场、Ⅱ类机场、Ⅲ类机场和Ⅳ类机场。Ⅰ类机场是指全国政治、经济、文化中心城市的机场，是全国航空运输网络和国际航线的枢纽，运输业务量特别大，除承担直达客货运输外，还具有中转功能，北京首都机场、上海浦东机场、广州白云机场等即属于此类机场；Ⅱ类机场是指省会、自治区首府、直辖市和重要经济特区、开放城市和旅游城市或经济发达、人口密集城市的机场，可以全方位建立跨省、跨地区的国内航线，是区域或省区内航空运输的枢纽，有的可开辟少量国际航线，Ⅱ类机场也可称为国内干线机场；Ⅲ类机场是指国内经济比较发达的中小城市，或一般的对外开放和旅游城市的机场，能与有关省区中心城市建立航线的机场，Ⅲ类机场也可称为次干线机场；Ⅳ类机场是指支线机场及直升机场。

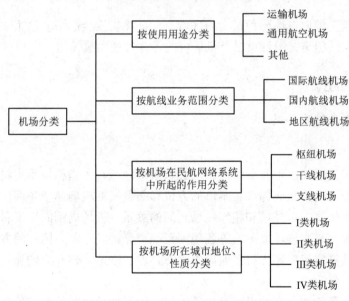

图 5-5　机场分类列举

三、机场的区域划分及其功能

按照不同区域活动主体不同，机场主要分为三部分，包括飞行区、航站楼区以及进出机场的地面运输区。

机场飞行区为航空器地面活动的区域，飞行区分空中部分和地面部分，空中部分是指机场的空域，包括进场和离场的航路；地面部分包括跑道、滑行道、停机坪和登机门，以及一些为维修和空中交通管制服务的设施和场地，如机库、塔台、救援中心等，如图 5-6所示。

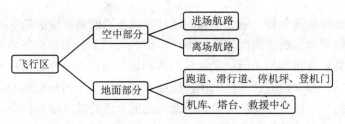

图 5-6　机场飞行区的构成

　　航站楼区包括航站楼建筑本身以及航站楼外的登机机坪和旅客出入车道，它是地面交通和空中交通的结合部，是机场对旅客服务的中心地区。

　　地面运输区是车辆和旅客的活动区域，严格地说，航站楼属于地面运输区，鉴于空港中很多的主要活动在航站楼内进行，因而将航站楼作为一个独立的部分。

第二节　机场飞行区

　　飞行区是在航空港内占地面积最大的区域，保证飞机安全起降。这里主要介绍与飞机地面活动关系密切的跑道、滑行道以及机场内的各种目视助航设施。

一、飞行区概述

（一）跑道及其附属区域

1. 跑道区域

　　跑道是用于飞机起飞滑跑和着陆滑跑的超长条形区域，大型机场跑道材质多是沥青或混凝土，是机场最重要的组成部分。跑道的方位和条数根据机场净空条件、风力负荷、航空器运行的类别和架次、与城市和相邻机场之间的关系、机场周围的地形和地貌、工程地质和水文地质情况、噪声等环境影响等各项因素综合分析确定，主跑道的方向一般和当地的主风向一致，这样就能保证飞机在逆风中起降，增加空速，使升力增加，飞机就能在较短的距离中完成起降动作。

　　机场至少有一条跑道，有的机场有几条跑道。为了使驾驶员能准确地辨认跑道，每一条跑道都有一个编号，它就相当于跑道的名字一样。跑道号是按跑道的大致方向编的，所谓方向，是从驾驶员看过去的方向，也就是飞机起飞或降落时前进的方向。跑道方向一般以跑道磁方向角度表示，由地磁正北方向顺时针转动为正。跑道方位识别号码由两位阿拉伯数字组成，将跑道着陆方向的磁方位值除以 10，四舍五入后得到两位数字，同时将该数字置于跑道相反的一端，作为飞行人员和调度人员确定起降方向的标记，如图 5-7 所示。例如一条正北正南的跑道，从它的北端向南看，它的编号是 18；从南端向北看，它的编号就是 36。跑道号都是两位数，如果只有一位数则用 0 补齐。如果某机场有同方向的几条平行跑道，就再分别冠以 L（左）、C（中）、R（右）等英文字母以示区别。

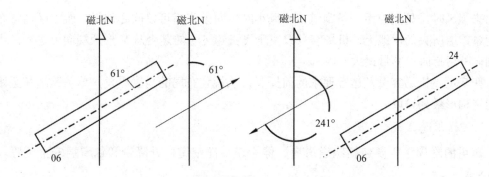

图 5-7 跑道号码与跑道方位的关系

跑道构形取决于跑道的数量和方位，跑道的数量主要取决于航空交通量的大小。在航空交通量小、常年风向相对集中时，只需单条跑道；在航空交通量大时，则需设置两条或多条跑道。中国大多数飞机场都只有单条跑道，北京首都国际机场、上海浦东机场、广州新白云机场等有多条跑道。国际上一些大型机场有2～3条跑道，个别机场有4～6条跑道，跑道构形由单条跑道、平行跑道、交叉跑道和开口V形跑道等基本构形组成，如图5-8所示。

单条跑道构形是最简单的一种构形。单条跑道的容量较小，但这种构形占地少，适用于中小型地方机场或飞行量不大的干线机场，是目前大多数机场跑道的主要构形。

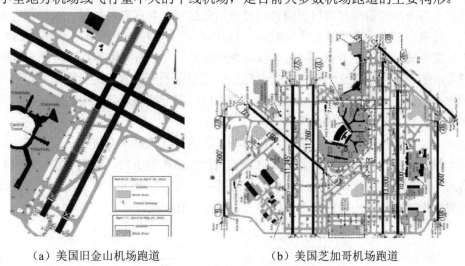

（a）美国旧金山机场跑道　　　　（b）美国芝加哥机场跑道

图 5-8 美国大型机场的跑道构形

平行跑道构形根据跑道的数目及其间距不同，它们的容量不大相同，一般为两条平行跑道，国际上也有少数机场设置 4 条平行跑道。这种构形虽然占地面积较大，但跑道容量大，机场布局合理，很有发展前景。

交叉跑道构形是当常年风向使机场的使用要求必须由两条或两条以上跑道交叉布置时产生，并把航站区布置在交叉点与两条跑道所夹的场地内。交叉跑道的容量通常取决于交叉点与跑道端的距离以及跑道的使用方式，交叉点离跑道起飞端和入口越远，容量越小；当交叉点接近起飞端和入口时，容量最大。

开口 V 形跑道构形是两条跑道不平行、不相交，散开布置，和交叉跑道一样，当一个

方向来强风时，只能使用一条跑道；当风小时，两条跑道可以同时使用。航站区通常布置在两条跑道所夹的场地上，机场容量取决于飞机起飞着陆是否从 V 形顶端向外进行，当从顶端向外运行时，容量最大。

在满足飞机场容量及运行要求的前提下，从规划布局的角度出发，单条跑道和远距平行跑道构形最为可取。

2. 跑道附属区域

跑道的附属区主要包括跑道道肩、停止道、净空道、升降带和跑道端安全区等，如图 5-9 所示。

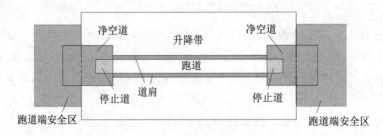

图 5-9 跑道及其附属区域示意图

跑道道肩是跑道道面和邻接表面之间过渡用的区域，对称向外扩展，结构强度小于道面，跑道及道肩总宽度大于或等于 60 m。道肩的作用主要是在飞机滑出跑道时支撑飞机，以及支撑在道肩上行驶的车辆，同时可以减少地面泥土、沙石等进入发动机。

停止道是在可用起飞滑跑距离末端以外地面上划定的经过整备的一块长方形区域。停止道的作用是使飞机在放弃起飞时能在它上面停住，其宽度与相连接的跑道相同；强度要求能承受飞机，不致飞机结构损坏即可。

净空道是指紧接跑道端的一块长方形区域，飞机可在该区上空进行一部分起始爬升，达到一个规定高度。净空道的起始点在可用起飞滑跑距离的末端，长度不超过可用起飞滑跑距离的一半，宽度从跑道中线延长线向两侧横向延伸至少 75 m，对于净空道上空可能对飞机造成危险的物体视为障碍物应予以移去，如图 5-10 所示。

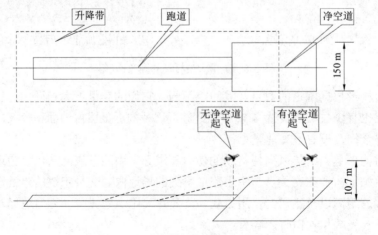

图 5-10 净空道的位置及功用示意图

升降带是地面障碍物高度受到一定限制的长方形地域空间，除Ⅰ级非仪表跑道外，升降带的长度为自跑道或停止道端向外延伸 60 m，宽度为自跑道中心线横向延伸 150 m（3、4 级）和 75 米（1、2 级）。升降带的作用是减少飞机冲出跑道时遭受损坏的危险，使飞机起降过程中在其上空安全飞过，如图 5-11 所示。

跑道端安全区的位置是自升降带端延伸至少 90 m，宽度至少为跑道宽度的两倍。其作用主要是减少飞机过早接地或冲出跑道时遭受损坏的危险，如图 5-12 所示。

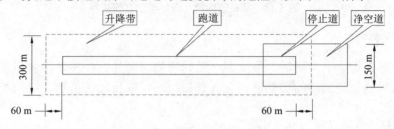

图 5-11　升降带范围示意图

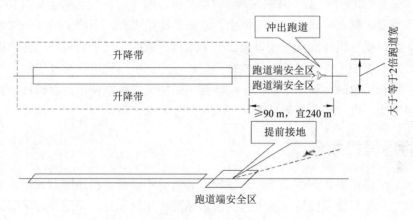

图 5-12　跑道端安全区位置及其功用示意图

（二）滑行道

滑行道是机场内供飞机滑行的规定通道。滑行道的主要功能是提供从跑道到候机楼区的通道，使已着陆的飞机迅速离开跑道，不与起飞滑跑的飞机相干扰，并尽量避让即将到来的着陆飞机。此外，滑行道还提供了飞机由候机楼区进入跑道的通道，滑行道可将性质不同的各功能分区（如飞行区、候机楼区、飞行停放区、维修区及供应区）连接起来，使机场最大限度地发挥其容量潜力并提高运行效率。

滑行道系统主要包括主滑行道、进出滑行道、飞机机位滑行通道、机坪滑行道、辅助滑行道、滑行道道肩及滑行带。滑行道系统可以根据实际需要和可能，分阶段建设、逐步完善，避免一次建设费用过高，而利用率又过低。

滑行道应以实际可行的最短距离连接各功能分区，设计应避免同使用中的跑道相交叉。由于滑行速度低于飞机在跑道上的速度，因此滑行道宽度比跑道宽度要小。滑行道的宽度由使用机场最大的飞机的轮距宽度决定，要保证飞机在滑行道中心线上滑行时，它的主起落轮的外侧距滑行道边线不少于 1.5～4.5 m。在滑行道转弯处，它的宽度要根据飞机的性

能适当加宽，滑行道与跑道的规划布局如图 5-13 所示。

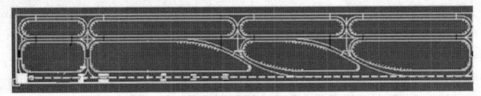

图 5-13　某机场跑道及滑行道规划俯视图

（三）停机坪

停机坪是在机场上为飞机上下旅客，装卸货物、邮件，加油，停放或维修而划定的一个区域。根据使用的目的和功能可分为登机机坪、等待起飞机坪、等候机位机坪和维修坪等。

登机机坪供旅客上下飞机、装卸货物等使用，是主要的停机坪。等待起飞机坪设在跑道端部，常称为"试车坪"或"预热机坪"，供飞机在起飞前做最后的检查以及等待放行。等待起飞机坪要足够大，当有一架飞机由于故障不能起飞时，不致影响另一架起飞的飞机正常运行。等候机位机坪是在机场设置的一个地点合适的相对小的机坪，作为临时停放飞机的场地，当旅客上下停机坪停机门位数不足时，空管部门就可以指挥飞机到等候机位机坪，等有了停机门位时再到上下停机坪。维修坪是供飞机维修使用的停机坪，应具备飞机维修所需要的水、电、热、气等设施。

二、飞行区等级划分

飞行区等级常用来代表机场等级，飞行区等级并不直接与机场跑道长度、宽度等同，我国采用航空民航标准《民用机场飞行区技术标准》加以规范，采用飞行区等级指标 I 和指标 II 将有关飞行区机场特性的许多规定和飞机特性联系起来，从而为在该飞机场运行的飞机提供适合的设施。飞行区等级指标 I 根据使用该飞行区的最大飞机的基准飞行场地长度确定，共分 4 个等级；飞行区等级指标 II 根据使用该飞行区的最大飞机翼展和主起落架外轮间距确定，共分 6 个等级，如表 5-1 所示。其中，4F 级飞行区配套设施必须保障空中客车 A380 飞机全重（560 t）起降。

表 5-1　机场飞行区等级指标

第一位数字（等级指标 I）		第二位字母（等级指标 II）		
数字	飞行场地长/m	字母	翼展/m	轮距/m
1	<800	A	<15	<4.5
2	800～1200	B	15～24	5～6
3	1200～1800	C	24～36	6～9
4	>1800	D	36～52	9～14
		E	52～65	9～14
		F	65～80	14～16

飞行区等级可以向下兼容，例如我国机场最常见的 4E 级飞行区常常用来起降国内航班最常见的 4C 级飞机（如空中客车 A320、波音 737 等），飞机一般使用跑道长度一半以下

（约 1500 m）即可离地起飞或使用联络道快速脱离跑道。在天气与跑道长度允许的情况下偶尔可在低等级飞行区起降高等级飞机，例如我国大部分 4E 级机场均可以减载起降 4F 级的空中客车 A380 飞机，但这会造成跑道寿命降低，并需要在起降后人工检查跑道道面。

增加跑道长度有利于在降落时气象条件不佳、刹车反推失效或错过最佳接地点的情况下避免飞机冲出跑道，亦有利于在紧急中断起飞的情况下利用剩余跑道长度减速刹车。增加跑道宽度可以使飞机在滑跑偏离跑道中心线的情况下有较大修正余地，避免飞机冲出跑道。

飞行区的跑道按照导航设施的不同分为仪表跑道和非仪表跑道。非仪表跑道是供目视进近程序飞行的跑道，仪表跑道是供仪表进近程序飞行的跑道，仪表跑道又分为非精密进近跑道和Ⅰ类、Ⅱ类、Ⅲ类精密进近跑道，此类别按决断高度和跑道视程或能见度来区分，类别越高则决断高度越低、跑道视程越短，如图 5-14 所示。

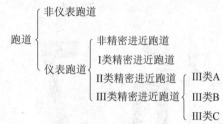

图 5-14 跑道按照导航设施不同的类别划分

Ⅰ类精密进近跑道是装有仪表着陆系统（instrument landing system, ILS）和目视助航设备，供飞机在决断高度至 60 m 和能见度不小于 800 m 或跑道视程不小于 550 m 时着陆的仪表跑道；Ⅱ类精密进近跑道是装有 ILS 和目视助航设备，供飞机在决断高度至 30 m 和能见度不小于 400 m 或跑道视程不小于 350 m 时着陆的仪表跑道；Ⅲ类 A 跑道可供飞机在跑道视程低至 200 m 时着陆，仅用目视助航设备完成着陆的最后阶段和在跑道上滑行；Ⅲ类 B 跑道可供飞机在跑道视程低至 50 m 时着陆，在滑行中使用目视助航设备；Ⅲ类 C 跑道能在不依靠目视助航设备的情况下供飞机完成着陆和在跑道上滑行。Ⅲ类跑道要求有更复杂的辅助设备相配合，不仅在进近和着陆时要使用自动化控制设备，而且滑跑和滑行也必须在其他电子设备下控制完成，因此只有少数大型机场采用。

三、目视助航设施

目视助航设施是在机场飞行区内及其附近，为飞机驾驶员昼夜提供起飞、进近、着陆和滑行的目视引导信号而设置的工程设施，一般由道面标志、助航灯光、标记牌、标志物等组成。其繁简程度和布置形式则根据飞机场的平面布置、飞行业务量、飞机场接收飞机的气象标准和配合使用的无线电导航设施的内容和精密程度等因素决定。各国因使用习惯不同，稍有所异。国际民用航空组织为了促进各成员国所开放的国际飞机场上的目视助航设施趋于标准化，颁布了一系列国际通用标准。

机场一般设有无线电导航设备和空中交通管制设施，给进近和着陆的飞机提供所需的仪表信息。当机场具备目视气象条件时，或者飞机在着陆前目视飞行时，飞行员需要相应的目视助航信息来完成目视盘旋和进近着陆。这些目视助航信息在白天和黄昏由道面标志来提供，道面标志包括跑道、滑行道和机坪上的标志和标记牌。

（一）道面标志

道面标志主要包括跑道道面标志、滑行道道面标志及其他标志。

1. 跑道道面标志

跑道标志的颜色都是白色。跑道的识别标志即跑道号码的确定，如前所述，编号和字母的格式和尺寸如图 5-15 所示，跑道号码位于跑道端头的道面上，位置及尺寸如图 5-16 所示。

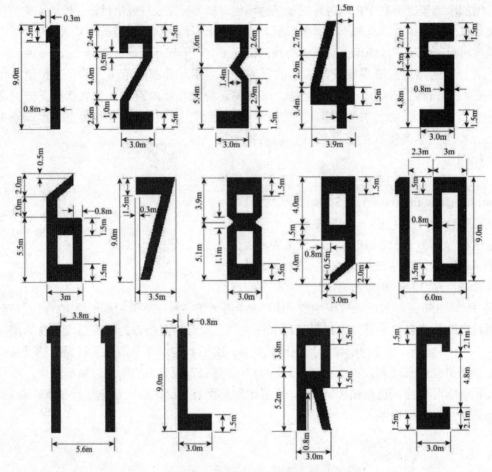

图 5-15　跑道号码的格式和尺寸

正常跑道入口标志从离入口 6 m 的距离处开始，由一组尺寸相同、位置对称于跑道中线的纵向线段组成，如图 5-16 所示，该组线段也被称为跑道端线。

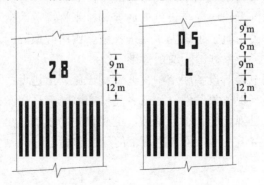

图 5-16　跑道号码在跑道上的位置

当有跑道入口内移时，跑道入口标志需增加一条横线，并将跑道中线标志改为箭头，如图 5-17 所示。

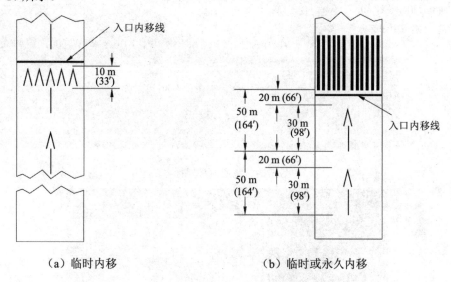

（a）临时内移　　　　　　（b）临时或永久内移

图 5-17　跑道入口内移标志

此外，跑道上还有跑道中线标志、定距标志、接地带标志、跑道掉头坪标志等。跑道中心线标志是由沿跑道中心线的有一定间隔的一组白色条形组成的，一般白色条形长 30 m，间隔 20 m。定距标志在基准代码为 4 的铺砌面的跑道两端必须设置，起点必须在距入口 300 m 处，由长 45～60 m、宽 6～10 m 的矩形标志组成，对称在跑道中线两侧，内侧边横向间隔在 18～22.5 m，最好是 18 m。接地带标志在精密进近跑道上必须设置，但不适用于宽度小于 23 m 的跑道，由若干对对称在跑道中线两侧的长方形标志组成，长度不小于22.5 m，相邻线条间隔 1.5 m，纵向间距 150 m，如图 5-18 所示。

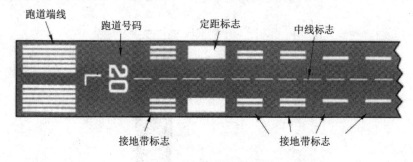

图 5-18　跑道上的各种标志

跑道掉头坪标志应从跑道中线弯出进入掉头坪，其转弯半径应与预计使用该跑道掉头坪的飞机的操纵特性和正常滑行速度相适应。跑道掉头坪标志与跑道中线标志的交接角应不大于 30°，其曲线部分的设计宜能保证前轮转向角不超过 45°，如图 5-19 所示。

当跑道入口前设有长度不小于 60 m 的铺筑物且不适用于飞机的正常使用时，应将其在跑道入口前的全长用"〉"形符号予以标志，符号指向跑道方向，颜色标记为黄色。铺筑面颜色与跑道颜色要有明显差别，如图 5-20 所示。

113

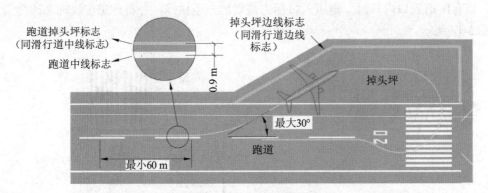

图 5-19   跑道掉头坪标志

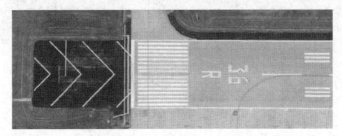

图 5-20   跑道前铺筑面标志

2. 滑行道道面标志

滑行道的标志线颜色为黄色。

基准代码为 3 或 4 的有铺砌面的滑行道上必须设置滑行道中线标志，用以提供自跑道中线至停机坪上机位标志开始点的引导，中线标志是至少宽 15 cm 的连续实线。浅色道面上的滑行道中线标志两侧宜设置宽度不小于 0.05 m 的黑边，如图 5-21 所示。

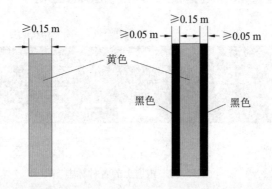

（a）深色道面（如沥青混凝土） （b）浅色道面（如水泥混凝土）

图 5-21   滑行道中线标志

滑行道中线标志在与跑道等待位置标志、中间等待位置标志以及各类跑道标志相交处应中断。作为跑道出口的滑行道，中线标志应以曲线形式转向跑道中线标志，并平行（相距 0.9 m）于跑道中线延伸至超过切点一定距离，此距离在飞行区等级为 3 或 4 的跑道应不小于 60 m，在飞行区等级为 1 或 2 的跑道应不小于 30 m，如图 5-22 所示。

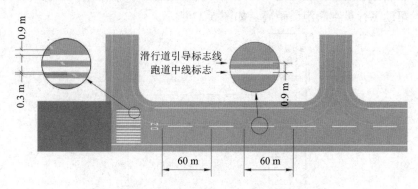

图 5-22　滑行道与跑道交叉位置处标志设置

此外，滑行道上还设置有等待位置标志和交叉标志。等待位置标志如图 5-23 所示，当飞机位于 A 类等待位置标志上时，没有获得 ATC（air traffic control，空中交通管制）指令不得由实线一侧向虚线一侧穿越。B 类等待位置标志线是离跑道较远的滑行等待位置标志，一般在 B 类等待位置标志线处的滑行道一侧或两侧还设有 "CATII" 或 "CATIII" 字样的滑行引导标记牌。

在两条有铺砌面的滑行道的交叉处，应设置滑行道交叉标志，该标志位于离滑行道交叉口最近边界一个有效的穿越距离处，以保证滑行飞机之间的穿越余度，如图 5-24 所示。

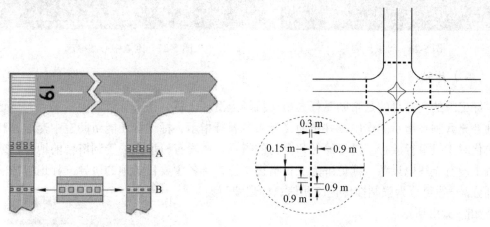

图 5-23　滑行道等待位置标志　　　　图 5-24　滑行道交叉位置标志

3. 其他标志

除跑道和滑行道上的标志以外，机场内还有其他一些目视助航设施。

着陆方向标是用于表示着陆方向的标志，设计为 "T" 形，颜色一般为白色或橙色，夜间设有照明或以白色灯勾画其轮廓，如图 5-25 所示。

机场风向标能指示最终进近和起飞的风向、风速，根据 ICAO 规定每个机场必须至少设置一个风向标，如图 5-26 所示。它的安装位置选择应保证不受附近物体或旋翼吹起的气流的干扰，必须保障至少 200 m 外的飞机上能清晰辨认。风向袋采用截头圆锥面，织物制成，长度不小于 3.6 m，大头直径不小于 0.9 m，指明当地风向及大致显示风速。

跑道中心圆标志设置在从跑道入口开始计算的跑道全长 1/2 处，形状为有四个缺口的圆环，用以帮助飞行员判断跑道距离，如图 5-27 所示。

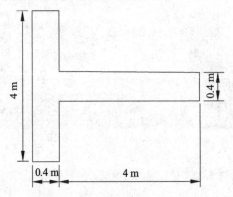

图 5-25　机场着陆方向标示意图

图 5-26　机场风向标

图 5-27　跑道中心圆标志

（二）标记牌

标记牌的主要目的是帮助飞行人员在机场上滑行飞机。在进行管制的机场上，标记牌起到补充管制员指示的作用，并帮助飞行人员履行指示。标记牌还能帮助空中交通管制人员简化对飞机滑行放行、滑行路径和等待的指示。在没有机场交通管制塔台的地方，或者飞机上没有无线电设备，标记牌为飞行员提供去机场各主要目的地的引导。标记牌按照功能划分，一般可分为强制性标记牌和信息标记牌两大类，如图 5-28 所示。

图 5-28　滑行道等待位置线两侧的标记牌

1.强制性标记牌

一般而言，红底色白字体的标记牌为强制性标记牌，用来指示跑道的边界，或进入临界区域，或者是禁止航空器进入的区域。在管制机场，如果没有 ATC 的许可，滑行过程中，任何时候看到红色的标记牌，都要等待。只有在获得 ATC 的指令后才可以继续滑行。这种标记牌设置在滑行道的两侧，如图 5-29 所示。

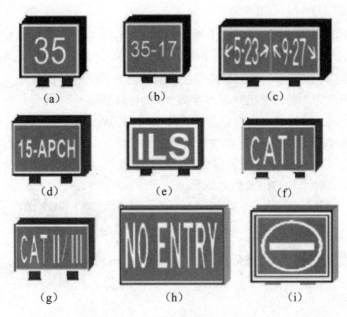

图 5-29　强制性标记牌示例

图 5-29（a）表示起飞跑道等待位置标记牌。标记牌上的跑道号码与跑道入口的号码一致。只有滑行道与起飞跑道起始端相交的滑行道两侧，才有这种仅包括起飞跑道号码的标记牌。在与跑道的另一端相交的滑行道上看到的标记牌就是 17 号。

图 5-29（b）表示跑道等待位置标记牌。这个标记牌位于滑行道与 35-17 号跑道相交处，且 35 号跑道的入口在左侧，17 号跑道的入口在右侧。

图 5-29（c）表示另一种跑道等待标记牌。当一条滑行道与两条相交跑道的相交点连接时，位于滑行道等待线处的标记牌上就有两条跑道的识别代号和箭头。其中，箭头表示跑道的入口方向，还表示大致的跑道方向。

图 5-29（d）也表示一种跑道等待标记牌。这种标记牌是用于保护跑道进近区域的跑道等待标记牌。在这个位置等待，目的是保护在相应跑道上进近的飞机，同样也保护了经过这个区域离场的飞机。

图 5-29（e）表示 ILS 临界区等待标记牌。在低云、低能见度天气条件下，为了保护下滑道和航向道信号不受干扰，FAA 指定了临界区等待线，需要航空器在滑行道上正常的跑道等待位置线以外的地方等待。飞行员目视看到该标记牌后，应尽早脱离 ILS 临界区。

图 5-29（f）表示 II 类滑行等待位置标记牌。ICAO 与 FAA 的建议不同，是以具体的 ILS 等级表示"ILS 临界区"，此标记牌指示 II 类滑行等待位置。

图 5-29（g）表示 II/III 类公用的滑行等待位置标记牌。

图 5-29（h）和图 5-29（i）表示禁止进入标记牌。ICAO 和 FAA 建议的标记牌不一样，图 5-29（h）为 ICAO 建议标记，图 5-29（i）为 FAA 建议标记。但二者意思一样，就是禁止飞机进入某个区域。出现该标记牌的地方，可能是单向滑行道（如仅供飞机脱离的快速联络道），或者机动车道，或者维修区域等。

2. 信息标记牌

信息标记牌的作用主要是标明一个特定位置或提供方向、目的地信息,它包括了方向标记牌、位置标记牌、目的地标记牌、跑道出口/脱离标记牌、机位标记牌和短距起飞标记牌这几大类。其中,位置标记牌为黑底黄字,其他均为黄底黑字。

如图 5-30 所示为两种常见的黄底黑字方向指示标记牌。

图 5-30(a)表示滑行道方向标记牌或跑道出口标记牌,即下一道口右转是 A 滑行道。

图 5-30(b)表示现在飞机在 A 滑行道上,下个交叉口为 A 与 E 滑行道相交,左转右转都是 E 滑行道。当交叉点仅由一条相交的滑行道组成时,由双箭头及相交的滑行道表示。

图 5-31 表示几种常见的位置信息标记牌。

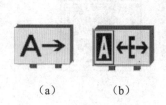

（a）　　　　　（b）

图 5-30　方向标记牌示例

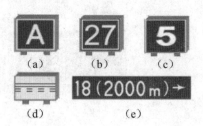

图 5-31　位置信息标记牌示例

图 5-31(a)表示滑行道位置标记牌,黑底黄字的标记牌表示飞机的当前位置,即飞机目前在 A 滑行道上。

图 5-31(b)表示跑道位置标记牌,同样是黑底黄字,标明的也是当前位置,即飞机现在是在 27 号跑道上。

图 5-31(c)表示跑道剩余距离标记牌,这个标记牌是黑底白数字的,指示跑道剩余长度约 1500 m,有些机场的跑道一边或两边,可以看到这种标记牌。

图 5-31(d)表示跑道边界标记牌。FAA 建议机场使用这个标记牌,配合 ILS 临界区等待标记牌让飞行员识别 ILS 临界区。如果从跑道滑出来,当机尾通过该线后,也就是说,整个飞机通过跑道边界后,才叫脱离跑道。

图 5-31(e)表示向右是 18 号跑道,可用起飞距离为 2000 m。

如图 5-32 所示为几种常见的目的地标记牌,同样是黄底黑字。标记牌上的内容表示机场的某一个目的地,一般这种标记牌上都有一个箭头,用于指示到目的地的方向。目的地通常包括跑道、停机坪、候机楼、军用区、民用区、货用区、国际区、国内区和一些固定承运人等。

（a）离港目的地标记牌　　（b）多跑道的离港目的地标记牌　　（c）民用区目的地标记牌

图 5-32　目的地标记牌示例

（d）国际候机楼标记牌

（e）机坪标记牌

（f）军用区目的地标记牌

图 5-32 目的地标记牌示例（续）

（三）机场灯光系统

机场灯光与机场地面标志一样，同属机场的目视助航设备，其目的是更好地引导飞机安全进场着陆，尤其在夜间和低云、低能见度条件下的飞行，机场灯光系统更是发挥着它不可替代的作用。机场灯光系统主要由以下几类组成：进近灯光系统、跑道灯光系统和其他灯光等。

1. 进近灯光系统

进近灯光系统的组成包括进近中线灯、进近旁线灯、进近横排灯、目视进近坡度指示系统及精密进近航道指示器。

进近中线灯是跑道中心线延长线上一行固定的可变白光灯，延伸至距跑道入口不小于900 m，灯距为 30 m。进近旁线灯是从跑道入口延伸至距跑道入口 270 m 处的红光灯（Ⅱ、Ⅲ类精密进近跑道安装此灯），灯距为 30 m。进近横排灯是在距跑道入口 300 m 处设置的横排灯（Ⅱ、Ⅲ类精密进近跑道在距跑道入口 150 m 和 300 m 处各设置一排）。进近横排灯被跑道中心线延长线垂直平分，每边内侧灯距跑道中心线延长线 4.5 m，各向外再设七个灯，灯间距为 1.5 m，灯的颜色为可变白光，如图 5-33 所示。

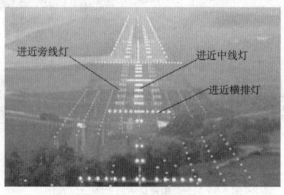

图 5-33 进近灯光系统

进近灯光系统根据跑道的运行类别，其结构组成并不相同，具体可分为简易进近灯光系统、Ⅰ类精密进近灯光系统及Ⅱ类和Ⅲ类精密进近灯光系统，如图 5-34～图 5-36 所示。

目视进近坡度指示系统及精密进近航道指示器由多组成对的灯组组成，其中目视进近坡度指示系统灯光对称地排列在跑道两侧，精密进近航道指示器排列在跑道左侧，二者都用于引导飞机在进近过程中保持正常的下滑航迹，如图 5-37、图 5-38 所示。其具体的指示情况为：当航空器高于标准下滑航道时，航空器驾驶员看到所有灯光都是白色；当航空器正在标准下滑航道上时，看到的灯光有白色也有红色；当其低于标准下滑航道时，看到所

有灯光都是红色。图 5-37、图 5-38 所示的是精密进近航道指示器及目视进近坡度指示系统的指示情况。

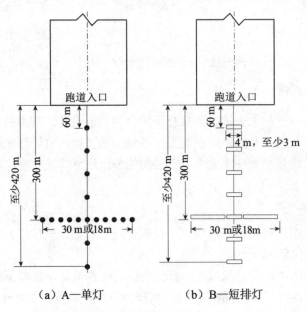

（a）A—单灯　　　　　（b）B—短排灯

图 5-34　简易进近灯光系统示意图

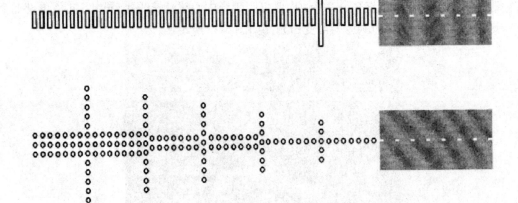

图 5-35　Ⅰ类精密进近灯光系统示意图

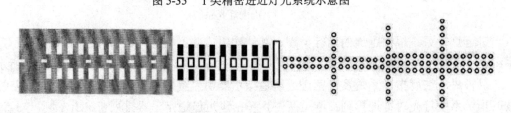

图 5-36　Ⅱ类和Ⅲ类精密进近灯光系统示意图

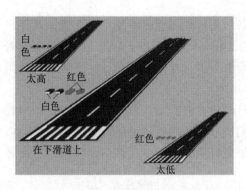

图 5-37 精密进近航道指示器 PAPI　　　图 5-38 目视进近坡度指示系统 VASIS

2. 跑道灯光系统

供白天低能见度或夜间使用的跑道，须按要求设置跑道灯光。跑道灯光系统主要包括跑道边线灯、跑道入口灯、跑道末端灯、跑道中线灯、跑道接地带灯、快速出口滑行道指示灯、停止道灯、跑道掉头坪灯等。

跑道边线灯必须沿跑道全长安装于与跑道中线等距平行的跑道两边边缘直线上，或在跑道边缘以外不超过 3 m 处安装，灯光的颜色为可变白光的恒定发光灯，用于指示跑道两侧的边界。距跑道末端 600 m 或跑道的三分之一范围内显示黄色，一般取其中的较小者。

跑道入口灯安装于跑道入口端或靠近跑道入口端外不大于 3 m 处，灯光颜色为绿色，向外照射。跑道入口灯的排列必须垂直于跑道轴线，一般跑道安装的跑道入口灯不少于 6 个。各类精密进近跑道安装一排跑道入口灯，灯距间隔为 3 m。

跑道末端灯设置在有跑道边线灯的跑道的末端，设计为向跑道方向发红色光的单向恒光灯，用于帮助驾驶员识别跑道末端，向内照射。

跑道中线灯一般是Ⅱ类和Ⅲ类精密进近跑道必需的。根据跑道类别不同，这些灯应以 7.5 m、15 m 或 30 m 的纵向均匀间隔，从跑道入口至末端标出跑道中线。从跑道入口到离跑道末端 900 m 处，必须是可变白色的固定灯；由距跑道末端 900 m 处到离跑道末端 300 米处，是红色与可变白色相间；由离跑道末端 300 m 处直到跑道末端为红色。跑道中线灯用于标明跑道中线位置，通常沿跑道中线设置，但实际安装时往往偏在跑道中线同一侧一小段距离，驾驶员在操纵飞机对准中线滑跑时，这段距离可忽略不计。各种跑道灯光系统布局如图 5-39 所示。

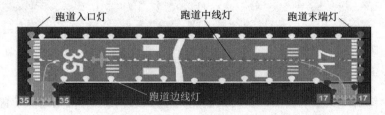

图 5-39 跑道上几种灯光系统示意图

跑道接地带灯是所有Ⅱ类和Ⅲ类精密进近跑道的接地地带都必须设置的灯光系统，灯光颜色为可变白色。从跑道入口起纵向延伸至 900 m 处，仅当跑道长度小于 1800 m 时，该

距离缩短到使其不超过跑道的中间点。接地带灯必须对称地布置在跑道中线两侧,其最里面的灯之间的横向间隔不小于 18 m,也不大于 22.5 m,一般以 18 m 为宜。接地带灯由若干横向排列的灯组(即排灯)组成。每一排灯必须由至少 3 个间隔不大于 1.5 m 的灯具组成,各排灯间的纵向间距为 30 m,如图 5-40 所示。

快速出口滑行道指示灯为单向黄色恒定发光灯,设置在跑道中线连接了快速出口滑行道那一侧的跑道上,为驾驶员提供跑道上距最近的快速出口滑行道的距离方面的信息,以便其在能见度低的条件下更好地了解飞机所在的位置,更合理地使用刹车,以获得更高效的着陆滑跑和脱离跑道速度,如图 5-41 所示。

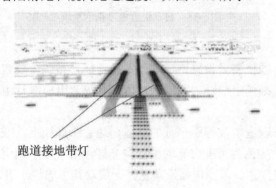

图 5-40　跑道接地带灯

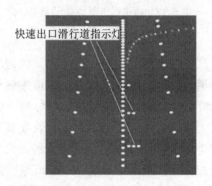

图 5-41　快速出口滑行道指示灯

停止道灯为单向朝跑道方向发红色光的恒光灯,在夜间帮助驾驶员识别停止道。供夜间使用的停止道必须设置停止道灯,沿停止道长、宽设置,如图 5-42 所示。

跑道掉头坪灯是发绿色光的单向恒光灯,在低能见度情况下为驾驶员提供连续引导,以使飞机能进行 180° 的转弯并对准跑道中线,如图 5-43 所示。

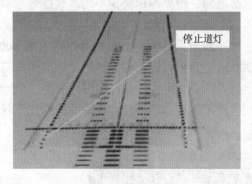

图 5-42　停止道灯

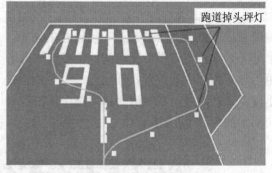

图 5-43　跑道掉头坪灯

3. 其他灯光

除上述介绍的灯光系统以外,供白天低能见度或夜晚使用的机场还需设置一些灯光设施,如滑行道中线灯、滑行道边线灯、停止排灯等。

滑行道中线灯沿滑行道的中心线均匀设置,灯距在直线段至少应为 30 m,灯光的颜色一般是绿色,其光束大小只有从滑行道上或其附近的飞机上才能看得见灯光。滑行道中线灯为驾驶员在跑道中线和停机位之间提供连续的滑行引导。

滑行道边线灯沿滑行道边线均匀设置，灯距不超过 60 m，灯光颜色为蓝色。

停止排灯在精密进近Ⅲ类跑道运行时使用，横跨滑行道或滑行等待位置，灯光颜色为红色。该灯光的开、关取决于机场管制员的指令，飞行员操纵航空器在地面活动时，见此灯时必须停止滑行以等待机场管制员的下一个指令，如图 5-44 所示。

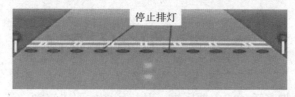

图 5-44　停止排灯

中间等待位置灯对称于滑行道中线并与其成直角，设计为朝着趋向中间等待位置方向发恒定黄色灯光。中间等待位置灯主要用于在跑道视程低于 350 m 的情况下，帮助驾驶员识别中间等待位置，如图 5-45 所示。

图 5-45　滑行道中间等待位置灯

跑道警戒灯的光束是单向的，并对准滑向等待位置方向，使飞机驾驶员能看得见，用于警告在滑行道上操纵飞机的驾驶员和驾驶车辆的司机，他们将要进入一条现用跑道。跑道警戒灯有两种标准构型：A 型和 B 型。A 型跑道警戒灯设置在滑行道的两侧，由两对黄色灯组成，灯具内的灯泡交替发光，如图 5-46（a）所示；B 型跑道警戒灯横贯滑行道设置，由间距为 3 m 的黄色灯组成，相邻的灯交替发光，隔开的灯同时发光，如图 5-46（b）所示。

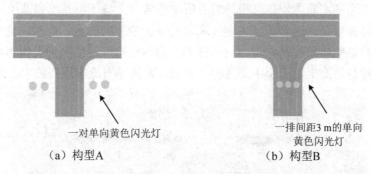

图 5-46　跑道警戒灯

机场灯光系统中各种灯光颜色是传递机场信息的一种标准的编码，通常红色表示危险，黄色表示警告，绿色表示安全，由于机场飞行的复杂性，灯光颜色还有白色、蓝色，并增加了闪烁和变色的各种灯具。同时光强和视角也经过科学设计，确保不干扰驾驶员的视觉

观察，是航空器驾驶员建立目视地面参考所必需的目视助航设施。目前世界上很多机场都将机场灯光的使用交由机场管制塔台管理，塔台上一般都配备有机场灯光的控制和调节面板，以便于塔台管制员根据飞行环境的变化和航空器驾驶员的请求，开放、关闭或调节有关机场灯光。

第三节　机场航站楼区

机场航站楼区是旅客活动的主要区域，是机场的主要建筑物，其内包含的各种设施可以完成连接地面交通、办理离港手续、连接飞行以及为旅客提供出行所需的各种服务。

一、航站楼的性质和特点

（一）航站楼的性质

航空港是一个地区的门户，是一座向蓝天开启的门户，航站楼是航站区的标志性主体建筑物，是机场地面通路与飞机之间的主要连接体，是地面运输和航空运输的交接面，是为航空运输企业及其过港和中转旅客提供地面运输服务的生产场所。

航站楼位于车道边和机坪之间，承担旅客和行李地面运送的全部任务，为始发、中转或到达旅客办理各种手续，并把旅客及行李运送到飞机上或从飞机上接下来送出机场。它包含为旅客办理各种手续的设施，连接飞机运行的服务设施，连接地面交通的设施，以及各类服务性商业设施。

航站楼不仅是机场的标志性建筑，还是反映城市或地区形象的标志性建筑，体现了所在地的地域特征、文化背景和城市特色，如图5-47～图5-49所示。

航站楼不同于剧院、体育场等公共场所，也不同于王宫、议会大厦等权力象征场所，它是一个陆上交通与空中交通衔接的枢纽，是旅客进出城市的集散点，是一个流动的运输场所，是与技术经济不断进步息息相关的场所，是强调人与环境高度和谐统一的场所。

航站楼的功能就是迎送到达（进港）和离开（出港）的旅客。同时，处理好旅客的行李。航站楼区包括航站楼建筑本身、航站楼登机门与登机坪的结合部及旅客出入航站楼的车道边，航站楼是地面交通和空中交通的结合部，是机场对旅客服务的中心地区。

图 5-47　深圳国际机场 T3 航站楼

图 5-48　郑州机场 T2 航站楼

图 5-49　北京大兴国际机场航站楼

（二）航站楼的特点

最早期的候机室非常简单，有的只不过是一个帐篷。现在的航站楼样式多种多样，由于每个机场的历史发展过程、机场可用的土地资源以及飞行活动的情况等不同，航站楼各具特色。对于繁忙的机场，动辄就是几十万平方米的庞大建筑，而且有的机场不只有一个航站楼，如北京首都国际机场就拥有三座航站楼。

但是不管样式如何变化，航站楼的建造必须符合如下要求：首先，对于航站楼来说，核心问题是使旅客感到方便、舒适，而且便于在机场旅客吞吐量增长时继续扩展；其次，航站楼的一面是对空的，就是要便于飞机停靠、上下旅客、装卸行李货物以及在地面进行的各种勤务，包括加燃料、检查飞机、加清水、抽污水、装各种供应品、清扫客舱等，航站楼的另一面是对地的，要便于旅客进出。

二、登机机坪的布局

登机机坪是指旅客登机时飞机停放的机坪，要求能使旅客尽量减少步行登机的距离。根据飞机的停靠方式以及平面图显示，可以把登机机坪的布局分成以下四种不同的形式。

（一）直线式

这种形式是最简单的，航站楼空侧边不做任何变形，仍保持直线，飞机机头向内停靠在航站楼旁，沿航站楼一线排开，旅客通过登机廊桥上下飞机，即出了登机门直接上机。它的好处是简单、方便，但只能处理少量飞机，一旦交通流量很大，有些飞机就无法停靠到位，造成延误。目前，我国客运量较少的机场采用这种登机坪布局形式的较多，如图 5-50 所示。

图 5-50　直线式登机布局

（二）指廊式

为了延展航站楼空侧的长度，指廊式布局（见图 5-51）从航站楼空侧边向外伸出若干个指型廊道，廊道两侧安排机位。由航站楼伸出走廊，飞机停靠在走廊两旁，数量大大增加，是目前机场中使用比较多的一种布局形式，走廊上通常铺设活动的人行道，使旅客的步行距离减少。

指廊式布局的优点是进一步扩充机位时，航站楼主体可以不动，而只需扩建作为连接体的指廊。缺点是当指廊较长时，部分旅客步行距离加大；飞机在指廊间运动时不方便；指廊扩建后，由于航站楼主体未动，陆侧车道边等不好延伸，有时给交通组织造成困难。通常一个指廊适合 6～12 个机位，两条指廊适合 8～20 个机位，机位超过 30 个时，宜采用多条指廊。

图 5-51　指廊式登机布局

（三）卫星厅式

卫星厅式布局（见图 5-52）是在航站楼主体空侧一定范围内布置一座或多座卫星式建筑物，这些建筑物通过地下、地面或高架廊道与航站楼主体连接。卫星建筑物周围设有机位，飞机环绕在卫星建筑周围停放。

卫星厅式布局的优点是可通过卫星建筑的增加来延展航站楼空侧，而且一个卫星建筑上的多个机位与航站楼主体的距离几乎相同，便于在连接廊道中安装自动步道接送旅客，从而并未因卫星建筑距办票大厅较远而增加旅客步行距离。但卫星厅式的缺点是建成后不宜进行进一步扩建。

图 5-52　卫星厅式登机布局

（四）车辆运送式

车辆运送式（见图 5-53）指设置远距离登机坪，飞机停放在离航站楼较远的地方，候机旅客由机场的摆渡车运送来往于航站楼和飞机之间。

图 5-53　车辆运送式登机布局

这种方案的特点是航站楼只需要设转运车位即可，因而可降低基建和设备（如登机桥

等）投资，提高航站楼利用率，增加了对不同机位、机型和航班时间的适应性，同时航站楼扩展方便。但利用转运车使旅客登机时间增加，航空港的服务工作人员增加，易受气候、天气因素影响，旅客舒适感下降，服务质量受到影响。为了解决这个问题，现在有些机场使用了移动登机桥，在汽车底盘上装上大型的可升降的车厢，旅客登车后，运至飞机旁边，车厢可升至机门相同高度，旅客直接进入飞机，可缓解以上一些不利因素。

登机机坪的布局形式并不是单一固定的，实际上许多航站楼是综合采用上述各种形式的。例如，首都机场登机机坪的布局是卫星厅式的，但当客流量增大时，超过的部分就采用远距离登机坪来解决。

以上各种形式的登机坪，除远距离登机坪外，在登机的停机位置都需要一定的设施帮助驾驶员把飞机停放在准确的位置，让登机桥能和机门连接。登机桥是一个活动的走廊，它是可以伸缩的，并且有液压机构调整高度，以适应不同的机型，当飞机停稳后，登机桥和机门相连，旅客就可以通过登机桥直接由航站楼进出飞机。

三、航站楼的布局

航站楼内可分为旅客服务区和管理服务区。

航站楼旅客服务区域包括：办理机票行李手续的办票大厅；安检、海关、边防、检疫的联检大厅；登机前的候机大厅，如头等舱/公务舱旅客休息室、VIP休息室（见图5-54）、吸烟室等；行李提取处（包括行李查询处、行李传送转盘）；迎送旅客活动大厅（包括问询处）；旅客饮食区（包括供水处、饭店、厨房等）；公共服务区（包括邮电局、行李寄存处、失物招领处、卫生间、医疗设施）；商业服务区（包括各种商店、银行、免税店、旅客服务处、酒店旅馆服务处、租车柜台等）。

图 5-54　机场 VIP 休息室

航站楼管理服务区域包括：机场管理区（包括机场行政办公室、后勤的办公和工作场所、紧急救援设施，如消防、救援的工作人员和设备的场地等）；航空公司营运区（包括营运办公室、签派室等）；政府机构办公区（包括民航主管当局、卫生部门、海关、环保、边防检查部门等办公区域）。

根据民航局制定的服务标准，为了做好旅客服务工作，应在航站楼内设置以下必需设施：应设置各种指示牌，这些标牌要规范、齐全、醒目；要有旅客乘机流程图、航班动态显示、广播设备；在服务场所要有旅客须知、保险须知、班车须知，要公布收票标准、投诉电话，设置意见箱；要设有贵宾休息室或头等舱休息室；要有公用电话，其中航站机场要有市内公用电话；省级机场要有市内和国内长途电话；国际机场要有市内、国内和国际电话；要有足够数量的行李推车供旅客使用，配备相应数量的搬运工，并设置为残疾人服务的专用设备；国际机场应设自动问询和航班动态显示系统，应设问询处、补票窗口、行李寄存处和旅客遗失物品招领处，并为旅客提供足够的饮水设备及饮用水；隔离厅内要有电视或阅报栏；旅客上下航空器应有登机桥或摆渡车、廊桥，使用率应达95%以上。

四、航站楼各区域的功能

航站楼按照从客流出发和到达所经历的流程来划分，包括售票区域、值机区域、安检区域、登机区域、商品服务区域等。

（一）售票区域及服务

飞机客票销售是航空公司营销工作的重点，客票销售的规范性、政策性要求较高，正确填、开客票，处理客票相关事宜非常重要。候机楼内有专门的售票区域被称为售票大厅，有专业的工作人员负责航站楼售票的票务工作。

售票服务是地勤服务的第一步，它包括订座、出票以及客票变更等服务，其质量好坏直接关系到企业的经济效益和社会效益，因此健全售票工作体系，正确填、开客票，准确核收票款，妥善处理好疑难问题，是向旅客提供优质服务、满足旅客需求、提高经济效益的重要工作内容。

（二）值机区域及服务

在旅客需要乘机前，必须通过航站楼值机。从航空公司的角度，值机服务即航空公司的旅客运输服务部门为旅客办理乘机手续的整个服务过程，其主要内容包括办理乘机手续前的准备工作、查验客票、安排座位、收运行李、旅客运输服务和旅客运输不正常情况的处理。

1. 值机种类

值机种类包括人工值机、机场自助值机、网上值机、手机值机。人工值机通过机场人工值机柜台实现，如图 5-55 所示。机场自动值机通过机场自助值机柜台实现，如图 5-56 所示。通常值机服务柜台分为普通旅客柜台、值班主任柜台、会员专柜、特殊旅客服务柜台、团体旅客柜台等。为了提高值机服务的速度和效率，各个机场和航空公司可以根据自己公司所拥有的值机柜台数量进行合理分配。

2. 值机服务的时间规定

第一，承运人规定的停止办理乘机手续的时间，应以适当方式告知旅客。通常关闭值机柜台的时间为航班规定离站前 30 分钟，目前部分机场由于安全检查级别上升，旅客安检时间较以往大幅增加，为确保旅客的准点出行率，值机关闭时间调整为航班起飞前 45 分钟。

图 5-55 机场人工值机柜台　　　　　　　图 5-56 机场自助值机柜台

第二，经常外出的人都知道，坐火车可以在火车发车前几分钟通过检票口进站上车，但乘飞机要在航班起飞前 30 分钟完成乘机手续的办理，这是因为：

首先，根据民航有关规定，民航班期时刻表向旅客公布的起飞时间是指机场地面保障工作完毕，飞机关上客、货舱门的时间，而不是飞机离地升空的时间。离地升空时间与航班公布时间差在 15 分钟之内均为正点起飞。

其次，停止办理乘机手续到关机门期间，机场工作人员有以下工作要做：值机、配载人员要结算旅客人数、行李件数，结合货物装运情况计算飞机载重，画出平衡表及飞机重心位置，做好舱单后送交机组签字，这些工作大约需要 15 分钟。在进行上述工作的同时，广播室通知旅客开始登机，服务人员要核对登机牌，清点人数；旅客上飞机后，乘务员要再次清点人数，防止漏乘，然后进行飞机起飞前的准备工作，给旅客讲解有关注意事项和机上设备使用方法，检查行李架上的行李是否放好、旅客的安全带是否系好；搬运队还要往机舱内装行李、货物、邮件，以上工作随时同步进行，但全部完成需要 20 分钟。飞机关好舱门滑行到跑道起始点，等待机场或空中交通管制人员的放飞指令，这大约需要 10 分钟。

因此，从停止办理乘机手续到关机门大约需要 30 分钟时间，这期间民航方面需做大量的工作，稍有延迟，就可能造成航班延误。

第三，旅客应当在承运人规定的时限内到达机场，凭客票及本人有效身份证件按时办理客票检验、托运行李、领取登机牌等乘机手续。

第四，承运人应按时开放值机柜台，按规定接受旅客出具的客票，快速、准确地办理值机手续。一般规定 200 座以上的机型在航班到站时间前 120 分钟上岗；200 座以下提前 90 分钟上岗；100 座以下提前 60 分钟上岗。

（三）安检区域及服务

1. 安检

安检是安全技术检查的简称，它是指在民用航空机场

图 5-57 机场安检员对乘客进行安全检查

实施的为防止劫（炸）机和其他危害航空安全事件的发生，保障旅客、机组人员和飞机安全而采取的一种强制性的技术性检查。一般安检区域布置在售票大厅与候机大厅之间，形成检查屏障，但凡通过的人（旅客和员工）都必须接受严格检查，确保候机大厅以及登机

工作的安全，如图 5-57 所示。

安检服务十分必要，它是民航企业提供高质量旅客服务最重要的基础。安检服务的根本目的是防止机场和飞机遭到袭击，防止运输危险品引起的事故，确保乘客的人身和财产安全。安全技术检查工作任务包括：对乘坐民用航空器的旅客及其行李、进入航站楼隔离区的其他人员及其物品以及空运货物、邮件的安全检查；对航站楼隔离区的人员、物品进行安全监控；对执行飞行任务的民用航空器实施监护。

2. 联检

针对出入境的旅客和货物，候机楼安检环节更为严格和复杂，被称为候机楼联检业务。联检是指由口岸单位对出入境行为实施的联合检查，对人员进出境由海关、边防检查站、检验检疫部门联合进行检查。联检服务是窗口行业，是连接我国和其他国家的桥梁。

（1）海关。海关是根据国家法律对进出关、境的运输工具、货物和物品进行监督管理和征收关税的国家行政机关。海关的任务是依照《中华人民共和国海关法》和其他有关法律法规，监管进出境的运输工具、货物、行李物品、邮递物品和其他物品，征收关税和其他税费，查缉走私，编制海关统计和办理其他海关业务。图 5-58 所示为机场海关工作厅。

图 5-58 机场海关工作厅

世界上各国普遍都设立海关，对出入境人员携带的货物进行检查，因此公民出国不仅在出境时要接受本国海关的检查，在抵达外国入境口岸时，同样要接受外国海关的检查。一般在卫生检疫和护照签证查验结束，并提取托运行李之后办理海关手续。

因各国国情不同，海关监督检查的范围也不同，但是对出入境旅客携带物品行李的查验都有明确的规定。哪些可以免税，哪些需要征税，旅客随身携带的烟酒、香水、个人使用的衣物和纪念品等常常受到限制。

海关检查一般仅询问一下是否有需申报的物品，或填写旅客携带物品入境申报单。必要时海关有权开箱检查所带物品。持外交护照者，按外交惯例，一般可免验。各国对出入境物品管理规定不一，通常烟、酒等物品按限额放行；文物、武器、毒品、动植物等为违禁品，非经特许不得出入国境。

世界各国海关对外国旅客或非当地居民的检查，常有以下四种情况。

第一种：免验。西欧一些机场在海关写明"不用报海关"；或者海关处根本无人办公。

第二种：口头申报。旅客不需要填写海关申报表，过海关时，海关人员只口头问问带了什么东西，通常不用开箱检查。

第三种：旅客需填写海关申报单，但是在通过海关时，海关人员只是询问是否携带了海关所限制的物品，很少开箱检查。

第四种：旅客须填写海关申报表，通过海关时还要开箱检查。

前三种做法较普遍，第四种做法较少。

（2）边防检查站。边防检查站是国家设在出入境口岸的出入境检查管理机关，是代表国家行使出入境管理职权的职能部门，是国家的门户，如图5-59所示。

图5-59　山东某国际机场边防检查大厅

边防检查站的任务是维护国家主权、安全和社会秩序，发展国际交往，对一切入出境人员的护照、证件和交通运输工具实施检查和管理，实施口岸查控，防止非法入出境。

很多国家的边防检查由移民局或外侨警察局负责，中国的边防检查由边防检查站负责。主要手续是填写出入境登记卡片，有时登记卡片是在飞机上由航空公司代发，提前填写，入境时校验护照，检查签证等（有些国家不要求填写入境卡片）。有些国家免办过境签证，并允许旅客出机场去市内参观，但将护照留在边防，领取过境卡片，返回机场时再换回护照。

出境时，许多国家还需填写卡片，并将出境卡连同护照和登机牌交工作人员检查。有些国家不需填写出境卡。不少国家出境旅客需先交纳机场税，再接受护照检查。

入境卡、出境卡要求填写以下项目：航班号、来自何处、全名、姓、出生日期和地点、性别、职业、国籍、所在国家的地址、家庭地址、护照号码，有的还要填写邀请单位或个人的住址及电话号码，本人签字。入出境卡填写姓名要用外文大写字母，无论前往哪个国家均可用英文填写。

（3）检验检疫。检验检疫一般是指卫生检疫、动植物检疫、商品检验。

①卫生检疫，也称"口岸卫生检疫"，是国家政府为防止危害严重的传染病，通过出入境的人员、行李和货物传入、传出、扩散所采取的防范措施。外国旅游者、入境移民是传染病得以传播的重要媒介。为了保障人民健康，各国都在口岸设立卫生检疫及动植物检疫机构。检验机构负责对出入境交通工具全方位进行卫生检查和监督；负责对发现的或疑似携带传染病的入境人员实施隔离、留验和就地就医等医学措施；负责对来自污染区的交

通工具、集装箱、行李、货物等物品进行消毒、除鼠、除虫等卫生处理。根据联合国制定的《国际卫生条例》规定，斑疹、伤寒和回归热为国际监视传染病。该条例还规定对移民或者入境居留时间长达半年以上的人员和海员进行体格检查，具有健康证明者，方能准许入境。近年由于艾滋病的蔓延，许多国家纷纷要求外国移民者或长期居留者提供未患有艾滋病的健康检查证明。

旅客出入境时，国家卫生检疫部门要检查预防接种证书，即黄皮书。有些国家有时免验，但有些国家对某些流行病检查又特别严格，例如智利、墨西哥、澳大利亚、新西兰等国家要求入境的外国人出具预防霍乱和预防黄热病的接种或复种证明书。出国者如果遗忘了申办接种证明书，到达某些国家时，可能会被隔离，采取强制检疫措施。

中国国境卫生检疫部门根据旅客来自国家或地区的不同，决定是否实施检疫。随着世界疫情变化，现需检疫的传染病有鼠疫、霍乱、黄热病等。中国出国人员在出国前应与中华人民共和国北京卫生检疫所或上海卫生检疫所或当地防疫部门联系，了解需要办理何种检疫手续。

②动植物检验检疫是检验检疫部门依法对出入境、过境的动植物、动植物产品和其他检疫物及包装工具、运输工具等进行检验检疫的过程。动植物检验检疫部门代表的是国家依法在开放口岸执行出入境动植物检疫、检验、监管的检验机关。我国动植物检疫部门根据《中华人民共和国进出境动植物检疫法》的规定，负责检疫进出中华人民共和国国境的动植物及其产品和其他检疫物，装载动植物产品和其他检疫物的装载容器、包装物以及来自动植物疫区的运输工具。图5-60所示为杭州某国际机场检验检疫工作厅。

（四）登机区域及服务

登机区域主要指的是机场内通往不同机位的登机口，为了使旅客正确、迅速、流畅地登机，机场在航班办理登机前都有机场广播提示，并有专门的机场引导人员在对应的登机口为旅客办理登机手续，如图5-61所示。

图5-60　杭州某国际机场检验检疫工作厅　　　图5-61　登机口附近乘客有序登机

引导人员接到商务调度出港的航班上客通知后，应主动地了解该航班人数及各种信息，将该航班的人数报商务调度；通知引导商务做好上客准备，及时把"登机"告示显示在登机动态栏内；通知旅客登机，有特殊服务的旅客优先登机；查验旅客机票、登机牌。在引导工作结束时，引导人员要对登机的人数进行核对、通知商务调度、填写"航班记录本"。

（五）航站楼商业服务

随着世界经济的发展、人民生活水平的提高，机场禁区内外的商业零售业已成为机场非航空业务收入的重要的经济来源和增长点。候机楼零售业在整个非航空主营业务中占据重要位置，它是机场非航空主营业务收入的主要来源。航站楼内的服务除了为旅客提供进出机场必不可少的行业服务外，还应该向旅客提供进出机场及候机时所需要的周到、方便、舒适的商业服务。航站楼商业零售服务的主要分类包括免税店、餐饮、食品、工艺品、皮具、玩具等，如图5-62所示。

图5-62　2021年6月投入使用的成都天府国际机场航站楼内部商业区

 资料 5-1

机场安检禁液令

中国民用航空局于2008年3月14日发布了《关于禁止旅客随身携带液态物品乘坐国内航班的公告》，公告中指出乘坐国内航班的乘客禁止携带液态物品，但可以在符合相关规定的条件下办理托运。2008年奥运会前国家邮政局也下发了《关于加强邮件收寄及运输管理工作的通知》要求，从2008年6月1日至10月31日，所有邮政营业窗口都禁止收寄液体类、化工类、粉末类、类似肥皂块状（膏状）物品及不明金属、装有不明气体或液体的封闭装置。2008年10月31日邮政"禁液令"解除，而民航部门的"禁液令"仍在执行。

附：《关于禁止旅客随身携带液态物品乘坐国内航班的公告》

为维护旅客生命财产安全，中国民用航空总局决定调整旅客随身携带液态物品乘坐国内航班的相关措施，现公告如下：

一、乘坐国内航班的旅客一律禁止随身携带液态物品，但可办理交运，其包装应符合民航运输有关规定。

二、旅客携带少量旅行自用的化妆品，每种化妆品限带一件，其容器容积不得超过100毫升，并应置于独立袋内，接受开瓶检查。

三、来自境外需在中国境内机场转乘国内航班的旅客，其携带入境的免税液态物品应置于袋体完好无损且封口的透明塑料袋内，并需出示购物凭证，经安全检查确认无疑后方可携带。

四、有婴儿随行的旅客，购票时可向航空公司申请，由航空公司在机上免费提供液态乳制品；糖尿病患者或其他患者携带必需的液态药品，经安全检查确认无疑后，交由机组保管。

五、乘坐国际、地区航班的旅客，其携带的液态物品仍执行中国民用航空总局 2007 年3 月 17 日发布的《关于限制携带液态物品乘坐民航飞机的公告》中有关规定。

六、旅客因违反上述规定造成误机等后果的，责任自负。

资料来源：中央政府门户网站.关于禁止旅客随身携带液态物品乘坐国内航班的公告[EB/OL].(2008-03-18)[2023-05-25]. http://www.gov.cn/zwgk/2008-03/18/content_922935.htm.

 资料 5-2

飞机灯光的使用规则

在组织飞行过程中，除了机场的各种灯光系统和标识指示，飞机上也设置了一系列的灯光以表示各种信息，确保航行的顺利进行。

（1）红色防撞灯：又叫作信标灯（beacon light），飞机的上、下、中部各 1 个，用途是防止航空器相撞。此灯根据机型适配的控制器不同，以一定的频率爆破闪烁，在飞机推出及发动机运行时打开，即只要飞机动起来就一定要打开。

（2）机翼灯（wing light）：位于机翼两侧的两个单光束灯光（一侧一个），照明机翼前缘及发动机进气口，用于检查结冰情况。此灯在有结冰可能时应打开，但实际应用中一般常开。

（3）航行灯（naviagation light）及标志灯（logo light）：波音飞机分为两个电门控制，空客飞机合在一起。航行灯分别为左红、右绿、尾白，安装在机翼尖和尾部，用于判明飞行物是飞机及指示飞行方向，只要飞机上有人就必须打开。标志灯分别安装在两侧的水平安定面翼尖上，对垂直安定面上的航空公司标志进行照明。空客飞机有两组航行灯，它的标志灯当主起落架减震支柱被压缩或襟翼伸出 15° 以上时点亮。

（4）机头灯（nose light）：对于空客飞机，此灯安装在前起落架上，两个灯分别叫作起飞灯和滑行灯。放在 T. O 位置时起飞灯和滑行灯都亮，放在 TAXI 时只有滑行灯亮。此灯用于滑行道及跑道的前方照明，飞机滑行时放在 TAXI 位，进跑道后放在 T. O 位置。飞机起飞后关闭。前起落架收起时，自动关闭。对于波音飞机，滑行灯安装在前起落架减震支柱上，只有 1 个，地面滑行时，用来照明飞机前方。飞机在滑行时打开，离地后立即关闭。

（5）着陆灯（landing light）：此灯安装在两侧机翼翼根，左右各两个，用于起飞和着陆时照亮跑道。此灯功率很大，使用时产热很高，因此需要高速气流进行冷却。飞机起飞滑跑前打开此灯，高度上升至约 3000 m 以上时关闭。下降时高度降至约 3000 m 时打开此灯，落地后即关闭。

着陆灯的几大作用：首先进近阶段使地面人员更好地观察到航空器；其次引起其他航空器的注意；同时可用于驱鸟，1000～3000 m 的高度是鸟击频发区域，民航总局下发的鸟

击防治工作简报中明文要求各公司机组要在3000 m以下打开着陆灯，这也写进了各公司的手册，在各个公司的检查单中关闭和打开着陆灯都是在上升/下降穿越约3000 m高度时和打开频闪灯一起操作的。着陆灯的使用也要根据实际情况灵活掌握，在某些特殊环境下机长有权不使用着陆灯，如在夜间低能见度下，这个时候如果打开大功率的着陆灯，由于空气中水汽折射的缘故就会形成一层雾障，大大降低了能见度，在大雨天、雪天也是同理。

（6）跑道脱离灯（runway take off light）：又叫转弯灯或跑道边灯，安装在前起落架减震支柱上，左右各1个，分别提供对机头前方两侧的照明，用于照明滑行道、跑道边线，启动发动机后打开，起飞后关闭，前起落架收起时自动关闭。另外用途为夜间示意地勤人员准备滑出。

（7）高亮度白色频闪灯（strobe light）：又叫作高亮度白色防撞灯。此灯安装在翼梢前后各及尾部各1个，共3个；空客飞机安装在左右机翼、前后翼尖及尾部，共5个。用途是防止航空器相撞。此灯根据机型适配的控制器不同，以一定的频率爆破闪烁，亮度很高。此灯在得到进跑道许可后才可以打开，FL（flight level，飞行高度层）100以上可以关闭，落地脱离跑道前一定要关闭此灯。但在航路上有相对或者交叉穿越的情况时，需要把白色频闪灯打开，向其他飞机表明自己的位置，以便被更快地发现。另外，在穿云、大雾等能见度低的时候也要打开。

资料来源：搜狐网.通航科普：飞机外部灯光的种类和作用[EB/OL]. (2019-09-03)[2023-05-25]. https://www.sohu.com/a/338319366_706174.

 资料 5-3

北京大兴国际机场

北京大兴国际机场（IATA：PKX，ICAO：ZBAD），位于中国北京市大兴区榆垡镇、礼贤镇和河北省廊坊市广阳区之间，北距天安门46 km、北距北京首都国际机场67 km、南距雄安新区55 km、西距北京南郊机场约640 m（围场距离），为4F级国际机场、世界级航空枢纽，为中国联合航空的主运营枢纽机场，也是中国南方航空、中国东方航空、河北航空和厦门航空的基地机场。

2014年12月26日，北京新机场项目开工建设；2018年9月14日，北京新机场项目定名"北京大兴国际机场"；2019年9月25日，北京大兴国际机场正式通航，北京南苑机场正式关闭；2019年10月27日，北京大兴国际机场航空口岸正式对外开放，实行外国人144小时过境免签、24小时过境免办边检手续政策。

截至2021年2月，北京大兴国际机场航站楼面积为78万 m^2；民航站坪设223个机位，其中76个近机位、147个远机位；有4条运行跑道，东一、北一和西一跑道宽60 m，分别长3400 m、3800 m和3800 m，西二跑道长3800 m，宽45 m，另有3800 m长的第五跑道为军用跑道；可满足2025年旅客吞吐量7200万人次、货邮吞吐量200万 t、飞机起降量62万架次的使用需求。

2020年，北京大兴国际机场共完成旅客吞吐量1609万人次，同比增长413.3%，全国排名第17位；货邮吞吐量77 252.9 t，同比增长949.3%，全国排名第35位；飞机起降133 114

架次，同比增长 532.4%，全国排名第 18 位。

北京大兴国际机场航站楼形如展翅的凤凰，由法国 ADP Ingenierie 建筑事务所和 Zaha Hadid 工作室设计，按照节能环保理念，建设成为中国国内新的标志性建筑。航站楼是五指廊的造型，造型以旅客为中心，整个航站楼有 79 个登机口，旅客从航站楼中心步行到达任何一个登机口，所需的时间不超过 8 分钟；航站楼头顶圆形玻璃穹顶直径有 80 m，周围分布着 8 个巨大的 C 形柱，撑起整个航站楼的楼顶，C 形柱周围有很多气泡窗，主要用来采光，航站楼可抵抗 12 级台风，如图 5-63 所示。

图 5-63　北京大兴国际机场候机楼大厅

资料来源：百度百科.北京大兴国际机场[EB/OL].(2023-05-23)[2023-05-25]. https://baike.baidu.com/item/%E5%8C%97%E4%BA%AC%E5%A4%A7%E5%85%B4%E5%9B%BD%E9%99%85%E6%9C%BA%E5%9C%BA/12801770?fr=aladdin.

 案例 5-1

机场海关查扣案例

 本章小结

本章首先简单地介绍了机场的定义、分类以及机场区域的划分；然后对飞行区及航站楼区进行了重点讲解。

飞行区域部分重点介绍了等级划分的标准以及飞行区内的各种目视助航设施，包括跑道、滑行道道面标志，各种标记牌以及机场内的灯光系统，意在将各种目视助航设施所表达的含义完整诠释。

航站楼区部分重点介绍了航站楼布局特征、登机方式、区域划分等，同时对候机楼内

的各种服务设施、各个功能区域的功能及服务做了详细介绍。

通过本章学习，应能够对机场的分区、功用、服务、标识等有深入的认识。

 本章思考题

1. 机场按照活动主题不同分为哪几个区域？每个区域有什么功用？

2. 跑道的号码与跑道的方位有什么关系？

3. 飞行区等级是按照什么标准进行划分的？

4. 机场强制性标记牌与信息标记牌有什么区别？

5. 如何通过目视进近坡度指示系统及精密进近航道指示器来判断飞机与下滑航道之间的关系？

6. 按照导航设施的不同，机场跑道可以如何划分类别？

7. 谈一谈航站楼在机场建设中的重要性。

8. 现有的登机机坪布局方式有哪几种？各自的特点是什么？

9. 航站楼内的各大功能区域都有哪些？提供什么服务？

10. 机场安检有什么重要意义？

11. 机场检验检疫工作有什么重要意义？

第六章　空中交通管理

【学习目的】

　　空中交通管理是航空器安全飞行的重要保障，是国家实现航空高效运输、捍卫领空空域权益的核心内容。随着民用航空运输业的发展，空中交通管理从简单的防撞逐步向安全、效率、环保等多目标方向不断发展和完善。为了加快全球化、一体化的进程，空中交通管理的各个部分都要明确任务，国际民航组织第十一届航行会议通过了国际民航组织全球空中管理的概念，确立了到 2025 年全球空中交通管理发展的方向。空中交通管制及全球空中交通管制一体化是未来发展的趋势，系统全面地学习和掌握空中交通管理的基础知识和专业技能，对于空中交通管制制度的改革、加快空中交通管制现代化进程具有重要的现实意义。

【本章学习目标】

　　1. 了解空中交通管理的发展历史；

　　2. 掌握空中交通管理的概念；

　　3. 了解空中交通管理的任务；

　　4. 了解空中交通管制机构和人员的责任与要求；

　　5. 熟悉空域管理的概述和空域的划设；

　　6. 了解空域管理的现状和未来发展的趋势；

　　7. 熟悉航空器飞行的高度和飞行间隔标准；

　　8. 掌握一般规则和目视、仪表飞行规则；

　　9. 掌握机场管制、进近管制、区域管制服务；

　　10. 熟悉空中交通管制中的程序管制和雷达管制方法；

　　11. 了解复杂气象情况下的特情服务。

【核心概念】

1. 空中交通管理的相关概念；
2. 航空器的飞行阶段和飞行规则；
3. 空中交通管制服务在不同阶段的主要任务。

【素质目标】

1. 树立敬畏之心，培养安全意识；
2. 培养严谨科学的专业精神；
3. 强化职责意识和规章意识。

【导读】

从案例说起——空中交通管制员为特情航班保驾护航

2021年5月22日15:00，新疆空管局终端管制中心进近管制室接到区域管制一室电话通报：执行阿勒泰至乌鲁木齐任务的UQ2502航班上有一名断指乘客，需要尽快前往乌鲁木齐医院进行接指。

进近管制室带班主任得知此情况后，在最短时间内将UQ2502的情况和机组需求通报给塔台管制室，并要求进近各管制席位优先安排UQ2502进近，为其提供一切飞行便利条件，保障该航班尽快落地。重新调整管制预案，提前协调区域管制一室指挥UQ2502航班直飞乌鲁木齐机场，安排其排在进港序列的第一个，UQ2502航班进入进近空域后，进近管制员主动协调塔台缩小落地间隔，再一次为UQ2502缩短路径，争取时间。

塔台管制室第一时间联系机坪管制室和乌鲁木齐机场运行指挥中心指挥室协调就近的停机位和最优脱离跑道滑行路线，并协调运行指挥中心提供救护车等医疗援助，保证航班落地后，伤者在第一时间能够得到及时救助。从UQ2502即将进入机场管制范围内开始，机场管制指挥岗与协调岗管制员密切关注该航空器动态，为该航空器尽早空出跑道确保其安全落地。在各个管制单位的协调配合下，一共为UQ2502节省航程近200 km，比原定计划时间提前了18分钟落地。

了解特情案例，有以下几点值得我们共同思考：

第一，在整个管制指挥过程中，充分体现出管制员对生命的敬畏与尊重，管制单位间密切配合，上下联动，共同为断指伤者架起空中绿色通道，为伤者争取了宝贵的治疗时间。管制员遇事临危不乱、沉着冷静，以高度的职业责任感和使命感做航空安全和旅客安全的忠实守护者。

第二，案例展示了空中交通管理过程不是由一个部门独立完成，而是由多个单位各司其职、无缝衔接，共同保障民航飞行活动安全、有序、高效地运行。事实上一架航空器从飞行计划的处理，放行许可的发布，再到开车、滑行、起飞、巡航、着陆等一系列的环节都需要有不同的管制单位去处理。充分了解管制单位的分类，掌握各单位的职责是熟悉空中交通规则的基础。

资料来源：中国民航网.新疆空管局保障断指乘客航班优先落地 [EB/OL]. (2021-05-28) [2022-07-08]. http://www.caacnews.com.cn/1/3/202105/t20210528_1324715.html.

第一节　空中交通管理的基础理论

空中交通管理是民航运输的神经中枢，也是国家空防和应急体系不可或缺的组成部分，其对于保证民航运输安全、维护空中交通秩序和加速空中交通活动起着非常重要的作用。对空中交通进行有效管理是保证飞行安全的重要环节。

一、空中交通管理的概念

空中交通管理（air traffic management，ATM）就是为了有效地维护和促进空中交通安全，维护空中交通秩序，保障空中交通畅通，利用通信、导航、监视以及航空情报、气象服务等运行保障系统对空中交通和航路、航线以及机场区域进行动态的、一体化的管理。

在航空运输业迅速发展的今天，空中交通管理在飞行的整个航程中发挥着重要的保障作用。其从时间和空间的分配上，可以分为三大部分，分别是空中交通服务（air traffic service，ATS）、空域管理（air space management，ASM）、空中流量管理（air traffic flow management，ATFM）。三者各尽其责，高效、有序地维护了空中交通秩序，保障了空中交通的畅通与安全。

二、空中交通管理的发展

在航空活动的初期，由于飞机数量很少，没有详细的空中管理概念，但随着商业飞行的开始，航空运输涉及的范围和人员越来越多，为保证飞行的安全和有序，就需要制定规则来管理和控制飞行活动，于是空中交通管理部门孕育而生。随后，空中交通管理在航空运输发展和完善过程中逐步趋于成熟。

第一阶段是在 20 世纪 30 年代以前，飞机的飞行距离最多只有几百千米，当时只能按照眼见的飞行条件制定目视飞行规则（visual flight rules，VFR）。后来随着飞机飞行性能的提高、无线电通信设备的应用，以及地面导航设备的安装，飞行员可以和地面使用红旗、绿旗的管理人员（后称为空中交通管制员）一起配合来控制飞机的起飞和降落，确保空中交通安全有序地进行。后期受到天气和夜间视线不佳的影响，很快旗子被信号灯所替代，机场的最高位置也陆续建立塔台。本阶段中目视飞行规则是最通用的方式。

第二阶段是在 1934—1945 年，大部分飞机上装备了无线电通信和机上导航设备，可以使飞行员在不用看到地面的情况下确定飞行的姿态。在这种情况下，目视飞行规则已经不能满足大流量和环境的需求，因而各航空发达国家都陆续建立了专项的空中交通主管机构，建立了使用仪表进行安全飞行的规则即仪表飞行规则（instrument flight rules，IFR），并建立了交通管制中心。根据飞行员的位置报告及周边情况报告填写飞行进程单，据此确定飞

机间的位置关系，发布指令、实施管理，这种管制的方法通常称为程序管制。与此同时，各国的航空当局都建立了相应的规定，并建立起全国规模的航路网和相对应的航站、管制塔台、管制中心、航路管制中心等。以程序管制为特征的空中交通管制（ATC）在这一时期形成。

第三阶段是在1945年至20世纪80年代，第二次世界大战带来了航空技术的飞跃进步，飞机的航程延伸，载量和速度都大幅度增加，迫切需要一个组织能把全世界的航空运行规则统一在一个标准之下。20世纪50年代中期开始把战时发展起来的雷达技术应用在空中交通管理领域，随后还出现了二次雷达系统。这有力地促使了重要地区用雷达管制取代传统的程序管制。

第四阶段是从20世纪80年代开始到现在，因为互联网的迅速发展，电子技术和计算机在飞机装备和机场空管地面设施上的广泛应用，卫星通信和定位系统技术的成熟，使得飞行员、管制员和各种保障单位、决策机构可以实时掌握飞机的准确位置并进行通信，因而使大范围对空中交通进行管理有了实现的可能。在20世纪80年代提出了空中交通管理的综合概念，卫星和计算机网络技术在空管系统中应用，整个空管系统和飞机实时信息自动交换，可以在大范围内使空中交通按照总体的调度和安排顺利进行。

三、空中交通管理的任务

（一）空中交通服务的任务

空中交通服务是空中交通管理的主要部分，包括空中交通管制（ATC）、飞行情报服务（flight information service，FIS）、告警服务（alert service，AS）。

根据国际民航组织附件11中第二章2.2条，空中交通服务的目的在于以下几方面。

第一，防止航空器相撞。

第二，防止在机动区内的航空器与该区内的障碍物相撞。

第三，加速并维持有秩序的空中交通流。

第四，提供有助于安全和有效地实施飞行的建议和情报。

第五，通知有关组织关于航空器需要搜寻与救援的信息，并根据需要协助该组织。

空中交通管制的任务是防止航空器与航空器、航空器与周边障碍物相撞，以及有效地维护和加速空中交通有秩序地流动；飞行情报服务的任务是向飞机中的航空器提供有益于安全、能有效地实施飞行的建议和情报；告警服务的任务是向有关机构组织发出需要搜救、紧急救援航空器的通知，并根据需要协助该组织或协调该项工作的进行。其中，空中交通管制是空中交通管理的核心内容。

（二）空域管理的任务

空域管理的任务是在给定的空域结构内，按照"时效性"原则，根据不同空域使用者的需求将空域划分，实现空域最大的利用。合理利用空域资源，维护领土主权，保证航空器活动的顺利进行。

（三）空中流量管理的任务

空中流量管理的任务是在空中交通管制的最大容量期间内，保证空中交通安全、有序地流向和通过该区域，为飞机运营提供及时、精确的信息，准确地预报飞行情报，减少延误。

四、空中交通管制机构和人员

中国民用航空局空中交通管理局（简称民航局空管局）是民航局管理全国空中交通服务、民用航空通信、导航、监视、航空气象、航行情报的职能机构。中国民航空管系统现行行业管理体制为民航局空管局、地区空管局、空管分局三级管理；运行组织形式基本是区域管制、进近管制、机场管制为主线的三级空中交通服务系统。

（一）空中交通管制机构

民航航空空中交通管制工作由不同空中管制单位具体实施，分别是空中交通服务报告室、机场塔台管制单位、进近管制单位、区域管制单位、地区空中交通运行管理单位、全国空中交通运行管理单位。其主要职责分别如下。

第一，空中交通服务报告室受理和审核飞行计划的申请，向有关管制单位和飞行保障单位通报飞行计划和动向。

第二，机场塔台管制单位负责本塔台管辖范围内航空器的推出、开车、滑行、起飞、着陆等有关机动飞行的空中交通服务。

第三，进近管制单位负责一个或者数个机场的航空器进、离港及其空域范围内其他飞行活动的空中交通服务。

第四，区域管制单位负责统一协调所辖区域内民航空中交通管制工作，负责管制并向有关单位通报飞行申请和动向。

（二）空中交通管制人员

空中交通管制工作由空中交通管制员实施，空中交通管制员实行执照管理制度。执照是执行任务的资格证书，从事空中交通管制工作的人员应当接受养成训练和岗位训练，通过相应的考试取得执照，本执照由民航总局颁发。

2010年颁发的《民用航空空中交通管制员执照管理规则》规定，根据管制空域、管制手段的不同，管制员执照类别签注包括机场管制、进近管制、区域管制、进近雷达管制、精密进近雷达管制、区域雷达管制、飞行服务和运行监控。

管制员执照（任意类别）申报条件包括：具有中华人民共和国国籍；热爱民航事业，具有良好品行；年满21周岁；具有大学专科（含）以上文化程度；能正确读、听、说、写，口齿清楚，无影响双向无线电通话的口吃和口音；通过规定的体检，取得有效的体检合格证；完成规定的专业培训，取得有效的培训合格证；通过理论考试，取得有效的理论考试合格证；通过技能考核，取得有效的技能考核合格证；符合本规则规定的管制员执照申请人经历要求。

空中交通管制员必须掌握气象学、领航学、飞行原理、飞机性能、发动机构造、航空器试航性管理、通信、导航及雷达设备、运输管理学、计算机等方面的专业知识。

第二节 空域管理

空域管理的目的是以最有效的手段或方法，充分发挥、协调和满足空域用户各方利益，增大空中交通流量，极大地减少空中交通延误，确保飞机安全。空域的分类和划设是空域有效管理的前提。

一、空域管理的概述

（一）空域的含义

空域又称可航空间，是指航空器在大气空间中运行的空气空间，是空中交通服务提供者向空域用户提供服务的资源。地球表面以上可供航行空间，是具有国家属性的一种资源。《国际民用航空公约》中规定："缔约各国承认每一国家对其领土之上的空气空间享有完全的和排他的主权"。《中华人民共和国民用航空法》中规定："中华人民共和国的领陆和领水之上的空域为中华人民共和国领空。中华人民共和国对领空享有完全的、排他的主权"。

空域具有如下基本属性：自然属性、主权属性、安全属性和资源属性。

第一，空域的自然属性。空域是地球表面大气层中的一部分，具有明确的下界，如地表、水域表面；具有特定的气候状况，如气压、环流、温度等；还具有其他自然地理特征，如地磁场等。

第二，空域的主权属性。国家空域与国家领空、领土一样不容侵犯，它体现了一个国家的主权与尊严，世界各国都对此十分重视。空域与领空有同一性、不可分性。

第三，空域的安全属性。空域是航空器活动的空间载体，是航空事业赖以生存的必要条件，所以它必须具备安全性。空域的安全性涉及面广，它需要航空器、航空法规、航空管制、地面设施及保障部门的密切配合，才能达到安全的目的。

第四，空域的资源属性。空域是一种特殊的国家重要资源。空域得到合理、充分利用，就能产生巨大经济效益，否则就是一种资源浪费。

空域的建设和使用应当遵循以下的基本原则：既然空域是国家的资源，就应当得到合理、充分和有效的利用；保证飞行安全，空域的建设和使用应当有利于防止航空器与航空器、航空器与障碍物之间相撞，有利于航空器驾驶员处置遇险等紧急情况；保证国家安全，空域的建设和使用应当适合国土防空与国家安全的要求；提高经济效益，空域的建设和使用应当对国家经济建设产生有利的影响和作用，应当有利于航空企业降低运营成本；便于提供空中交通服务，空域的建设和使用应当便于空中交通服务部门向运行中的航空器提供空中交通服务，满足空中交通对空域使用的需要；加速飞行活动流量，空域的建设和使用应当有利于维护并加速空中交通的有序活动；具备良好的适应性，空域的建设和使用应当适应不同类型的航空器不同时间和不同方式的要求；与国际通用规范接轨，空域的建设和使用应当尽可能符合《国际民用航空公约》及其附件和文件的技术标准和建议措施，便于国际、国内飞行活动的实施。

（二）空域管理的概念

国际民航组织《空中交通服务规划手册》（Doc 9426 号文件）明确指出，空域管理的目的是在给定空域结构内，根据不同用户的需要，通过时间和空间的划分，最大限度地利用空域资源。为了能为航空器提供安全、及时、有效、正常的管制服务、飞行情报服务和告警服务、防止航空器空中相撞或与地面障碍物相撞，保证飞行安全，促使空中交通有序地运行，必须对空域资源进行规划、管理和设计。按照各国国家法律规定以及国际民航组织相关标准的要求，对空域资源进行规定、管理和设计的一项工作即为空域管理。

《中国民用航空空中交通管理规则》给出的定义是，空域管理是依据国家相关政策，逐步改善空域环境，优化空域结构，尽可能满足空域用户使用空域的需求。为维护国家安全，兼顾民用、军用航空的需要和公众利益，统一规划，合理、充分、有效地利用空域的管理工作。空域的划设应当考虑国家安全、飞行需要、飞行管制能力和通信、导航、雷达设施建设以及机场分布、环境保护等因素。

（三）各国空域管理的原则

各国空域管理应遵循三大原则，即主权性原则、安全性原则和经济性原则。主权性原则主要是指空域管理代表各国主权，不容侵犯，具有排他性；安全性原则主要是指在有效的空域管理体系下，确保航空器空中飞行安全，具有绝对性；经济性原则主要是指在确保飞行安全性基础上，科学地对空域实施管理，保证航空器沿最佳飞行路线、在最短时间内完成飞行活动，具有效益性。这样大大提高了空域利用率，减轻了管制员的负担，增加了空中交通流量，提高了飞行安全水平。

二、空域的分类和管理

（一）空域管理的分类

随着航空事业的不断发展，飞行密度不断增加，为增加空域的安全水平，实现空域资源的优化配置，满足不同空域用户的需求，必须对空域进行合理的分类。科学合理地对空域进行分类是我国空中交通管理的重要工作。

空域分类的目的是满足公共运输航空、通用航空和军事航空三类主要空域用户对不同空域的使用需求，确保空域得到安全、合理、充分、有效的利用。空域分类是复杂的系统性标准，包括对空域内运行的人员、设备、服务、管理的综合要求。

空域分类的意义在于：首先，可以增加空域的安全水平，通过对飞行规则、飞行人员资格、地空通信、导航、监视设备的分类要求，将空域的安全水平控制在可以接受的范围内；其次，能够实现空域资源的优化配置，在确保公共运输航空、军事航空使用空域的同时，尽可能多地将空域资源释放给通用航空使用；最后，能够实现空中交通管制资源的最优配置，为不同的空域用户提供适当的空中交通服务，在运输飞行繁忙的空域内提供管制间隔服务，确保飞行的安全和有序；在通用飞行需求旺盛的空域内提供飞行情报服务和告警服务，创造宽松和灵活的运行空间。

为了规范目视和仪表飞行对设备以及飞行员的各种要求，明确在各类空域内仪表飞行和目视飞行需要提供的相关服务，国际民航组织制定了空域分类的相关标准，将空中交通服务空域分为 A、B、C、D、E、F、G 共七类基本类型。

（1）A 类空域。仅允许 IFR（仪表飞行规则）飞行，对所有飞行均提供空中交通管制服务，并在航空器之间配备间隔。

（2）B 类空域。允许 IFR 飞行和 VFR（目视飞行规则）飞行，对所有飞行均提供空中交通管制服务，并在航空器之间配备间隔。

（3）C 类空域。允许 IFR 飞行和 VFR 飞行，对所有飞行均提供空中交通管制服务，并在 IFR 飞行之间以及在 IFR 飞行与 VFR 飞行之间配备间隔；VFR 飞行应当接收其他 VFR 飞行的交通情报。

（4）D 类空域。允许 IFR 和 VFR 飞行，对所有飞行均提供空中交通管制服务。IFR 飞行与其他 IFR 飞行之间配备间隔，并接收关于 VFR 飞行的交通情报。VFR 飞行接收关于所有其他飞行的交通情报。

（5）E 类空域。允许 IFR 和 VFR 飞行，对 IFR 飞行提供空中交通管制服务，与其他 IFR 飞行之间配备间隔。所有飞行均尽可能接收交通情报。

（6）F 类空域。允许 IFR 和 VFR 飞行，对所有按 IFR 飞行者均接受空中交通咨询服务，如有要求，可向所有飞行提供接收飞行情报服务。

（7）G 类空域。允许 IFR 和 VFR 飞行，如有要求，提供接收飞行情报服务。

不同类型的空域垂直相邻时，在共用飞行高度层的飞行应当遵守限制较少的空域类型的要求，同时空域服务机构提供适合该类空域要求的服务，如表 6-1 所示。

表 6-1　国际民航组织空域分类表

空域类型	飞行种类	间隔配备	提供的服务	速度限制	通信要求	ATC 许可
A	IFR	一切航空器	ATC 服务	不适用	持续双向	需要
B	IFR	一切航空器	ATC 服务	不适用	持续双向	需要
	VFR	一切航空器	ATC 服务	不适用	持续双向	需要
C	IFR	IFR 与 IFR，IFR 与 VFR	ATC 服务	不适用	持续双向	需要
	VFR	VFR 与 IFR	(1) 在 VFR 与 IFR 之间提供间隔服务；(2) VFR 之间提供交通情报服务（和根据要求，提供交通避让建议）	AMSL 3050m (10 000ft) 以下，IAS（指示空速）250kn	持续双向	需要
D	IFR	IFR 与 IFR	空中交通管制服务，关于 VFR 飞行的交通情报（和根据要求，提供交通避让建议）	AMSL 3050m (10 000ft) 以下，IAS 250kn	持续双向	需要
	VFR	不配备	IFR 与 VFR 和 VFR 与 VFR 之间提供交通情报（和根据要求，提供交通避让建议）	AMSL 3050m (10 000ft) 以下，IAS 250kn	持续双向	需要
E	IFR	IFR 与 IFR	空中交通管制服务，尽可能提供关于 VFR 飞行的交通情报	AMSL 3050m (10 000ft) 以下，IAS 250kn	持续双向	需要

空域类型	飞行种类	间隔配备	提供的服务	速度限制	通信要求	ATC 许可
E	VFR	不配备	尽可能提供交通情报	AMSL 3050m（10 000ft）以下，IAS 250kn	不需要	不需要
F	IFR	IFR 与 IFR	空中交通咨询服务；飞行情报服务	AMSL 3050m（10 000ft）以下，IAS 250kn	持续双向	不需要
F	VFR	不配备	飞行情报服务	AMSL 3050m（10 000ft）以下，IAS 250kn	不需要	不需要
G	IFR	不配备	飞行情报服务	AMSL 3050m（10 000ft）以下，IAS 250kn	持续双向	不需要
G	VFR	不配备	飞行情报服务	AMSL 3050m（10 000ft）以下，IAS 250kn	不需要	不需要

注：1. AMSL——Meters above the sea level，海拔高度。

2. 当过渡高度低于 AMSL 3050m（10 000ft）时，应使用 FL100 代替。

3. IAS——Instrument airspeed，空速。

4. ft——英尺；kn 指节，海里/小时。

（二）空域管理的划设

空域管理主要包括空域规划、空域划设、空域数据管理等几方面，具体工作内容如下。

1. 空域规划

空域规划是指对某一给定空域，通过对未来空中交通量需求的预测或空域使用各方的要求（军方和民航），根据空中交通流的流向、大小与分布，对其实施战略设计和规划，并加以实施和修正的全过程。

空域规划包括航路规划、进离场方法和飞行程度的制定。通过航路规划，将统一航线按不同高度加以划分，主要的航线设置为单向航路，可以大大提高航线上的飞行流量。进离场属于复杂的进近管制阶段；飞行程度的制定除了受机场净空、空中走廊的限制之外，还要受到周边机场使用空域的影响；机场作为空中交通的起点和终点，其上空是航空器运行最密集的区域，航空器在这一空域中相撞的概率是最高的，因此是空中交通管制的重点和难点。

空域规划的目的是增大空中交通流量、规范空中交通运行、有效地利用空域资料，减轻空中交通管制员工作负荷和提高飞行安全水平。空域规划是空域管理工作中的重要组成部分，为空域管理提供宏观指导，是其他空域管理工作开展的目标和依据。

2. 空域划设

空域划设是指对空域涉及的飞行情报区和管制区、航路、航线、禁区、限制区、危险区等空域资源以及飞行高度、间隔、进离场程序等空域标准进行设计、调整、实施与监控的过程。空域划设是空域管理工作中内容最多的一部分，它需要协调的相关环节比较多，在划设过程中，既需要保障运行安全又需要满足空域使用各方的要求，是一项复杂的设计工作。

空域划设区域如下。

第一区域：空中交通服务区域。

空中交通管制服务的任务是防止航空器与航空器相撞以及在机动区内航空器与障碍物相撞，维护并加速空中交通的有序活动。

空中交通管制服务组成：机场管制服务、进近管制服务、区域管制服务。确定需要提供空中交通服务后，应当根据所需提供的空中交通服务类型设立相应的空中交通服务区域。空中交通服务区域包括飞行情报区、高空管制区、中低空管制区、终端管制区、进近管制区、机场塔台管制区、航路和航线。

第二区域：飞行情报区域。

这是为提供飞行情报服务和告警服务而划定范围的空间。飞行情报区域内的飞行情报工作由该区域飞行情报部门承担或由指定的单位负责。

第三区域：高空和中低空管制区域。

高空管制区域和中低空管制区域统称为区域管制区；区域管制区的划设必须与通信、导航、监视和气象等设施的建设和覆盖情况相适应，并考虑管制单位之间的协调需要，以便能够有效地向区域内所有飞行的航空器提供空中交通服务。

第四区域：终端（进近）管制区域。

通常情况下，在终端管制区域内同时为两个或者两个以上机场的进场和离场飞行提供进近管制服务，在进近管制区域内仅为一个机场的进场和离场飞行提供进近管制服务。

第五区域：等待航线区域。

等待航线区域是为了解决或者缓解航空器在空中飞行过程中已经或者将要出现的矛盾冲突，在航路、航线或者机场附近划设的用于航空器盘旋等待或者上升、下降的区域。

第六区域：特殊区域。

特殊区域是指空中放油区域、试飞区域、训练区域、空中禁区、空中限制区域、空中危险区域和临时飞行区域。空中放油区域应当根据机场能够起降的最大类型的航空器所需的范围确定，并考虑气象条件和环境保护等方面的要求；试飞区域应当根据试飞航空器的性能和试飞项目的要求确定；训练区域应当根据训练航空器的性能和训练科目的要求确定；空中禁区、空中限制区域和空中危险区域根据国家有关规定划设。

3. 空域数据管理

空域数据的管理包括空域结构数据和运行数据的收集、整理和使用。空域结构数据是指导航设施数据、飞行情报区和管制区数据、管制地带数据、航路和航线数据、其他空域数据等静态数据。

三、空域管理的现状

（一）国外空域分类与管理

随着航空运输业日渐发达且密集，空域的分类及管理也趋于成熟。国外空域分类与国际民航组织的分类方式基本一致，再加上完善的空域系统和空中飞行相配套的设备设施，对军民航空飞行安全快速发展起到了积极的推动作用。

1. 美国空域分类

美国于 1993 年依据 ICAO 空域分类标准对其空域进行了分类，根据需要选择了六类空域类型，分别为 A、B、C、D、E、G 类。其中 A、B、C、D、E 类空域是管制空域。美国的管制空域是指对 IFR 飞行提供空中交通管制服务（包括航空器间隔）的空域；非管制空域则包括美国大部分机场和地面以上、1200ft（1ft=0.3048m）以下的大部分空域。

2. 欧控（EUROCONTROL）空域分类

欧控（European Organization for the Safety of Air Navigation，欧洲航空安全组织）成员国目前已按 ICAO 空域分类标准进行了空域分类，但由于空域分类标准各异，空域管理异常复杂。欧控于 2000 年提出欧洲空域战略，把欧洲空域划设为 N、K、U 三类空域，最终划设为 N、U 两类空域，统一了欧控成员国空域分类标准。

N 类空域为已知交通环境空域，相当于 ICAO 标准中的 A、B、C、D 类空域，对 IFR 飞行、IFR 和 VFR 飞行之间提供间隔服务，对所有航空器提供 ATC 服务。

K 类空域为部分获知交通环境的空域，相当于 E、F 类空域，仅对 IFR 飞行之间提供间隔服务，仅对 IFR 飞行提供 ATC 服务。

U 类空域为未知空中交通环境空域，属于非管制空域，相当于 G 类空域，不提供间隔服务和 ATC 服务。

（二）我国空域的划分

我国地域广阔，空域资源丰富，也较为复杂。由于种种原因的限制，我国的空域特性呈现出以下几个方面的特点。

首先，地区发展不平衡，民航运输总体呈现东重西轻的形势，即使是运输压力较轻的西部，也存在局部压力过大的问题。我国空域资源的分布基本与人口分布和经济发展情况相一致，东部航路网络密集，西部总体航路稀疏，但区域节点（如西安、兰州、乌鲁木齐等地）空域资源又相当紧张。

其次，民航有限的可用空域与民航运输量迅速增长的矛盾日益突出。随着国民经济的快速发展，我国民航运输多年来一直以接近 20% 的速度增长，然而我国有限的空域资源，以及未采用更科学优化和共享模式的空域资源使用方式阻碍了航空运输的快速发展。

再次，现行空域管理体制下，军民航飞行共享使用空域的矛盾日益凸显。我国空域管理是以国防为主，军方在空域管理中处于主导地位。近年来，随着国民经济的快速发展，民航飞行量大幅度增长，这就造成了军航、民航使用的空域与飞行量不匹配。以北京、广州、上海三地为例：京广、京沪、沪广三条航线位于我国东部发达地区，周边空域环境错综复杂，限制条件较多，给民用航空的飞行带来了较大影响（飞行时间、节能减排指标、运行方式、调配灵活度、社会和企业效益等均受到影响），也直接加大了航路设计、运行协调和保障安全的难度。

在这种条件下，目前我国没有依据 ICAO 空域分类标准实行空域分类，现有的空域体制不完善，限制了通用航空事业的发展。基于这样一种现状，我国的空域分为飞行情报区、

管制区、限制区、危险区、禁航区、航路和航线。其中飞行情报区和管制区是我国空管的主要区域。

1. 飞行情报区

飞行情报是指为实现安全飞行和有效飞行而提供咨询渠道及有用资料的一种服务，这些情报包括机场状态、导航设备的服务能力、机场或航路上的气象、高度表压力的调定、有关危险区域、航空表演以及特殊飞行限制。我国共有 11 个飞行情报区，如表 6-2 所示。

表 6-2　我国飞行情报区的设置及管制空域布局

序　号	飞行情报区	高空管制区	中低空管制区
1	北京	北京、呼和浩特、太原	北京、呼和浩特、太原、天津
2	广州	广州、长沙、桂林、南宁、湛江	广州、长沙、汕头、珠海
3	武汉	武汉、郑州	武汉
4	三亚	三亚	三亚
5	兰州	兰州、西安	兰州、西安
6	昆明	成都、贵阳、昆明、拉萨	成都、重庆、贵阳、昆明
7	上海	上海、合肥、济南、南昌、青岛、厦门	福州、杭州、济南、南京、青岛、上海、温州、厦门
8	沈阳	沈阳、大连、哈尔滨、海拉尔	长春、大连、哈尔滨、沈阳
9	乌鲁木齐	乌鲁木齐	
10	台北	台北	
11	香港	香港	

2. 管制区

管制空域应当根据所划空域内的航路结构和通信、导航、气象、监视能力进行划分，以便对所划空域内的航空器飞行提供有效的空中交通管制服务。我国在航路、航线地带和民用机场区域设置高空管制区、中低空管制区、终端（进近）管制区和机场塔台管制区。

我国现划分高空管制区共计 28 个，中低空管制区共计 37 个，其中 28 个由相应的高空管制区兼负，绝大部分民用机场（含军民合用机场）均设置了塔台管制区域。

四、未来空域管理的趋势

在未来，空中航空器飞行数量会越来越多，空域管理形势会越来越严峻。美国及欧洲大部分航空运输业发达的国家，已经在现有的空域管理基础上进行了重新的系统规划。以美国为例，从 1998 年到 2015 年美国国家空域管理经历了三大阶段，基本形成了全国空域系统现代化，分管制能力、导航着陆灯光系统、监视、通信等 14 个领域。在未来美国国家空域系统规划的目的是完全实现空域管理现代化，并向空中飞行自由化过渡，同时运用新技术、程序和概念，以满足国家空域使用者和服务者的各类需求。

我国的空域资源同美国的十分接近，但美国的机场密度与飞行流量分别是我国的十几倍甚至几十倍，空域资源并未感到紧张，究其主要原因是美国在空域管理体制、基础理论与科学研究、综合信息网络处理系统的建立等方面有一套好的做法。借鉴航空发达国家的经验，认真研究我国空域管理存在的主要问题，将对提升空域资源利用率、充分发挥空域资源效益起到积极推动作用。

为使我国空域管理尽快与国际接轨，满足未来不同空域用户对空域资源的需求，必须重点做好以下几个方面的工作。

（一）建立统一的空域管理体系

空域资源归国家所有，空域管理应由政府承担，空域使用权应当受到政府控制，这是空域战略管理层的职能。同时，减少空域管理层次是实现空域战略管理层职能的有效途径，也是世界各国空域管理追求的目标。为了适应未来空中交通管理系统一体化发展趋势，建立统一的空域管理体系是实现空域资源最大化利用的重中之重。一是建立国家空域管理政府部门，负责战略性空域管理，其主要职能是制定国家空域管理政策，对国家空域分配和使用情况进行总体评估，制定灵活的国家空域结构和国家空域分配原则与程序，建立适合于空域用户的实时协调设施和制度等；二是在国家空域管理政策框架内，建立地区空域管理部门，负责预战术空域管理，其主要职能是实时对空域用户需求进行协调、收集和分析所有空域使用后的空域资源再分配情况，并向有关单位通报空域使用计划等；三是建立若干空域管理实时再分配单位，负责战术性空域管理，即实时使用空域、取消使用空域计划或对预战术空域所分配的空域实时再分配等。这样，空域管理职能将会得到进一步增强，空域资源共享原则将会得以实现，空域用户之间的协调需求也会大大减少，空域资源的优势将会充分突显出来。

（二）建立适应国情的空域管理理论研究体系

理论指导实际，这是亘古不变的真理。要使我国空域管理赶上世界先进水平，必须尽快建立适应国情的空域管理理论研究体系。一是加快建立空域管理基础理论。空域管理基础理论是完善空域管理法规和充分发挥空域资源优势的基本依据，是解决空域管理过程中出现问题的有效途径，是空域管理走向科学化和规范化管理的重要环节。二是建立专门的空域管理科学研究机构。空域管理科学研究是有效解决空域基础理论与实际空域管理出现的新问题的重要步骤，是对国家空域资源进行合理规划、配置、开发和管理的重要依据，是为空域战略管理层提供正确决策的关键方法。这样，空域管理改革既有科学依据，又可避免出现重大问题以及大量人力、物力的浪费。在我国应根据实际需要，分别在不同空域管理层建立与之相适应的科研机构，促进空域管理向科学化纵深发展。

（三）建立空域管理数据信息一体化系统

科学技术的迅猛发展为建立高效的空域管理数据信息一体化系统奠定了坚实基础，也为实施灵活动态的空域管理提供了手段。各级空域管理层的各种实时数据和基础理论的有机结合，是空域管理数据信息系统的关键，是科学地分析空域资源是否得到充分利用的有力工具。一是建立国家级空域管理数据网络处理系统，其主要职能是收集、分析、论证、分发空域战略、预战术、战术管理层相关空域管理数据信息，使用统一的理论参数、格式和方法等进行处理，完成空域管理整体规划、分配与开发，最大限度地发挥空域资源效能等；二是建立预战术空域管理网络系统，其主要职能是接收空域战略层和战术管理层空域管理数据信息，在其管辖范围内负责空域管理数据的传输和处理等；三是建立战术空域管

理网络系统，其主要职能是对其管辖区内的空域数据进行实时录入与传输，对空域管理出现的新问题提出建议和对策，对具体空域用户实施实时监控等。

第三节　飞　行　规　则

如同地面交通一样，空中交通也有交通规则，只有空中交通的使用者和管理者共同遵守和依据这些规则操作，才有可能保证空中交通安全有序地进行。根据国际民用航空公约附件 2 飞行规则相关规定，飞行规则分为三个部分：一般规则、目视飞行规则（VFR）和仪表飞行规则（IFR）。航空器在飞行中或在机场活动区的运行必须遵守一般规则。此外，在飞行中必须遵守目视飞行规则或仪表飞行规则以及飞行高度层的分配规则等。

一、航空器飞行的高度

民用航空器飞行的高度是指航空器在空中的位置和所选定的基准面之间的高度差值，由于所设定的基准面不同，因而也有不同的飞行高度定义。一般飞行器高度是用气压高度来表示，即通过大气压中气压值伴随高度的增加而减少的规律来确定高度。为了保持障碍物和航空器之间以及航空器和航空器之间有适当的高度差，在航班的实际运行中，飞机在不同的飞行阶段会使用不同的气压基准面来确定气压高度。

民航飞机上的高度表有两类：气压高度表和无线电高度表。无线电高度表用于测量飞机距离地面的垂直高度，即真实高度。气压高度表根据气压来确定高度，在飞行的不同阶段使用不同的气压基准来确定高度。

二、飞行间隔标准

飞行间隔标准是为保证飞行安全、防止航空器相撞，在空中交通管制过程中将航空器在纵向、侧向和垂直方向隔开的最小距离，简称间隔标准。空中交通管制中飞行间隔标准是一个随着空中交通工具的活动能力和空中交通管制技术的发展而不断发展变化的动态标准。飞行间隔标准是由管制单位根据规定提供空中交通管制服务的最低间隔标准，一般分为垂直间隔和水平间隔两种。空中交通管制单位为管制的航空器配备间隔时，应当为航空器提供至少其中一种间隔。

（一）垂直间隔

航空器的垂直间隔又称为高度层间隔，按照民用航空空中交通管理规定的飞行高度层配备。

1.巡航高度层配备

航空器在航路和航线飞行时，应当按照所配备的飞行高度层飞行，我国现行的巡视高度层配备如图 6-1 所示。

（1）真航线角在 0°～179°范围内，高度为 900～8100 m 时，每隔 600 m 为一个高度层；高度为 8900～12 500 m 时，每隔 600 m 为一个高度层；高度在 12 500 m 以上时，每隔 1200 m 为一个高度层。12 500 m（含）以下高度层配备满足"东单"的原则。

（2）真航线角在 180°～359° 范围内，高度为 600～8400 m 时，每隔 600 m 为一个高度层；高度为 9200～12 200 m 时，每隔 600 m 为一个高度层；高度在 13 100 m 以上时，每隔 1200 m 为一个高度层。在 12 200 m（含）以下高度层配备满足"西双"的原则。

（3）真航线角应当从航线起点和转弯点量取。

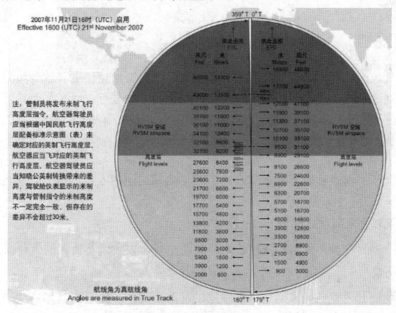

图 6-1　巡航高度层配备

2.最低安全高度

航空器与地面障碍物之间的最低垂直间隔规定：航路、航线飞行或者转场飞行的安全高度，在高原和山区应当高出航路中心线、航线两侧各 25 km 以内最高标高 600 m；在其他地区应当高出航路中心线、航线两侧各 25 km 以内最高标高 400 m；在机场区域，不得低于仪表进近图中规定的最低扇区高度，在按照进离程序飞行时，不得低于仪表进离场程序中规定的高度。

航空器与航空器之间的最低垂直间隔按航路和航线飞行高度层的配备和使用高度层的优先权的规定进行配备。在指定高度飞行的航空器报告脱离该高度后，可以将该高度层指定给其他航空器，但航空器之间的垂直间隔不得少于规定的最低标准。

机场区域内飞行最低安全高度：巡航表速 250 km/h（不含）以上的航空器，按照机场区域内仪表飞行规则飞行最低安全高度的规定执行；巡航表速 250 km/h（含）以下的航空器，距离最高障碍物的真实高度不得小于 100 m。

机场区域外最低安全高度：巡航表速 250 km/h（不含）以上的航空器，按照航线仪表飞行规则飞行最低安全高度的规定执行。巡航表速 250 km/h（含）以下的航空器，通常按照航线仪表飞行规则飞行最低安全高度的规定执行；低于最低高度飞行时，距航线两侧各 5 千米地带内最高点的真实高度，平原和丘陵地区不得低于 100 m，山区不得低于 300 m。

（二）水平间隔

在同一轨迹、交叉轨迹或者逆向轨迹上飞行的航空器之间，可以通过保持一个以时间或者距离表示的纵向间隔的方式配备水平间隔；在不同的航路上或者在不同地理位置内飞行的航空器之间，可以通过使航空器保持横向间隔的方式配备水平间隔。仪表飞行水平间隔是管制员在实施程序管制时为了保证飞行安全，防止航空器相撞而在实施仪表飞行时进行配备的间隔。

三、一般规则

在空中交通的飞行规则中一般规则非常重要。空中交通使用者和管制员必须共同遵守和依据这些规范操作，才有可能保证空中交通安全有序地进行；各类型航空器都要共同遵守，才能保证飞行任务的顺利完成。一般规则是飞行的基础，有的甚至已经成为飞行常识。

（一）保护人员和财产的安全

人员和财产不仅包括航空器和乘客，同时也包括地面的人员和财产。共包括十个次级规则。

1. 粗心或粗鲁地驾驶航空器

民用航空器驾驶员不得粗心或粗鲁地驾驶航空器，以致危及他人的生命或财产安全。

2. 最低高度

由于机场通常设置在城市周边，航空器的起降不可避免地会对环境产生一定的影响，例如噪声污染，因此除起飞或着陆所必须或经有关当局批准的飞行之外，民用航空器通常不得在城市、集镇、居住区等人口稠密地区或露天公共集会上空飞越，如果能够飞越，VFR航空器不应低于最低高度，IFR航空器不应低于最低高度层。

3. 巡航高度层

无论是IFR还是VFR航空器，在巡航时都必须按照ICAO附件2规定的巡航高度层飞行。在FL290至FL410之间，IFR航空器可选择VSM（vertical separation minimum，常规垂直高度层）或是RVSM（reduced vertical separation minimum，缩小垂直高度层），VFR只能选择常规垂直高度层，但一般VFR不允许在6000 m以上飞行。

4. 空投和喷洒

除按照有关当局规定的条件和经有关空中交通服务单位以相关资料、通知或许可授意之外，飞行中的航空器不得进行空投和喷洒。例如，空投物资、传单，喷洒农药或其他物质。

5. 牵引

除按照有关当局规定的要求和经有关空中交通服务单位以相关的资料、通知或许可授意之外，航空器不得牵引航空器或其他物体。

6. 跳伞

除按照有关当局规定的要求和经有关空中交通服务单位以相关的资料、通知或许可授意之外，不得随意进行跳伞行为。但紧急情况下跳伞除外。

7. 特技飞行

除按照有关当局规定的要求和经有关空中交通服务单位以相关的资料、通知或许可授意之外，航空器不得做特技飞行。民用航空器的性能通常优先考虑旅客飞行的舒适性，因此在机动性上相对于飞行表演的航空器而言要差一些，稳定性更好，飞机结构过载量无法应付特技动作带来的超重。

8. 编队飞行

编队飞行是指有 2 架及以上航空器同时执行飞行任务，每一航空器与飞行领队所保持的横向和纵向距离不超过 1000 m，垂直距离不超过 30 m。除按照参与飞行机长的事先安排和按照有关空管当局规定的条件在管制空域内编队飞行之外，航空器不得编队飞行。

9. 无人驾驶自由气球

无人驾驶自由气球必须按照将对人员、财产或其他航空器的危害减至最小的方式并按照 ICAO 附件 2 附录 4 中规定的条件飞行。

10. 禁区和限制区

航空器不得在对其正式公布有细节的禁区和限制区内飞行，但符合限制条件或经在其领土上空划定此类区域的国家批准时例外。

（二）避免相撞

在遵守一般避撞飞行规则时，一旦出现紧急情况，航空器机长有为避免相撞而采取最有效行动的责任，包括根据自动避撞设备提供的决断提示而采取的防撞机动飞行。

1. 接近

驾驶航空器不得过于靠近其他航空器而产生相撞的危险。

2. 航行优先权

航行优先权是指航空器享有继续保持其航向和速度的权力，不需要采取避让行为。在同一高度上对头相遇的两架航空器，有相撞危险时，必须各自向右改变航向。

在同一高度上交叉相遇的两架航空器，有相撞危险时，看见对方在自己右边的航空器必须避让。同时还需注意"强者让弱者"的原则：动力驱动重于空气的航空器必须避让飞艇、滑翔机和气球；飞艇必须避让滑翔机及气球；滑翔机必须避让气球；动力驱动的航空器必须避让正在牵引其他航空器或物体的航空器。

后机超越前机，必须从右侧超越，直至完成超越，且具有足够的间隔。

航空器在地面活动时，两架在机场活动区内滑行的航空器如有相撞危险时，必须按下列方案实施：两架航空器对头相遇或几乎迎面接近时，必须各自停住或在可行时向右改变方向，以保持足够的间隔；两架航空器交叉相遇时，看见对方在自己右边的航空器必须避让；被另一架航空器超越的航空器有航行优先权，超越航空器必须与另一架航空器保持足够的间隔。

3.航空器应显示的灯光

飞行中的所有航空器，从日落至日出或在有关当局规定的任何其他期间，必须显示：引起对该航空器注意的防撞灯，通常是红色频闪灯，如图 6-2 所示；用以向观察员显示该航空器相对路线的航行灯，通常是左翼尖红色、右翼尖绿色、尾翼白色，如图 6-3 所示。

地面运行的所有航空器，从日落至日出或在有关当局规定的任何其他期间：在机场活动区内，必须显示用以向观察员指示航空器相对路线的航行灯；除非有固定和足够的灯光照明，在机场活动区内，必须显示用来表示其结构外端的灯光；在机场活动区内，必须显示用来引起对该航空器注意的灯光，例如红色防撞灯；在机场活动区内，发动机已开车时，必须显示表明这一事实的灯光。

图 6-2 飞机的红色防撞灯

图 6-3 飞机航行灯

4.航空器在模拟仪表飞行条件下飞行的前提

飞机仪表设备在航空器飞行中的地位尤为重要，特别是在气象条件复杂时，借助飞行仪表，可以提高飞行的安全度。模拟仪表飞行是航空器利用自动驾驶系统，模拟设定了飞行高度、空气速度、升降速度、姿态、航向及发动机工作状态等各类信息，使飞机保持原状态飞行。自动驾驶系统没有自动避让功能，当航空器未探测四周飞行环境时，不得在该条件下飞行，当探测无任何天气、障碍物影响后，可以采用但必须进行必要的监控。

5.在机场及其附近区域的运行

在机场及其附近区域必须观察机场交通现状,防止航空器在停机坪、滑行道、跑道开车、滑行、起飞、着陆时与其他航空器、机动区内其他运行车辆或者该区域其他障碍物相撞。

（三）飞行计划

需要接受空中交通服务的航空器，在执行飞行任务前都必须以飞行计划的格式向空中交通服务单位提供计划飞行或其部分飞行的相关资料。飞行计划可包括对整个飞行航线飞行计划全部内容的完整资料的说明，或者为了取得一小段飞行（如穿越航路或在管制机场起飞或着陆）的放行许可所需要的有限资料。

在飞行计划的拍发时间上，除有关空管当局另有规定之外，航空器运营人及其代理人应当于航空器预计撤轮档时间前 2.5 小时进行拍发。

（四）信号

航空器运行时涉及的重要信号包括遇险信号和紧急信号、拦截时所使用的信号、用以警告未经批准的航空器正在或即将进入限制区或危险区的目视信号、机场交通信号以及指挥信号。这些信号都是国际通用的，有自己的固定含义。

（五）时间

必须使用世界协调时（universal time coordinated，UTC），按照自午夜开始一天 24 小时的小时、分钟、秒（按需要）计时。实施一次受管制飞行之前，以及必要时在飞行中的其他时间，必须校正时间。数据链通信使用时间，与世界协调时误差必须不超过 1 秒钟。

（六）非法干扰

受到非法干扰的航空器必须设法将此事实通知有关空中交通管制单位，以便空中交通管制单位能对该航空器给予优先权，并使之与其他航空器的冲突减至最小。

（七）拦截

当民用航空器误入禁区时，前去拦截的航空器通常为军机。

四、目视、仪表飞行规则

（一）目视飞行规则

目视飞行是指在可见天地线和地标的条件下，能够判明航空器飞行状态和目视判定方位的飞行。目视飞行机长对航空器间隔、距离及安全高度负责。目视飞行规则（VFR）是指在目视气象条件下实施飞行管理的规则。

VFR 的基础是飞机与其他飞机在地面上能互相看见，因此目视飞行规则就和天气情况紧密相连。对最低的能进行目视飞行的天气制定了目视飞行气象条件，包括两部分要求：能见度和与云之间的距离（包括水平距离和垂直距离）。飞行员初学飞行时通常都是在目视飞行条件下进行的。因此，学习与目视飞行有关的规则，对保障飞行安全是非常必要的。

1. 适用于一切 VFR 飞行的规则

除按照特殊 VFR 飞行运行之外，如果气象条件低于目视气象条件，则禁止 VFR 飞行。当云底高低于 450 m（1500 ft），或地面能见度低于 500 m 时，除已获得空中交通管制单位的放行许可之外，VFR 飞行不得在管制地带内的机场起飞或着陆，也不得进入该机场交通地带或起落航线，日落至日出之间或按照有关空管当局规定的任何其他期间，VFR 飞行必须按照该当局规定的条件运行。除经有关 ATS 当局批准之外，VFR 飞行不得在 FL200 以上飞行以及做跨音速或超音速飞行。在 RVSM 空域内不允许做目视飞行。除起飞或着陆所必需或经有关当局批准之外，下列情况不得进行 VFR 飞行：在城市、集镇或居民区等人口稠密地区或露天公众集会上空；航空器半径 600 m 以内距障碍物的高小于 300 m（1000 ft）；离地面或水面的高小于 150 m（500 ft）。

目视飞行规则飞行时飞行员应遵守的一般规定：在机场区域内的上升、下降，在严格保持飞行安全间隔、距离的情况下，可以穿越其他航空器占用的高度层；在航线上航空器应按照指定的高度层飞行；严格禁止飞入云中或者做间断云中飞行；驾驶员应当进行严密

的空中观察。

2. 适用于管制空域内的 VFR 飞行规则

当 VFR 航空器在 ICAO 规定的 B、C 和 D 类空域飞行时，或在管制机场的起落航线上运行时，或按照 SVFR（special visual flight rules，特殊目视飞行）飞行运行时，VFR 应该听从管制员的指挥。当 VFR 航空器在沿管制员指定的航路上飞行时，必须在规定的通信频道上保持持续守听提供飞行情报服务的空中服务单位的空地话音通信，并按要求向管制员报告自己的位置。

按目视飞行规则飞行的航空器未经有关空中交通管制单位批准，不得在 6000 m 以上高度飞行，也不得做跨音速或超音速飞行。

应当遵守下列规定：飞行前应当预先向有关空中交通管制单位申请，取得空中交通管制单位的放行许可；飞行中严格按照批准的飞行计划飞行，持续守听空中交通管制单位的频率，并建立双向通信联络；按要求向有关空中交通管制单位报告飞越每一个位置报告点的时刻和高度层；航空器按照目视飞行规则在飞行高度 6000 m（不含）以上做跨音速或者超音速飞行，以及在飞行高度 3000 m（不含）以下做指示空速大于 450 km/h 飞行前，应当经飞行管制部门批准；为便于提供飞行情报、告警服务以及同军事单位之间的协调，按目视飞行规则飞行的航空器，处于或者进入有关空中交通管制单位制定的区域和航路飞行时，航空器驾驶员应当持续收听向其提供飞行情报服务的空中交通管制单位的有关频率，并按要求向该单位报告飞行情况及位置。

按目视飞行规则飞行的航空器要求改为按仪表飞行规则飞行的，应当遵守下列规定：第一，立即向有关空中交通管制单位报告对现行飞行计划将要进行的更改；第二，在管制空域内遇到天气低于目视飞行规则的最低气象条件时，能按仪表飞行规则飞行的航空器驾驶员，应当立即向有关空中交通管制单位报告，经空中交通管制单位许可后，改按仪表飞行规则飞行；只能按目视飞行规则飞行的航空器驾驶员，应当立即返航或者去就近机场着陆。

（二）仪表飞行规则

仪表飞行是指完全或部分地按照航行驾驶仪表，判定航空器飞行状态及其位置的飞行。仪表飞行规则（IFR）是指在仪表气象条件下实施飞行管理程序的有关规则。

装有无线电通信和定位仪表的飞机可以依靠仪表而不依靠驾驶员的视觉来飞行，这种飞行称为仪表飞行（IFR）。可见，仪表飞行对气象要求比目视飞行的要低。因此，飞行员目视大多看不到其他飞机，这时管制员通过对 IFR 飞机配备间隔来保障飞机安全。IFR 飞行必须提交飞行计划，整个飞行过程受到管制员的监控，听从管制指挥。

1. 适用于一切 IFR 飞行的规则

执行 IFR 的航空器必须装备合适的仪表以及与所飞航路相适应的无线电导航设备。对于 IFR 航空器可以飞行的最低高度层，除为起飞、着陆所必需或经有关当局特殊批准之外，IFR 飞行的高度层不得低于被飞越的领土国家规定的最低飞行高度，或者在未规定最低飞行高度的地区：第一，高原和山区在航空器预计位置 8 km 之内的最高障碍物至少 600 m（2000 ft）以上的高度层飞行；第二，在上一条所述之外的地区，在航空器预计位置 8 km

之内的最高障碍物至少 300 m（1000 ft）以上的高度层飞行。

2. 管制空域内 IFR 飞行所适应的规则

在管制空域内的 IFR 飞行必须遵守空中交通管制相关规定。IFR 在管制空域内巡航飞行时必须在 ICAO 规定的可用巡航高度层上。

仪表飞行规则飞行的管制工作包括：按照仪表飞行规则飞行的航空器，应当装备仪表飞行所需的设备以及与所飞航路相适应的无线电导航设备；按仪表飞行规则飞行的航空器做水平巡航时，应当保持在空中交通管制单位指定的巡航高度层飞行；航空器按仪表飞行规则飞行时，航空器驾驶员应当在规定频率上持续守听，并向有关空中交通管制单位报告以下事项。

第一，飞越每一个指定报告点的时间和飞行高度，但当该航空器处于雷达管制下时，仅在通过空中交通管制特别要求的那些报告点时才做出报告。

第二，遇到任何没有预报的但影响飞行安全的气象条件。

第三，与飞行安全有关的任何其他信息。

按照仪表飞行规则飞行改为按照目视飞行规则飞行要遵守如下规定：按仪表飞行规则飞行的航空器，要求改为按目视飞行规则飞行的，应当事先向有关空中管制单位报告，得到许可后方可改变；按照仪表飞行规则飞行的航空器在飞行中遇到目视飞行规则的气象条件时，除预计能够长时间、不间断地在目视气象条件下飞行外，不得提出改变原来申请并经批准的仪表飞行规则飞行计划。

具体流程如下：航空器驾驶员向空中交通管制单位提出取消其现行仪表飞行规则计划及其飞行计划的变更申请；管制单位收到航空器驾驶员的飞行规则变更申请后，做出是否同意的决定；对于同意飞行规则变更的，管制单位应当通知航空器驾驶员取消仪表飞行规则飞行的时间，并通知相关管制单位；只有当管制单位收到并同意飞行规则变更申请后，航空器方可转为目视飞行规则飞行；管制单位不得直接或者暗示性地要求航空器由仪表飞行规则飞行改为目视飞行规则飞行；管制单位如果掌握到飞行航路上可能出现仪表气象条件的情况，应当将此情况告知正由仪表飞行规则飞行改为目视飞行规则飞行的航空器驾驶员。

（三）其他规定

航空器在飞行空域内和仪表进近过程中，必须保持规定的高度，按照仪表进近程序图规定的路线飞行。进、离机场区域的航空器，必须按照进、离场图的规定，在指定的高度上飞行。在航线上飞行的航空器，必须保持规定的航线、高度层和速度。

航线飞行中，空勤组应当利用机上和地面导航设备准确保持航迹，并随时检查航空器的位置，不论飞行条件如何，机长都必须确知航空器所在位置，并按规定向空中交通管制部门报告航空器的位置、飞行情况和天气情况。空中交通管制员应严格控制航空器上升、下降的时机，并对航空器之间的间隔、距离和高度层配备是否正确负责。

第四节　空中交通管制

空中交通管制是指对飞行中的航空器提供空中交通管制服务，并实施有效的监督管理。

空中交通管制的主要任务是：防止飞机在空中相撞；防止飞机在跑道滑行时与障碍物或其他行驶中的飞机、车辆相撞；保证飞机按计划、有秩序地飞行；提高飞行空间的利用率。为完成这些任务，必须制定一套规则，即空中交通管制规则，就好像管理地面车辆等的交通规则，其意义重大。

空中交通管制服务根据航空器运行的不同阶段又可细分为三类：机场管制服务、进近管制服务、区域管制服务。

在机场管制地带提供机场管制服务，提供单位为机场塔台。机场管制地带一般包括机场起落航线、最后进近定位点之后的航段、第一等待高度层以及向下的空间和机场机动区。机场管制服务的目的为：通过指挥飞机在地面滑行，引导飞机起飞和着陆，以及管制管辖区内的飞行活动，保证航空器的地面运行安全。

进近管制服务是针对 IFR 航空器起飞后进入航路和着陆前由航路到机场管制区的飞行管制。一般由进近管制服务单位提供，例如进近管制室或进近管制中心。根据飞行繁忙程度，如有必要或适宜将进近管制服务与机场管制服务或区域管制服务的职能合并由一个单位负责时，进近管制服务也可以由机场管制塔台或区域管制单位提供；当流量达到一定程度才会考虑设置单独的进近管制单位。进近管制服务的目的为：通过对离场航空器进行引导使其尽快到达巡航高度，对进场航空器进行排序，控制其安全有序地进近。

区域管制服务针对飞机巡航阶段的飞行活动，此阶段航空器大多处于航线飞行状态。区域管制服务主要由区域管制室或区域管制中心提供，也可能由提供机场管制服务的单位，或由提供进近管制服务的单位提供。区域管制服务的目的：通过高度层的分配和多方的协调机制对航空器实施飞行调配，保证航空器高空运行的安全和通畅。

思政案例

常怀敬畏　守护安全

案例 1：2019 年 11 月 21 日，国航 CCA1234 执行北京至哈尔滨航班任务，沿 G212 航路高度 8900 m 飞行，在 OTABO 联系哈尔滨区域管制员。雷达识别后，黑龙江空管分局区域管制员指挥机组保持 G212 左侧偏置 15 海里，下降到 5700 m 保持，并提醒有穿越，机组复诵正确。随后管制员发现该航班航迹右转，有归航趋势。当时，CSZ1234 在 G212 航路距 OTABO 60 km，高度 8400 m 保持，与 CCCA1643 存在冲突。管制员立即指挥 CCA1643 左转航向 300 度上升到 8900 m 避让，CSZ1234 左转航向 180 度避让。雷达显示，两机最近水平距离 36 km。事后调查原因为 CCA1643 自动向扶余归航了。

案例 2：2019 年 10 月 27 日，金鹿航空 BDJ123 执行大连至北京航班任务，08:29 时大连空管站塔台管制员发现该航班在滑行过程中，通过 D 道口后未沿滑行道中线滑行，多次提醒，并向机组说明本场 A 滑行道在 D 和 C 联络道口之间部分北移 25 m。机组承认滑行错误。

安全是民航业的生命线，任何时候、任何环节都不能麻痹大意。案例 1 中由于机组的疏忽，导致两架飞机出现了航路冲突，甚至可能引起航空器的危险接近。案例 2 中因为机组对机场布局的生疏，差点导致不安全事件的发生。

管制员是空中交通管理系统中最灵活、最具适应性和最有价值的部分。管制人员需要根据飞机动态信息，合理地进行管制，容不得任何微小的差错。案例中管制员不仅谨小慎微且反应快速，面对突发的不正常状况，沉着冷静、灵活机智的发出正确的指令，凭借自身优秀的预测能力、决策能力和应变能力，避免了可能发生的不安全事件。

航空管制工作不是一个简单的管理工作，工作体现出了突发性、多变性、严格性等特征，故对管制员的要求也不仅仅是单方面的能力，它是各个工作的结合与统一。管制员不仅需要有较高的思维能力、应变能力和决断能力，还要有对行业的敬畏之心，坚持安全第一，将安全底线要求内化于心、外化于行。

一、机场管制服务

民用机场会根据机场及其附近空中飞行活动的情况建立机场管制地带，以便在机场附近空域内建立安全、顺畅的空中交通秩序。一个机场管制地带可以包括一个机场，也可以包括两个或者两个以上的机场。机场管制地带通常是圆形或者椭圆形的，水平边界为以机场管制地带基准点为圆心、以不小于 10 km 为半径的圆。机场管制地带的下限一般为地面或者水面，上限通常为终端（进近）管制区的下限。

机场是飞机活动最密集的地方，也是交通管理服务强度最大的地方，为此，机场建有高耸的塔台，机场空中交通管制员工作在塔台的顶层，从这里他们可以透过宽阔的玻璃窗把机场和周围的空域看得清清楚楚。因此，机场管制员也叫塔台管制员，他们分为机场地面交通管制员和机场空中交通管制员。

机场地面交通管制员负责飞机的地面运行，他们用目视和雷达屏幕监控着在机坪和滑行道上的飞机，以及车辆和行人的活动。飞机从启动发动机到进入机坪直至滑行道都要经过他们的许可。对于到达的飞机，从离开跑道进入滑行道开始就要按机场地面交通管制员的安排，通过指定路线驶到停机位置。

在繁忙的机场上，有些情况下一条跑道既用来起飞又用来降落，机场空中交通管制员所承担的责任是非常大的，稍有疏忽便有可能酿成大祸。

机场管制塔台为使在机场内和机场附近的空中交通安全、有序和迅速地流通，必须对在其管制下的航空器提供情报及发布空中交通管制许可，以防止在其管制下的航空器与航空器之间、航空器与地面车辆之间及航空器与地面障碍物之间发生相撞；防止在机场周围的起落航线上飞行的航空器与航空器之间发生相撞；防止在机动区内运行的航空器与航空器之间发生相撞；防止着陆航空器与起飞航空器之间发生相撞；防止机动区内的航空器与该区内的障碍物相撞。

此外，机场目视助航设施也起到重要作用，具体如前所述。

二、进近管制服务

在机场中与塔台管制紧密相连的就是进近管制，飞机在本区域接受进近管制室或进近管制中心的指挥，开始进近管制服务。进近管制包括离场管制和进场管制。离场是航空器

起飞至加入航路（线）点之间的飞行过程；进场是航空器从航路（线）脱离点至落地的飞行过程。

进近管制是针对 IFR 飞行的航空器起飞后进入航路和着陆前由航路到机场管制区的管制。进近管制员不像塔台管制员那样能看见真实的飞机，他们通过无线电信设备和监控设备管制飞行，管辖的范围上接航路区、下接机场管制区。当飞机准备从航路上下降时，管制员把飞机接引到仪表着陆系统的作用范围内，当飞机飞临机场上空 600 m 高度左右，将该飞机降落的任务交给塔台空中交通管制员，由塔台管制员继续引导飞机降落；当飞机起飞时，进近管制员从塔台管制员手中接过指挥权，继续引导飞机上升，直至引入航线。

（一）进近管制空域

进近管制空域，也称终端管制空域，其结构有一定宽度、长度和高度（或深度）。由不同的横向或纵向的限制组成。这些限制并不都是统一和固定的，而是依据进近管制空域内进离机航线和等待航线设计自然生成的。

（二）空中交通管制放行许可

1. 适用范围

空中交通管制放行许可简称放行许可，是批准航空器按照航空管制部门规定的条件继续飞行的许可。放行许可只能根据掌握的、影响运行中航空器安全的交通情况进行发布。这些影响运行中航空器安全的交通情况不仅包括实施管制的空中和机动区域内的航空器，而且还包括所有在机动区内使用的地面交通和其他设立的非永久性障碍物。

空中交通管制放行许可的目的是使指定航空器按照空中交通管制批准的离场航线、航路、飞行高度层执行飞行，避免空中交通冲突的产生，加大空中交通流量，保证空中交通有秩序、高速地运行。

2. 放行许可的内容

放行许可内容的数据必须明确、简洁，并且尽可能地使用标准用语。放行许可应包括下列事项：航空器呼号；放行许可的界限（定位点或目的地）；飞行航路（航线）；飞行高度；其他必要的内容，如二次雷达应答机的运行说明、进近或者离机场机动飞行规则、通信资源和放行许可的截止时间。以上内容要按照顺序明确发出。

（三）进近管制席位设置与职责

进近管制任务主要与机场的仪表进场、离场飞行管制有关。航空器之间使用规定的进近间隔标准，根据各地区的监视设备配备情况和飞行实施情况来制定。为了保障进离场飞行安全，管制员应正确地应用间隔标准，这不仅需要考虑在同一空域内进行的目视飞行和专场航空器飞行，还要考虑到许多会影响到完成保障任务的因素，如空域结构设计和空域相关管制责任的分配等。

在我国进近管制单位工作席位的设置应当符合下列规定。

第一，进近管制单位应当设置进近管制席。

第二，年起降超过 60 000 架次的机场，应当分别设置进场管制席和离场管制席或者增设管制扇区。

第三，年起降超过 36 000 架次或者空域环境复杂的机场，若无条件设置进近管制单位或者在进近管制单位设立前，可以在塔台管制单位设立进近管制席位。

第四，进近管制单位应当设主任席。

第五，进近管制单位应当根据实际情况设置飞机计划编制席、通报协调席、军方协调席。

（四）进近管制服务一般任务程序

1. 离场航空器的管制

仪表飞行航空器在起飞后由机场管制员移交到进近（离场）管制员，通常会按照 SID（standard instrument departure，标准仪表离场图）沿预定飞行航线继续爬升，直至达到指定的协议移交高度，随后在协议移交点由进近（离场）管制员移交给区域管制员。

由于飞机飞离的程序基本相同，繁忙的大机场在进近管制员的管制区域内，为离场的飞机专设了一套离场的路线和程序，提供终端区至航路结构的过渡，叫作标准离场程序。离场程序包括规定一条飞离机场的路线（即标准仪表离场）、规定要避开的扇区、规定要达到的最小净爬升梯度。具体的要素包括飞机飞离机场时的航向、高度、转弯地点、时间等。有了离场程序，管制员仅需控制飞机飞行的间隔，驾驶员按照这个程序就可以飞离机场进入航线。航空器离场需满足下列条件。

（1）目视离场。要符合 VFR 气象条件；在爬升过程中，驾驶员有责任保证离地高度和超障余度。

（2）仪表离场。一般情况下，航空器都是按照机场公布的标准仪表离场程序离场；驾驶员必须保证所驾驶飞机性能要求达到 SID 中规定的超障要求；杜绝任何超出飞机限制的标准仪表离场。

管制员在向负责的离场航空器发布放行许可时，要遵循以下原则：应尽可能允许做远程飞行的航空器少做转弯或其他机动动作，并不受约束地上升到巡航高度；延误较长时间时，管制单位应通知运营人或其指定代表，对于延误可能超过 30 分钟者，在任何情况下都必须进行通知；航空器不向逆风方向起飞，可加快航空器的离场，但应受顺风量不大于 3 m/s 的限制；航空器机长有责任决定采用不逆风起飞或等待向有利方向做正常起飞；对执行紧急或者重要任务的航空器、班期飞行或者转场飞行的航空器、速度大的航空器，应当允许优先起飞。

2. 进场航空器的管制

进近管制员在从区域管制员处接收移交过来的航空器后会指挥其按 STAR（standard terminal arrival route，标准进场路线）和标准进近图飞行，并对其高度加以控制，实时监控其飞行状态，在接近目的地机场时对其进行雷达引导，使其加入雷达起落航线，安排其进场落地次序，引导其减速和截获航向道。当航空器报告截获航向道时即可移交给机场管制员。进场包括进场航段、起始进近航段、中间进近航段、最后进近航段、复飞航段和落地。

对于进场的飞机，同样也给它们设计了标准的进场程序，使这些飞机可以按照一条标准路线降到机场。进场程序的起点是飞机离开航路飞行的开始点和走廊口，终止点则是等

待点、起始进近定位点。

为了便于管制员掌握进场航空器的位置,航空器离开或经过重要点或者助航设备,或开始做程序转弯或基线转弯时,需要及时报告。除非进场航空器驾驶员已报告飞越了导航设备或作为一航路点标定的特定地点,或驾驶员报告他已看到并能保持看到机场,或航空器正在实施目视进近,否则管制员不得准许航空器下降到安全飞行高度以下。

三、区域管制服务

飞机离开进近管制区域后,按照管制员发布的换频许可,联系到区域管制中心频率,听从区域管制指挥,进入巡航阶段。区域管制中心对一个较大范围内的飞行器实行管制,它以雷达管制为主,运用先进的通信和信息处理设备,借助良好的人机环境,实现当前空域管制中航路管制和情报服务等各项功能。区域管制中心的建设水平是一个国家空中交通管制发展水平的标志。

区域管制是针对沿航线飞行的航空器巡航阶段的管制。提供区域管制服务的单位有区域管制室或区域管制中心,区域管制室和区域管制中心设在大城市附近。在区域管制工作中,管制员负责区域面积越大,区域范围内机场越多。区域管制单位的管制员根据飞行计划,批准飞机飞出他的管辖区域,当飞机飞出他的管辖区后,把任务及时交给相邻的管制区。

(一)范围与分类

航空器在区域内飞行,主要是在航路(航线)网的结构内及其附近活动,除了必要的管制员雷达引导之外,航空器通常情况下要按照飞行计划飞行,其飞行路线往往是预定的,飞机高度层需要满足高度层配备规定。

区域管制的范围是 A 类和 B 类空域,即除机场塔台管制区与进近管制区之外的管制空域。我国民航将 A、B 类管制空域分别划分为 28 和 37 个部分,每一部分空域由相应的区域管制室实施管理。区域管制的工作任务是根据飞机的飞行计划,批准飞机在其管制区内的飞行,保证飞行的间隔,然后把飞机移交到相邻空域,或把到达目的地的飞机移交给进近管制。

区域管制空域内航空器的飞行状态有三类:起飞航路爬升、着陆航路下降和巡航飞越。根据空域内的飞行状况,区域管制可分为纯区域管制和混合型区域管制。纯区域管制下,航空器大都处于巡航状态,以飞越为主,区域内飞行时间较长。由于航路之间的交叉,它们容易出现同高度汇聚冲突的危险,而且部分冲突比较隐蔽。

(二)席位设置与职责

区域管制员依靠空地通话、地面通信和远程雷达来确定飞机的位置,进而指挥调度飞机,保证飞机的飞行顺序和间隔。如果一个管辖区内飞行任务特别繁忙,管制中心可以把空域分成几个扇区,每一个管制席工作人员只负责一定范围的扇区内的航线飞行。

按照我国相关规定,区域管制单位工作席位的设置应当符合下列规定:区域管制单位应当设立程序管制席；实施雷达管制的区域管制单位应当设立雷达管制席；区域管制单位应当设置主任席；区域管制单位应当设置飞机计划编制席；区域管制单位应当根据本单位实际需要设置通报协调席、军方协调席、流量管理席；区域管制单位应当设置搜寻援救协调席。

接到航空器驾驶员报告不能沿预定航线飞行或着陆机场关闭时，区域管制员应当提供应急航线、备降机场的天气情况和机长需要的其他资料，同时还要根据机长返航或者备降的决定，立即通知有关管制单位以及当地军航管制部门，并发出新的飞行预报。充分利用各种设备，掌握航空器位置。

（三）区域管制服务一般服务内容

1. 航路放行许可的批准

通常，区域管制单位会在航空器起飞前或者进入本管辖区 30 分钟前，发出允许进入本管制区的航路放行许可，通过机场管制单位放行席位的管制员通知航空器驾驶员。全航路或者部分航路中的交通管制单位之间一般都进行预先协调，以便向航空器发出自起飞点到预定着陆点的全航路放行许可。如果因资料或者协调原因不能全航线放行而只能放行到某一点时，区域管制员会通知航空器驾驶员。

2. 流量控制

当区域管制单位得知本管制区在某一时间一定航段内不能再容纳其他飞行时，就会发布流控通知，通知其他相关空中交通管制单位或者飞经本管制区的航空器驾驶员。

3. 空中交通服务

本项内容是指航空器巡航的空中交通服务。例如，监督飞行活动，及时发布空中飞行情报；掌握天气情况，及时通报有关天气情报。准确计算航天诸元，及时给予管制指令，妥善安排航空器间隔，调配飞行冲突。协助驾驶员处置特殊情况。协调、通报本区域内飞行动态。

4. 移交和协调

各空中交通管制单位之间进行管制移交时，移交单位应当不晚于航空器飞越管制移交点前 10 分钟或者按照管制协议与接收单位进行管制协调。管制协调的内容应当包括航空器呼号、航空器机型（可省略）、飞行高度、速度（根据需要）、移交点、预计飞越移交点的时间、管制业务必需的其他情报。

管制协调应当通过直通管制电话或者管制单位间数据通信进行。没有直通管制电话或者管制单位间数据通信的空中交通管制单位之间，通过对空话台、业务电话、电报等进行。已经接受管制移交的航空器，在超过预计进入管制区边界的时间后仍未建立联系的，管制员应当立即询问有关管制单位，同时采取措施联络。

管制协调后，原管制移交的内容有下列变化的，应当进行更正：飞行高度改变、不能从原定的移交点移交、飞越移交点的时间在区域管制单位之间相差超过 5 分钟。

管制员在航空器预计飞越报告点 3 分钟后仍未收到报告时，应当立即查问情况并设法取得位置报告。

四、空中交通管制的方式

（一）程序管制

程序管制方式对设备的要求较低，不需要相应监视设备的支持，其主要的设备是地空通话设备。管制员通过飞行员的位置报告分析、了解飞机间的位置关系，推断空中交通状况及其变化趋势，向飞机发布放行许可，指挥飞机飞行。

航空器起飞前，机长必须将飞行计划呈交给报告室，经批准后方可实施。飞机飞行计划内容包括飞机航线、使用的导航台、预计飞越各点的时间、携带油量和备降机场等。空中交通管制员将批准的飞行计划的内容填写在飞行进程单内。空中交通管制员收到航空器机长报告的位置和相关资料后，立即同飞行进程单的内容进行比较，当发现航空器之间小于规定垂直、纵向、横向间隔时，立即采取措施调配间隔。这种方式速度慢、精确度差，为了保证安全，需要对空中飞行设置很多限制条件，例如，当机型相同的两架飞机处于同一航路、同一高度时，它们之间必须有 10 分钟的飞行时间间隔。这就造成在规定的空域所能容纳的航空器较少。这种交通管制方式是我国民航管制工作在以往很长一段时间使用的主要方法。现在，当雷达失效时，该方式也在雷达管制区内使用。

（二）雷达管制

随着全球科技，尤其是电子信息技术的发展，民用航空雷达的可靠性、覆盖范围和性价比都有了很大提高，雷达成为空中交通管制的重要工具，并且随着民用航空事业的迅速发展，飞行量的不断增长，中国民航加强了雷达、通信、导航设施的建设，并协同有关部门逐步改革管制体制，在主要航路、区域已实行先进的雷达管制。

1. 雷达管制概述

我国实施雷达管制经历了一个过渡期——雷达监控下的程序管制，逐步完成程序管制向雷达管制的过渡。雷达管制是管制员根据雷达屏幕上的信息向航空器提供雷达管制间隔的管制方法，雷达管制中雷达直接用于管制；雷达监控下的程序管制在国际民航组织的文件中并没有定义，是我国在雷达覆盖率较低和雷达精度低的条件下提出的一种过渡性的管制方法，这种方法所提供的间隔性质、指挥方法和程序管制相同，但是此程序管制间隔小，而相对雷达管制间隔又较大。

雷达管制具有以下功能：提供雷达服务，提高空域利用率，减少航班延误，提供直飞航路和最佳飞行剖面，提高安全性；为起飞的航空器提供雷达引导，增加起飞流量，迅速引导飞机爬升到巡航高度；为航空器提供雷达引导，调配飞行冲突；为落地的航空器提供雷达引导，调配飞行冲突，增加落地流量；为航空器提供雷达引导，协助航空器绕航和绕飞雷雨等；当雷达区域内的航空器无线电失效时，为其提供安全间隔，并维持区域内的正常流量；监视空中交通情况；可以为无雷达的管制员提供航空器的位置、空中活动情况、航空器偏航及高度改变等信息。使用雷达提供空中交通管制，应当限制在雷达覆盖范围内并符合管制规定的区域。提供雷达管制服务的单位应当在航行情报资料中发布有关运行方法的资料及空中交通管制实施的有关设备要求。

2. 雷达管制的分类

使用雷达信息实施管制时，管制单位应充分考虑管制区域的雷达系统、通信系统、管制人员素质和空中交通流量的实际需要等情况，确定可以使用的管制手段和雷达管制能力。有可靠的雷达系统和通信系统时，应最大限度地使用雷达信息和与飞行安全相关的预告警信息（如飞机冲突告警信息、最低安全高度告警信息）实施管制，改善空间的利用率和使用效率，提高飞行安全水平。

航管雷达的类型有一次雷达和二次雷达。管制单位实施雷达管制应当经民航局批准。接受雷达管制服务的航空器应当按规定载有合法有效的二次雷达应答机。

一次雷达是一次监视雷达发射的一小部分无线电脉冲被目标反射回来，并由该雷达收回加以处理和显示，在显示器上只显示一个亮点而无其他数据。一次监视雷达可以分成机场监视雷达、航路监视雷达、机场地面探测设备三类。一次雷达只能探测出空中飞行物的方位和距离，但无法知道其飞行高度及性质，因此它只用于监控，只有和二次雷达配套使用才能实现空中交通的雷达管制。

二次雷达也叫作空管雷达信标系统。它最初是在空战中为了使雷达分辨出敌我双方的飞机而发展的敌我识别系统，当把这个系统的基本原理和部件经过发展后用于民航的空中交通管制，就成了二次雷达系统。

二次监视雷达是一种把已测到的目标与一种以应答机形式相配合设备协调起来的雷达系统，能在显示器上显示出标牌、符号、编号、航班号、位置、高度、速度、方向等参数，可以实时地掌握每架飞机的飞行动态，有计划地指挥飞行，使雷达由监视的工具变为空中管制的手段。二次雷达的出现是空中交通管制的最重大的技术进展，二次雷达要和一次雷达一起工作，它的主天线安装在一次雷达的上方，和一次雷达同步旋转。

二次雷达系统的另一重要组成部分是飞机上装的应答机，应答机是一个在接收到相应的信号后能发出不同形式编码信号的无线电收发机，应答机在接收到地面二次雷达发出的询问信号后进行相应回答。

3. 雷达管制的基本程序

雷达管制程序是指管制员对航空器实施雷达管制时的工作步骤，是雷达管制员履行工作职责的基本工作方法。雷达管制的基本程序包括工作前的检查、雷达信息显示、雷达识别、雷达引导、雷达管制移交等。

（1）工作前的检查。工作前的检查是指雷达管制员在开始工作前应当对设备的性能和当日的天气情况进行有必要的检查。

第一，雷达显示设备和通信设备性能的检查。雷达管制员应当对地空通信进行必要的检查，确保在相应频率上同航空器的联络正常。此外，雷达管制员还应当充分检查其他通信系统，确保与相关管制单位及其他单位的双向联络通畅。

第二，气象资料的检查。雷达管制员应当备有本区域和区域内各机场全新的航空气象资料，并检查资料的及时性、准确性和有效性。通常情况下，气象资料的内容包括：风向、

风速，指明合适的飞机航向和使用跑道；能见度、云量和云高，指明合适的进近程序；颠簸和积冰，选择合适的飞行高度层；气压，指明航空器的高度表拨正值；温度，指明对空气动力的影响。

第三，最低飞行高度（高度层）的检查。雷达管制员需要拥有下列全新的资料：最低安全飞行高度；最低可用飞行高度层。

第四，其他。了解本区域军用、民用航空器的飞行动态；了解相邻管制单位的雷达工作情况，证实可否实施雷达移交；与相邻管制单位确定雷达或非雷达管制协调移交的方法；准备飞行进程单；按照有关规定实施雷达管制服务。

第五，注意事项。当发现设备有故障、出现事故，或者出现难以提供甚至不能提供雷达管制的情况时，雷达管制员应当按照有关规定进行报告。通常报告的事项有：设备故障的情况；需要调查的事件；导致雷达管制难以或无法实施的情况。

（2）雷达信息显示。雷达管制员通过雷达显示器上的雷达信息实施雷达管制，雷达显示器上的雷达信息分别为雷达视频图信息和动态目标信息，其中动态目标信息应当包括雷达位置指示，如距离标志、角度标志和选通波门等，可插入或投影叠加地图背景，作为辅助观测手段。

（3）雷达识别。雷达识别是提供雷达管制服务的前提。在向航空器提供雷达管制服务前，雷达管制员应当对航空器进行识别确认，并向航空器通报其已被识别，保持该识别直至雷达管制服务终止。失去识别的，应当立即通知该航空器，并重新识别或终止雷达服务，重新建立识别后也要向航空器通报其已被识别。雷达识别分为一次雷达识别和二次雷达识别。

雷达识别注意事项包括以下几方面。

第一，出现可疑识别的措施。当观察到两个或者多个雷达位置指示符相近，或者观察到在同时做相似的移动以及遇到其他引起对目标怀疑的情况时，雷达管制员应当采取两种或者两种以上识别方法进行识别，直至确认为止，也可终止雷达管制服务。

第二，识别后应通知航空器。雷达管制员首次建立对航空器的雷达识别或者暂时失去目标后重新建立对航空器的识别的，应当向该航空器通报其已被识别。

第三，提供给航空器的位置情报，可以采用下列方式之一：当航空器位于一个显著的地理位置，直接报告该位置；到一个重要点，导航设备显示的磁航迹和距离；同一个已知位置的方向和距离；距接地点的距离（适用于做最后进近的航空器）；距航路中心线的距离和方向。

（4）雷达引导。使用雷达以特定的形式向航空器提供应飞航向引导的过程称为雷达引导。雷达管制员实施雷达引导时应当引导航空器尽可能沿便于航空器驾驶员利用地面设备检查自身位置及恢复自主领航的路线飞行，避开已知危险天气。

（5）雷达管制移交。雷达管制移交应当建立在雷达识别的基础之上或者按照协议进行，使接受方能够在与航空器建立无线电联系时立即完成识别。移交工作应当在雷达有效监视范围内进行，如技术上无法实施，则应当在管制移交协议中说明。

4.雷达管制员对雷达设备的检查

雷达管制员应当依照雷达设备的技术说明，调整所有雷达显示器，并对其进行检查；

雷达管制员应当使所用雷达显示器上的信息达到足以执行任务的状态；雷达管制员应当报告设备故障情况及任何其他影响提供雷达服务的情况。

五、特情管制

空中交通管制服务的特情处置是非常重要的。飞行中的特殊情况的发生有其偶然性和突然性，管制员协助机组正确处置特殊情况是保障飞行安全的重要环节。

（一）复杂气象条件下的管制

复杂气象条件是指雷雨、结冰、颠簸、风切变、低能见度等影响飞行安全的恶劣天气。遇有复杂气象条件时，管制员应当了解本管制区内的天气情况和演变趋势，及时通知在本管制区内运行的航空器。

塔台管制室管制员应当利用目视和塔台的仪表观察机场的天气变化，当认为其与气象部门提供的气象情报有差异时，应当及时通知气象部门。如果情况紧急，可以先通知航空器，但应当说明是塔台观察到的。管制员收到航空器报告恶劣气象情报时，应当及时通报气象部门和本区内运行的航空器。管制员收到本区内飞行的航空器报告有恶劣天气时，应当根据航空器的要求提供所掌握的气象情报，提供无恶劣天气的机场、航路和高度的信息，开放有关的导航设备，协助其避开恶劣天气、返航或者飞往备降机场。

（二）特情处置的基本要求和采取的措施

空中特情是指航空器在运行过程中，由于意外或突发原因而出现的一种极度危险状态。据美国一家航空权威机构的一份对本国军用飞机的调查显示，发生的空中特情中能够成功处置的概率仅为3.99%，由此可见"特情"杀伤力的程度。

空中交通管制服务的特情包括空中交通管制系统故障、航空器特情以及对民用航空器开展搜寻援救三个基本方面，其中主要以航空器特情为主。管制单位应当根据实际情况制定适用于本单位的航空器紧急情况处置程序及检查单，作为处理航空器紧急情况的依据。在处置航空器紧急情况时，空中交通管制员应当加强对紧急情况的判断，管制单位之间应当保持充分的协作。遇到紧急情况时，管制单位应尽可能地利用监视设备，掌握航空器状况。

 资料 6-1

天高却非任鸟飞

资料 6-2

如何引导飞机着陆

飞机距离目的地机场半小时时，机组又开始忙碌起来，此时飞机准备进入下降阶段。按照规定程序或区域管制员的指示，飞机从航路上下降到 4000 m 左右的高空，进入进近管制员的责任范围，飞机进入进近阶段。

机长接通进近管制员的频道，管制员根据空中的交通状况可以让飞机等待或引导飞机对准跑道直接着陆。飞机继续降低高度。管制员用雷达把飞机引导到离跑道 20 000 km 左右的指定点上空，这时飞机的高度已经在 1000 m 以下，进近阶段完成。于是飞机进入飞行关键的最后阶段——着陆阶段。飞机被移交给塔台管制员指挥，机长接通塔台管制员的频道请求着陆。如果管制员同意着陆，飞机就进入仪表着陆系统发出的无线电波束之中。机长调整飞机使它对准跑道中心线，飞机按照仪表着陆系统指示的空中下滑航道下降。机长操纵手柄放出襟翼、起落架，舱内立刻噪声大作。机长又加大油门使发动机的推力增加，以抵消放出起落架而增大的阻力。副驾驶读着检查单，完成着陆前的检查。飞机在 400 m 左右的高度上断开自动驾驶仪由机长直接操纵。尽管自动驾驶仪有完成飞机着陆的功能，但影响飞机着陆的因素太多，为了安全起见，着陆阶段的飞机都是由机长亲自操纵的。驾驶员用目视对准跑道中心线，让飞机保持着最佳的下滑角度。飞机逐渐减慢速度，降低高度。副驾驶读着高度，机长右手扶在油门杆上用眼注视着跑道上的接地点。在飞机下降到决断高度之前，机长或管制员如果发现飞机的速度、下降角度或其他方面出现问题，机长可以立即加大油门使飞机重新又爬升上去。当飞机降低到飞行的决断高度以下之后，飞机就不能复飞了。飞机继续下降到离地高度 10 m 左右时，机长操纵机头抬起，使飞机机身改平，由下滑状态变为机头微仰的水平飞行。因为此时飞机的速度已经很低，飞机需要较大的迎角保持升力。此后速度继续减小到产生的升力小于飞机的重力，飞机飘落于地面平行接地。接地时主起落架先着地，然后前轮着地。在飞机前轮着地以后，机长启动反推装置，柔和地使用刹车，飞机就沿着跑道中心线慢慢停下来。塔台上的空中交通管制员把飞机移交给地面交通管制员去指挥，由他通知机长把飞机从跑道上的某个出口驶出、驶入滑行道。至此，飞机的着陆阶段才算完毕。

机长按照地面管制员告知的路线及手中的地图和地面上画出的标志，把飞机驶向机坪。如果机长不熟悉这个机场的情况或者走错了路线，他可以要求派车引路。塔台会派一辆引导车，在此车顶上装有漆着 "Follow me" 字样的牌子，由引导车将飞机导入机坪。在机坪上有机坪调度员双手举着一对圆形的指挥牌（夜间是发光的指挥棒）来指挥飞机。机长根据调度员的手势把飞机准确地停到停机位上。如果飞机要停靠登机廊桥，驾驶员就把机头对正方向驶入廊桥旁的停机位，驾驶员根据在廊桥边墙上的电子和光学显示器分毫不差地把飞机停到指定的位置，机舱门对准廊桥门。机舱门打开，旅客下飞机，货物被卸下，一次航班任务顺利完成。

资料来源：中国民用航空局.精准、细致的着陆阶段[EB/OL].（2015-09-23）. [2022-07-19]. http://www.caac.gov.cn/GYMH/MHBK/KZJT/201509/t20150923_1908.html.

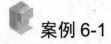

案例 6-1

一架飞往北京的飞机着陆引导过程

区域管制过程陆空通话示例：

飞行员：北京区调，你好，CES123，高度 7800 m。

管制员：CES123，雷达已看到，下降到 4800 m 保持，下降率大于 2000m/min。

飞行员：下到 4800 m 保持，下降率大于 2000m/min，CES123。

管制员：CES123，为确保间隔，保持速度。

飞行员：收到，保持速度，CES123。

管制员：CES123，联系进近，频率 126.1。

飞行员：126.1，再见，CES123。

进近管制过程陆空通话示例：

飞行员：北京进近，你好，CES123，高度 4800 m，应答机编码 4165，接收通播 A。

管制员：CES123，北京进近，雷达看到，直飞 DOGAR，下降到 4200 m 保持。

飞行员：下降 4200 m 保持，CES123。

管制员：CES123，下降到 2100 m，修正海压 1008。

飞行员：下降到 2100 m，修正海压 1008，CES123。

管制员：CES123，下降到 900 m 保持，可以盲降，跑道 36R。

飞行员：下降 900 m 保持，盲降跑道 36R，CES123。

管制员：CES123，联系塔台 118.5。

飞行员：118.5，再见，CES123。

塔台管制过程陆空通话示例：

飞行员：北京塔台，晚上好，CES123，36R 航道已建立。

管制员：CES123，北京塔台，继续进近，跑道 36R，修正海压 1008。

飞行员：继续进近，跑道 36R，修压 1008，CES123。

管制员：CES123，地面风 330，6 m/s，跑道 36R，可以落地。

飞行员：跑道 36R，可以落地，CES123。

飞行员：CES123，36R 落地了。

管制员：CES123，前方 E5 道口尽快脱离，联系地面 124.25，再见。

飞行员：E5 脱离，联系地面 124.25，再见，CES123。

地面管制过程陆空通话示例：

飞行员：北京地面，CES123，脱离跑道。

管制员：CES123，经 A5、B 和 C5 滑行道滑到 1 号停机位，看到地面指挥叫。

飞行员：滑行道 A5、B 和 C5，看到地面指挥叫，CES123。

资料来源：杨虎，王武民.飞行员实用陆空通话[M].北京：中国民航出版社，2017.

 本章小结

本章内容共分四节进行介绍。

第一节主要讲述了空中交通管理的基本概述，主要包括空中交通管理的发展历程、空中交通管制的概念和主要任务、空中交通管理机构的职责范围，比较全面地展示了空中交通管理的框架。

第二节介绍了空中交通管制的空域管理，主要包括空域及空域管理的定义、ICAO 对空域的分类、空域管理的划设，并对现在航空运输中空域发展的现状做了简单介绍，提出今后空域管制一体化的发展趋势。

第三节讲述了航空器的飞行规则，包括航空器的飞行高度的规定、航空器飞行垂直和水平间隔标准、航空器空中飞行的一般规则，并重点介绍了航空器目视、仪表的飞行规则。

第四节重点讲述了空中交通管制的各项服务，具体包括机场管制、进近管制、区域管制，并对特情管制做了简单说明。

通过本章的学习，能够全面了解空中交通管制概况，有助于对空中交通管制飞行保障作用的理解。

 本章思考题

1. 空中交通管理的含义是什么？主要任务包括哪些？
2. 空中交通管制机构和人员的责任与要求分别有哪些？
3. 空域管理的含义是什么？ICAO 对于空域管理进行了怎样的分类？
4. 航空器飞行的垂直间隔标准和水平间隔标准分别包含的内容是什么？
5. 试分析空域管理的现状和未来发展的趋势。
6. 航空器应遵守的一般规则包括哪些？
7. 试分析机场管制、进近管制、区域管制服务的不同点。
8. 程序管制和雷达管制发挥的重要作用有哪些？

第七章　航空运输企业及其运营管理

【学习目的】

近几年，随着人民生活水平的提高，全国各地修建机场如雨后春笋，新开航线成倍增长，乘坐飞机的游客越来越多。中国成为全球增长最快、最重要的民航市场之一。在民航业高速发展的今天，如何实现高效率、高质量的旅客运输和民航货物运输直接影响航空公司的公众形象和商业信誉，对于提高我国民航的国际形象及增强民航在国际市场的竞争能力具有非常重要的意义。

【本章学习目标】

1. 了解航空公司的主要组织结构；
2. 了解航空客运组织营运过程；
3. 了解客票类型及价格，掌握国内票价的使用原则；
4. 了解货运中禁运物品的规定；
5. 熟悉各类国际航空法的范围及其约束的内容。

【核心概念】

1. 旅客运输保障流程；
2. 特殊旅客运输服务工作重点；
3. 不正常行李运输服务内容；
4. 航空货物运输分类；
5. 民航货物运输概念。

【素质目标】

1. 提高民航运输服务职业素养，增强服务意识、民航安全意识；
2. 树立职业素养，为以后职业发展奠定基础。

 【导读】

为生命分秒必争 湖南航空全力保障造血干细胞转运

2021年11月25日21点56分，湖南航空A67120航班平稳顺利落地昆明长水国际机场。出港旅客中，有一位岳阳市红十字会工作人员，他携带着装有造血干细胞的专用储藏箱，匆匆赶往当地医院。在这场紧急的生命接力赛中，湖南航空成功保障了造血干细胞运输工作，为挽救病患生命赢得了宝贵时间。

当日16时左右，湖南航空运行控制中心接到营销部门通知，A67120长沙—昆明航班将有一名岳阳市红十字会工作人员携带造血干细胞乘机。在了解并核实旅客的相关证明材料后，运行控制中心按照规章对相关保险剂是否涉及有危险品进行核实，确认满足承运条件后当即联系客舱部、运服部成立保障小组。

湖南航空机场指挥中心启动紧急保障程序，当班班组第一时间将该情况通知航班当班机组和机场保障人员，现场保障人员提前准备相关资料，为旅客安排前排座位，同时协调长沙机场、昆明机场安排飞机靠廊桥保障。17时10分，旅客抵达值机柜台，为确保旅客顺利登机，最大程度缩短上下机时间，湖南航空安排地面服务人员协助旅客填写相关资料并全程陪同其过安检至32号登机口。此时本次航班的乘务长认真细致地进行航前准备工作分配，对当日航班的服务及保障工作流程再次进行确认。19时25分，红十字会工作人员携带造血干细胞优先登机。

在整个航程中，乘务组时刻关注旅客需求，全力守护着"生命种子"。航班落地后，为全力保障干细胞移植的时效性，乘务组第一时间安排红十字会旅客优先下机，并将人体干细胞移交地面服务人员，空中保障工作至此顺利结束。下机时，红十字会工作人员对乘务组的服务及保障工作再次表示认可与感谢。

2021年，湖南航空已多次开辟绿色通道保障旅客生命安全，用实际行动展现对生命的尊重与关爱，为传递希望和挽救生命搭建起了空中桥梁。本次空中绿色通道的顺利开通为患者带来了新的希望，也是对湖南航空各部门高效协同的一次考验，湖南航空将"三个敬畏"精神落到实处，用实际行动诠释了民航"真情服务"的理念，践行了湖南航空"团结、奋斗、高效、务实"的企业价值观，展现了湖南航空人的社会责任担当。

资料来源：中国民航网.为生命分秒必争 湖南航空全力保障造血干细胞转运[EB/OL].（2021-11-26）[2022-07-16].http://www.iaion.com/bz/112721.html.

第一节　公共航空运输企业

公共航空运输企业是以各种航空飞行器为运输工具，以空中运输的方式运载人员或者货物的企业。为了便于理解，并符合通常的称谓，本书使用了承运人、航空运输企业、民航运输企业和航空公司等提法，均指公共航空运输企业。

大部分的国际航空公司都是国际航空运输协会的成员，以便和其他航空公司共享连程中转的票价、机票发行等标准。国际航空运输协会为全球各航空公司指定两个字母的 IATA 航空公司代码，但是有许多地区性的航空公司或者低成本航空公司并非国际航空运输协会的成员。

各大航空公司通常已经在国际民航组织登记自己的呼号。呼号通常都是航空公司的名称，但也有例外的，再在呼号后加上航班编号，一些满载的大型航班会在呼号后再加上 HEAVY，让航空管制员知道该航班特重，不能执行一些指令（如保持低速、飞到更高高度等）。可以按多种方式将航空公司分类，按公司规模分，如大型航空公司、小型航空公司；按飞行范围分，如国际航空公司、国内航空公司；按运输的种类分，如客运航空公司、货运航空公司。

一、航空公司的设立

（一）申请筹建

申办公共航空运输企业，应当具备以下条件：空运企业应当依法取得中华人民共和国企业法人资格；企业法定代表人为中国籍公民；负责全面经营管理的企业主要负责人应当具备相应的航空专业知识。主管飞行、适航和其他专业技术工作的负责人应当符合民用航空规章的相应要求；企业注册资本不少于 8000 万元人民币；具有 3 架（含）以上民用航空器；具有与民用航空器相适应的、经过专业训练取得规定执照并具备规定条件的空勤人员；具有与民用航空器相适应的、取得执照或者证书的维修、签派、通信、运输、航空安全等专业人员；所使用的基地机场条件与其民用航空器型别相适应，并符合安全运营的标准和要求；具有保障安全、正常运营的固定经营场所和相应的其他基础设施、设备；具有良好的民用航空客货运运输市场需求；民航总局认为必要的其他条件。

根据《公共航空运输企业审批管理规定》，空运企业的筹建资格是由民航地区管理局审核、民航局审批。申请人应先将申请材料报送所在民航地区管理局审核，由管理局提出审核意见后连同申报材料一起核转民航局。经批准筹建的空运企业应按国家有关法律、法规及民用航空规章的规定和批准条件在筹建有效期内开展筹建工作，办妥筹建空运企业所需的各项手续。申请人经地区管理局审查完成筹建工作后，方可向民航局申请颁发空运企业经营许可证。申请人自批准筹建之日起两年内未能申请并取得经营许可证的，将注销其筹建资格。丧失筹建资格的申请人，民航局两年内不再受理其筹建申请。

（二）申请企业经营许可证及设立登记

申请人完成筹建工作后，向民航局申请办理空运企业经营许可审批手续。需提交的申请材料包括：设立空运企业申请书和筹建工作报告；企业章程；企业住所证明；空运企业标志及其批准文件；购置或者租赁民用航空器的批准文件；民用航空器国籍登记证、航空器权利登记证、适航证、维修许可证；地面和民用航空器电台执照；空运企业二、三字代码及其批准文件；空运企业使用的客票、货运单格式样本及批准文件；空勤人员、维修人员和签派人员执照；运输业务人员上岗证书；拟设立企业的法定代表人、负责企业全面经营管理的企业主要负责人及主管飞行和维修工作负责人的任职文件、履历表及其身份证；企业董事、监事的姓名、住所及委派、选举或者聘任的证明；拟使用的基地机场签订的机坪租赁协议和机场场道保障协议书；具有法定资格的验资机构出具的验资证明；投保地面第三人责任险的证明文件；经批准或者认可的企业管理手册或者文件；民航总局规定的其他文件、资料。

民航地区管理局自受理申请之日起 20 天内对申请人筹建完成情况进行审查，并提出审查意见，民航局自收到申请人的筹建申请之日起 20 天内，对申请人做出是否准予取得空运企业经营许可的决定，并于做出决定之日起 10 天内书面通知申请人，下发空运企业经营许可证。申请人持民航总局颁发的公共航空运输企业经营许可证，按规定向工商行政管理机关申请设立登记。

二、航空公司的组织结构

航空公司的组织结构主要有行政管理、航务管理、机务维修和运输营销四大部分。

（一）行政管理部门

行政管理部门是航空公司的核心管理部门，负责整个航空公司的管理和运行，主要包括财务管理、人事管理、计划管理、公共关系、信息服务、法律部门和航卫七个部门。

（二）航务管理部门

航务管理部门负责处理整个公司有关飞行和空中服务的事务，一般分为如下机构和部门：飞行人员的管理机构，针对公司使用的机型和现有飞行人员的状况进行科学有效的日常管理，制订符合公司正常运营所要求的飞行人员工作计划；空中乘务人员的管理机构，任务是对公司乘务人员进行日常管理，并根据公司不同机型对乘务人员的配备要求进行安排，保证公司正常运营对乘务人员的数量和技能水平的要求；空中交通和安全部门，负责飞行安全的检查、保障导航设备的完好和无线电通信的畅通，以保证公司飞机飞行的安全，中国各航空公司多称"航空安全技术部"或"飞行安全监察处"；飞行程序和训练部门，制定和执行程序与标准，安排模拟器训练和飞行训练及管理人员训练，中国的航空公司多设置"飞行标准办公室"和"运行监察处"；飞行签派机构，负责组织安排公司内航空器的放行和整个运行，它必须与民航各级空中交通服务部门协作配合才能使整个空中交通有序进行。

（三）机务维修部门

机务维修部门的主要任务是负责保持航空公司的飞机处于"适航"和"完好"状态并保证航空器能够安全运行。"适航"意味着航空器符合民航当局有关适航的标准和规定，同时负责航空器的维护、排故、航线维护支持等。"完好"表示航空器保持美观和舒适的内外形象和装修。

机务分为随机机务和地面机务。地面机务维修部门分为两级：一级是维修基地，进行内厂维修。维修基地是一个维修工厂，它具备大型维修工具、机器及维修厂房，负责飞机的大修、拆换大型部件和改装。二级是航线维修，也称为外场维修，飞机不进入车间。

（四）运输营销部门

运输营销部门管理着航空公司整个运输的销售、集散和服务环节，航空公司的收入主要依靠这些环节来体现。

广告和市场部门负责在媒体和实际工作中的广告策划及显示、研究和预测市场情况，制订航班计划和确定实际运价；销售部门负责客运和货运的销售，并协调代理客货运公司、其他航空公司之间的业务；运输服务部门负责飞机客舱的乘务服务物品的配发和机场及地面的各项服务；饮食服务部门，有的航空公司有自己专门的配餐系统，有的则需要和当地食品公司签订合同供应，但多数航空公司都设有专门的饮食服务部门；各地区的办事处及营业部是航空公司在航线繁忙的地区或城市设立的，这些办事处作为二级机构负责处理当地的上述各项业务。

第二节　航空客运的组织与运营

一、航班的组织

（一）航班的分类

飞机从始发航站起飞，经过中间的经停站，最后到达终点站的经营性运输飞行叫作航班。航班按不同的性质有多种分类方法，按经营区域可以分为国际航班、国内航班和地区航班。国际航班是指始发站、经停站或终点站中有一站或以上在本国国境以外的航班；国内航班是指始发站、经停站或终点站全部在一国境内的航班；地区航班是指始发站、经停站或终点站中有一站在一国内有特殊安排的地区的航班，如我国的香港、澳门、台湾等地。

按经营时间分为定期航班和不定期航班。定期航班是指列入航班时刻表在固定时间运行的航班。定期航班又分为长期定期航班及季节性定期航班，长期定期航班在我国执行的时间是两年，在此期间班期、时刻、航班号不能随意更改，不论有无旅客、人数多少都要飞行，遇特殊情况需要改变应提前通报。季节性航班是指根据季节不同有不同时刻、班期安排的航班。不定期航班也称为包机飞行，是指没有固定时刻，根据临时性任务进行的航班安排。

（二）航班时刻表

我国航班时刻表按冬春、夏秋两季，一年安排两次。每年的 4—10 月使用夏秋航班时刻表，每年 11 月至次年 3 月使用冬春季航班时刻表。航班时刻表对于航空运输而言，具有重大的功能。第一，航班时刻表是航空公司组织日常航班运营生产的依据；第二，航班时刻表是向社会介绍民航生产的一种重要形式。航空公司的运输飞行是按航班时刻表上公布的航班任务安排的，每一家航空公司按照自己的飞行能力开通航线，把航行的线路和地点在一段时间内固定下来，经民航当局批准以后，按开航城市名称的首位字母顺序编制出航班时刻表。乘客根据航班时刻表所提供的乘机时刻、机型、经停地点、服务项目等信息，选择自己需要的航班去旅行。对于航空公司而言，航班时刻表是它在此段时间内的生产活动安排。航空公司围绕它调配飞机、安排人员、组织力量、协调管理，保证准时完成时刻表上规定的航班任务。对于空勤人员来说，航班时刻表就是他们的任务书，一经承诺，就要全力以赴地进行准备，保证安全顺利地完成任务。

二、电子客票

客票是旅客乘机和交运行李的凭证，由承运人（航空公司）开出，是旅客和承运人之间的运输契约。1993 年，世界上第一张电子客票在美国西南航空公司诞生，结果大获成功。2000 年 3 月 28 日，南航推出了内地首张电子客票，电子客票给乘客带来了诸多的便利，并降低了航空公司成本。电子客票克服了纸质客票容易丢失损坏的难题；电话订座、网上购票减少了中间环节，购票更为快捷。乘客可以在异地订购机票，不需要送票、取票，直接到机场凭预订电子客票时的有效身份证件办理乘机手续。根据 IATA 的强制规定，从 2006 年 10 月 16 日起，停止向我国国内各大机票代理人发放 BSP（billing and settlement plan，开账与结算计划）纸质客票，而到 2007 年年底在全世界实现 BSP 客票 100%电子化。

电子客票是普通纸质机票的一种电子映像，是一种电子号码记录，它作为世界上最先进的客票形式，依托现代信息技术，实现无纸化、电子化的订票、结算和办理乘机手续等全过程，对于旅客来讲，它的使用与传统纸质机票并无差别。它可以像纸票一样执行出票、作废、退票、换开、改转签等操作。

电子客票的使用流程：查询某次航班的电子客票；将乘机人信息详细准确地填写；票款在银行网站完成支付；客服人员将在半小时内电话核实，发送电子客票号到乘客邮箱；旅客持有效身份证件原件到机场电子客票柜台领取登机牌；通过安检顺利搭乘航班。如需报销可领取"行程单"作为凭证。目前电子客票使用《航空运输电子客票行程单》作为旅客购买电子客票的付款凭证或报销凭证，不作为机场办理乘机手续和安全检查的必要凭证使用。票样如图 7-1 所示。

电子客票有以下几项内容说明。

第一，旅客姓名。机票是记名票证，只限本人使用，乘客必须出示与机票上姓名相符的证件才能登机（包括儿童和婴儿）。

第二，座位等级。F 为头等舱，C 为公务舱，Y 为普通舱。

第三，日期：日在前、月在后。

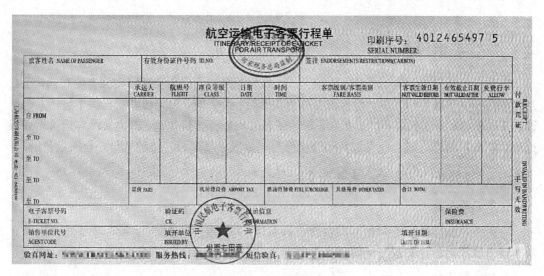

图 7-1　电子客票行程单票样

第四，时间。24 小时制，前两位为时、后两位为分，如 1915 为 19 点 15 分。

第五，订座情况。OK 为座位已订妥，RQ 表示已经申请订座，但未获证实或列入候补；OPEN 表示没有订座，在乘机前要办理订座确认手续；NS 表示不单独占座的婴儿；SA 表示利用空余座位。客票上的 CN 代表"机场建设费"，YQ 代表"燃油附加费"。

第六，票价栏。写的是票价的总额，票价计算栏中写出的是分段票价相加以及计算的依据。

第七，行李栏。填写免费行李额和行李的件数、重量。我国大多数航空公司对于国内航线免费行李额规定如下：持成人或儿童票的旅客免费行李额为：头等舱旅客 40 kg；公务舱旅客 30 kg；经济舱旅客 20 kg；持婴儿票的旅客无免费行李额。低成本航空公司一般免费行李额度会低一些。如春秋航空规定每位旅客的免费行李额为 15 kg。

第八，客票级别/类别。填写旅客所付票价类别，有公布票价和折扣票价两类。A 为公布票价，B 为折扣票价。

第九，付款方式。购票付款的手段，如现金支付、支票支付等。

第十，客票类型。按航班及日期分为定期客票和不定期客票。按航程可以分为单程客票、往返客票、联程客票。

定期客票也称 OK 票，指由承运人或销售代理人填开给旅客的指定航班和乘机日期的客票。不定期客票也称 OPEN 票，指由承运人或销售代理人填开给旅客的未指定航班和乘机日期的客票，这种客票必须在使用前订妥座位，并应在规定的有效期内完成客票上列明的全部航程。单程客票是指点到点去程票；往返客票是指点到点来回程票；联程客票是指由承运人或销售代理人填开给旅客的有两联（含两联）乘机联的客票。联程客票适应于联程运输，即旅客的航程超过一个以上的航班，需在航班的中途站或终点站换乘另一航班才能到达目的地。

三、客票运价体系

民航运价随运输对象的类别、运输方式、运输距离的不同而变化。根据客舱布局、餐食及服务标准的等级差别，在大型客机上分为头等舱、公务舱、普通舱票价。每个舱位下面附设若干子舱位，分别代表不同的折扣，形成了多等级舱位运价体系。国内航线客运价格还根据旅客年龄、出票时间、地点等具体情况分为儿童票、婴儿票、特种票价、包舱票价等。

（一）普通舱、公务舱、头等舱票价

1. 普通舱票价

空运企业国内航班上向旅客提供普通舱座位，每人免费交付的行李限额为 20 kg。其正常票价以国家对外公布的直达票价为基础。

2. 公务舱票价

空运企业在有公务舱布局的国内航班上向旅客提供公务舱座位。公务舱座位比普通舱宽，但比头等舱窄；餐食及地面膳宿标准低于头等舱，高于经济舱；每人免费交付的行李限额为 30 kg。2010 年 6 月 1 日，民航总局、国家发改委发布通知，对民航国内航线头等舱、公务舱票价实行市场调节价。国航率先宣布从 7 月 1 日调整主要集中在商务航线和宽体客机运营航线上的 43 条航线。调整后，北京至上海、深圳至广州航班的公务舱票价最高为经济舱全价的 1.8 倍，其他航线公务舱票价最高为经济舱全价的 1.5 倍，尚未调整的其他航线则维持公务舱 1.3 倍的票价级别。东航的调幅最大，其上海至北京航线的公务舱价格为经济舱的 2 倍，其他上海始发的航线公务舱价格为经济舱的 1.8 倍，其余国内航线公务舱价格为经济舱的 1.5 倍。南航主要上调公商务航线两舱全价票，部分旅游航线的两舱则推出了更低的折扣位。根据具体航线、机型、座位等级的不同，南航公务舱票价也由原经济舱全价的 130% 调整为 120%～180%。

3. 头等舱票价

在有头等舱布局的国内航班上时，空运企业向旅客提供头等舱座位。头等舱的座位较公务舱座位宽且舒适，为旅客免费提供的餐食及地面膳宿标准高于公务舱，每人免费交运行李的限额为 40 kg。价格调整后的航班，如国航北京至上海、深圳至广州的航班的头等舱价格最高为经济舱全价的 2.3 倍，其他航线头等舱价格最高可为经济舱全价的 2 倍；东航上海至北京航线的头等舱价格调整后，为经济舱价格的 2.5 倍，其他上海始发的航线头等舱价格为经济舱全价的 2 倍，其余国内航线头等舱价格为经济舱价格的 1.8 倍。南航头等舱价格也由原经济舱全价的 150% 调整为 145%～280%。尚未调整价格的其他航班，则维持头等舱 1.5 倍的票价级别。

（二）儿童、婴儿票价体系

旅行开始之日起，年满 12 周岁的儿童购买全票；旅行开始之日起，年满 2 周岁、未满 12 周岁的儿童应按适用成人全票价 50% 收费，儿童票免收机场建设费，燃油附加费减半；旅行开始之日起，未满 2 周岁的婴儿，按适用成人全票价 10% 收费，不单独占用一个座位，

无免费行李额，仅可免费携带一摇篮或可折叠式婴儿车；如需要单独座位，需购买儿童票。婴儿票免收机场建设费和燃油附加费；5 周岁以下的儿童乘机，须有成人陪伴而行，如无成人陪伴，不予接收；5 周岁（含）以上、12 周岁以下无成人陪伴儿童乘机时，应在购票前提出申请，经承运人同意后方可购票乘机；每位成人旅客所带未满 2 周岁的婴儿超过一个时，其中只有一个可按成人全票价的 10%付费，其余按成人全票价的 50%付费。

（三）特种票价

特种票价是指航空公司对特殊的运输对象给予一定折扣的票价，它以公布的成人全价票为计算基础，除另有规定外，一般不得重复享受其他优惠。目前存在的特种票价主要是按旅客类型、航班时刻和购买方式来制定的，如老人优惠、师生优惠、军人优惠、员工优惠、代理人优惠、团体优惠、首航优惠、来回程优惠、常旅客优惠等。

1. 团体旅客票价

旅客人数在 10 人（含）以上，航程、乘机日期、航班和舱位等级相同并按同一类团阶支付票款的旅客称为团体旅客。购买儿童、婴儿票价客票的旅客不计入团体人数内。团体旅客订妥座位后，应在规定或预先约定的时限内购票，否则，所订座位不予保留，航空公司可视客人团体人数和航班座位销售情况，向团体旅客提供优惠的票价。大多数航空公司采用一团一议的方法给予优惠，同时采用多等级舱位的方法进行管理。该票价一般附有不得签转、出票时限等限制运输条件。

2. 军残票价

凡因公致残的现役军人和因公致残的人民警察在乘坐国内航班时，凭《革命伤残军人证》和《人民警察伤残抚恤证》，在规定的购票时限前，按适用正常票价的 50%计算。代理人销售此类客票需要得到航空公司的授权。

3. 教师/学生票

教师和学生在寒暑假期间乘坐国内航班时，凭教师证和学生证，适用正常票价的 60%和 50%计收，具体可参见各航空公司的相关业务规定。

4. 季节票价

航空公司在旅游淡季向旅客提供的优惠票价，属于促销票价。

5. 免费、优惠票

由承运人特殊批准的旅客，凭乘机优待证可以填开由该承运人承运的免票、优惠票。货运包机押运人员凭包机货运单和包机单位介绍信可填开免费客票。在客票的票价计算栏内写明包机运输协议书号码。航空公司常旅客可凭里程积分换取免票。

（四）包舱票价

包舱票价是根据旅客乘坐飞机的特殊需要，购票单位向航空公司包购飞机中某一客舱舱位的全部座位，但旅客人数不得超过所包舱的座位总数。包舱票价按照包用舱位的座位总数乘以适用的票价计算。包舱票价旅客的免费行李额，按适用舱位票价享受的免费行李额乘以包舱的座位总数计得，而不是按旅客实际人数计算。

案例 7-1

客票超售引起的纠纷

2010 年 10 月 22 日,旅客一行七人欲乘某次航班由西安前往上海,在咸阳机场办理登机牌时突然被告知因航空公司客票超售,其中一人不能登机,万般无奈,其中一位消费者只能被迫改乘其他航班。旅客投诉后,该公司表示补偿消费者 200 元,旅客认为补偿金额过低。

点评:机票超售是国际航空界通行的一种销售方式,近年来逐渐被我国各航空运输企业所运用,其目的是为了减少航班中的座位虚耗、减少不必要的资源浪费,为更多旅客提供便利,同时提高航空收益。近年来,由于超售引发的消费者投诉不断上升,引起民航局的高度重视。民航局于 2007 年和 2011 年先后两次下发通知,对规范客票超售工作提出了具体要求:一是航空公司办理航班座位超售业务,应当充分考虑航线、航班班次、时间、机型、衔接航班等情况。二是航空公司应制定航班座位超订、超售实施办法,实施办法应包含旅客享有权利、优先登机规则和补偿办法等内容。三是航空公司应将实施办法在公司网站、售票场所及办理乘机手续柜台等处予以公告。四是当出现超售时,航空公司应首先寻找自愿放弃座位的旅客,并与旅客协商给予一定的奖励或补偿。五是航空公司制定的优先登机规则不得带有歧视性。当没有足够的旅客自愿放弃座位时,航空公司可以根据优先登机规则拒绝部分旅客登机。六是航空公司应为被拒绝登机的旅客提供相应的服务并给予一定的补偿。补偿的数额由航空公司自行制定并以适当方式公布。本案中,承运人没有按照民航局的要求寻找志愿者,且没有主动给予旅客补偿,其行为是不符合相关规定的。

资料来源:豆丁网.客票超售引起的纠纷[EB/OL]. (2021-02-03)[2022-07-16].https://www.docin.com/p-2593964851.html.

(五)国内票价的使用原则

第一,航空公司公布的票价,适用于直达运输。如旅客要求经停或转乘其他航班时,应按实际航段分段相加计算票价。

第二,客票价为旅客开始乘机之日适用的票价。客票出售后,如票价调整,票款不做变动。

第三,使用特种票价的旅客,应遵守该种特种票价规定的条件。

第四,有关当局或机场经营者规定的对旅客或由旅客享用的任何服务、设施而征收的税款或费用不包括在航空公司所公布的票价范围内。

四、改签规定

客票改签包括两种:变更和签转。

旅客购买定期客票后,由于个人原因或航空公司安排失误(如航班取消、提前、延误、航程改变或承运人未能向旅客提供已经订妥的座位或舱位等级,或未能在旅客的中途分程地点或目的地停留,或造成旅客已经订妥座位的航班衔接错失)而要求变更乘机日期、航班、航程、座位级别或换乘机人，称为客票变更。按照变更原因的不同，客票变更分自愿变更和非自愿变更。

旅客购票后，如要求改变原客票的指定承运人，称为客票签转。按照签转原因的不同，客票签转又可分为自愿签转和非自愿签转。

（一）客票自愿变更、签转规定

变更有效性规定：要求变更的客票必须在客票有效期内，逾期的无效客票不得变更；要求变更的客票不得违反票价限制条件，如承运人提供的较低折扣的机票往往都附加"不得签转""不得变更"等限制条款，客票的变更工作一定要遵循限制条款。变更航程或乘机人，均应按退票处理，重新购票。客票变更后，客票的有效期仍按原客票出票日期或开始旅行日期计算。要求变更航程、乘机日期，必须在原定航班离站时间前提出，承运人可按有关规定办理。

旅客客票签转有效性规定：旅客未在航班规定的离站时间前 72 小时以内改变过航班、日期，旅客应在航班规定离站时间 24 小时以前提出，新承运人与原承运人有票证结算关系且新承运人的航班有可利用座位。

（二）非自愿变更、签转规定

如因航空公司工作环节或天气、突发事件、空中交通管制等原因导致旅客航班延误、取消的，航空公司应为旅客优先安排有可利用座位的本承运人的后续航班；或征得旅客及有关承运人的同意后，办理签转手续。若是承运人原因造成的变更，承运人有义务安排航班将旅客送达目的地或中途分程地点，票款、逾重行李费和其他服务费用的差额多退少不补。由于承运人原因，造成旅客舱位等级变更时，票款的差额多退少不补。如普通舱改为头等舱，不再收取差额，头等舱改为普通舱，应退还票价差额。

五、退票规定

旅客购票后，由于旅客原因和承运人原因，不能在客票有效期内完成部分或全部航程，而要求退还部分或全部未使用航段票款，称为退票。退票分为非自愿退票、自愿退票和旅客因病退票三种。

非自愿退票是指航班取消、提前、延误、航程改变或承运人不能提供原定航班座位，旅客要求退票。始发站应该退还全部票款，经停地退还未使用航段的全部票款，均不收退票费。若航班在非规定的航站降落，旅客要求退票，原则上退还由降落站至旅客到达站票款，但不得超过原付款金额。

自愿退票是指由于旅客原因，未能按照运输合同（客票）完成全部或部分航空运输，在客票的有效期内要求退票。各航空公司根据旅客购买客票折扣、舱位不同，收取的退票费率也不相同。旅客购买经济舱子舱位较高折扣的机票，退票时扣除退票手续费率较低。相反，旅客购买经济舱子舱位较低折扣的机票，退票时扣除的手续费费率较高。特价折扣舱位客票一般不得自愿退票。

旅客因病退票是指旅客因个人身体健康原因未能全部或部分完成机票中所列明的航程。旅客因病要求退票，须在航班规定离站时间前提供县级（含）以上医疗单位出具的医生诊断证明（如诊断书、病历、旅客不能乘机的证明），免收退票费。患病旅客的陪伴人员要求退票，应与患病旅客同时办理退票手续，免收退票费。

六、特殊旅客服务和行李不正常运输

（一）特殊旅客服务

1. VIP要客服务

VIP旅客是指非常重要的旅客，要客是指具备重要政治地位、社会地位、经济地位的旅客。要客登机时，应按要客单上的称呼致意，尊称其头衔，并尽快接过其手提行李，引导入座。飞行中，在不影响其他旅客的前提下，为要客提供特殊服务。下机时要客享有最先下机权。重要旅客分为两类：最重要旅客、重要旅客和工商界重要旅客。

最重要旅客（very very important person，VVIP），包括中共中央总书记、中央政治局常委、委员、国家主席、副主席、人大常委会委员长、国务院总理、政协主席、国家元首、政府首脑等。

重要旅客（very important person，VIP），包括省部级党政负责人（含副职）、各大军区级（含副职）以上的负责人、著名科学家、院士、社会活动家等及公使、大使级外交使节。

工商界重要旅客（commercially important person，CIP），包括对工商业、经济、金融界有重要影响的人士。

2. 老年旅客服务

老年旅客通常是指年龄超过60岁的男性或年龄超过55岁的女性申请按老年接待的旅客。年满60周岁的旅客，如果身体健康、状况良好，可按普通旅客承运。年龄超过70岁的老人乘机必须出具县级以上的《健康证明书》。

空乘人员应热情搀扶需要帮助的老年旅客上下飞机，主动帮助提拿，安放随身携带的物品，安排座位，帮其系安全带并示范解开的方法，主动为其介绍客舱服务设备、卫生间的位置及使用方法。老年旅客上机后乘务员应主动送上毛毯。乘务员应主动告知飞行距离、飞行时间，介绍客舱服务设备。旅途中，乘务员要经常看望并了解老年旅客的需要。对于老年旅客的餐饮服务，尽量安排热的饮食，主动介绍供应的餐食。老年旅客下机时搀扶其下机并交代地面服务人员给予照顾。

3. 婴儿和儿童旅客服务

民航规定：为保证旅客安全，对开始旅行时出生不超过14天的婴儿，不予售票。每一航班接收婴儿的最大数额应少于该航班机型的总排数，但每相连的一排座位不能安排多于一个婴儿，如B757型，15ABC为相连的一排座位，仅能安排一名婴儿。婴儿上机前乘务长事先指定一名乘务员帮助带婴儿的旅客提拿随身携带的物品，安排座位，介绍客舱服务设备。飞行中乘务员要提供细微的服务，调整好通风器，注意不要让通风口直接对着婴儿及其陪伴人员。乘务员向陪伴人员征询婴儿喂食、饮水的时间和分量,有无特殊要求等。飞机下降时,告诉陪伴人员唤醒婴儿,以免压耳。

5～12 岁儿童可以单独乘机出行,称作无人陪伴儿童。在无人陪伴儿童旅客登机前,事先应了解其相关情况,地面服务人员把儿童旅客送上飞机,向乘务长说明其目的地和接收成人的姓名并双方签字完成交接。乘务长落地后移交给地面工作人员或来接的成人,并签字完成无人陪伴儿童旅客的交接。飞行中乘务长需要把无人陪伴儿童安排在方便乘务员照看的座位并指定一名乘务员主要负责照管,在饮食上尽量照顾儿童旅客的生活习惯和心理要求,经常观察儿童旅客是否有不适应或不舒服的感觉。飞机下降时,乘务员叫醒正在睡觉的儿童,并妥为照料,以避免压耳。飞机到站后,乘务员向来接人员介绍儿童旅客的情况,如无人来接,要把儿童旅客的情况详细告诉地面服务人员,并将其所携带的物品点交清楚完成签字交接工作。

4. 病残旅客服务

病残旅客是指那些由于身体或精神上存在缺陷或病态,在航空旅行中不能自行照料自己的旅途生活,需由他人帮助照料的旅客。病残旅客的接收规定如下。

第一,必须事先(飞机起飞前 72 小时,其中担架旅客为飞机起飞前 1 周)提出特服申请,并由工作人员填开特服申请通知单。

第二,对于需要特别照顾的旅客,必须出示医生的诊断证明和适宜于乘机的证明,经航空公司同意后方可承运。

传染病及精神病患者或健康状况可能对其他旅客或自身造成危害的旅客,不予承运;年迈老人,虽未患病,但需要他人照顾,视为伤病旅客;先天残疾人士,但已习惯独立生活的人,不视为伤残旅客;伤残旅客原则上需要医生或家属陪同。

病残旅客需经机场地面有关领导批准后方能购票乘机。乘务员要事先了解旅客状况,协助旅客亲属办理登机手续,为其选择位于客舱前部及靠近过道的位置。运输担架旅客时,若担架随机,乘务员协助将病人和担架安排在不影响过往通道的适当位置;若担架不随机,乘务员要在座椅上铺垫毛毯、枕头,根据病情让病人躺卧。飞行中乘务长指定专人负责,经常观察、询问病情,根据情况妥善照顾。送餐时,协助旅客取用餐食,适时给予帮助,对先天残疾的旅客,避免过分关注导致旅客不安。到站后,及时联系地面负责人,让病残旅客最后下飞机,乘务员协助整理并提拿手提物品护送病残旅客下机上车。

5. 孕妇服务

怀孕 32 周或不足 32 周的孕妇乘机,除医生诊断不适宜乘机者外,可按一般旅客运输。怀孕超过 32 周的孕妇乘机,应提供医生诊断证明。怀孕超过 36 周,不接受运输。怀孕超过 32 周的孕妇一般情况下不要乘机,如有特殊情况,应在乘机前 72 小时内交验由医生签字、医疗单位盖章的"诊断证明书"一式两份,内容包括旅客姓名、年龄、怀孕日期、预产期、旅行航程和日期,适宜于乘机及在机上需要特殊照顾等,同时填写《特殊旅客乘机申请书》一式两份,经承运人同意后可以购票乘机。孕妇旅客登机时,乘务员主动帮助孕妇提拿,安放随身携带物品,注意调整通风器。乘务员主动介绍客舱服务设备,起飞和下降前给孕妇在小腹下部垫一条毛毯或枕头。若遇孕妇机上分娩,乘务员参照紧急处理方案

有关内容采取措施，同时报告机长，采取相应措施。

 案例 7-2

坐错飞机，下错站，这个秋天河东机场故事多

2011 年 9 月 12 日银川河东机场一名手持韩国护照的旅客下飞机后迟迟不肯出机场。因其既不懂汉语又不懂英语，外宾十分着急。精通韩语的机场地面服务保障部工作人员陈园园接到电话后，立即前去协助处理。

陈园园赶到现场后了解得知，该旅客是韩国首尔人，近期来到北京出差，忙完工作，定了中午北京飞仁川的机票，打算下午回去和家人一起过中秋，却不料飞到了银川。原来，在韩国语中，"银川"和"仁川"的发音相同，另外国际航空运输协会（IATA）制定的全球机场三字代码中，银川为 INC，仁川则是 ICN，极易混淆。这样事情在银川河东机场已经发生过好几次了。

随后，陈园园及时帮旅客候补了下午银川飞往北京的航班，并积极帮旅客联系了晚上北京飞仁川的机票，将旅客送上了飞机。临走时，韩国旅客对银川河东机场国际化的服务水准和热情高效的服务给予了高度评价。

要说坐错飞机还情有可原，那么坐飞机下错站这种事儿估计快赶上天方夜谭了，可近期，这样的事情在银川河东机场还真有发生——这个秋天，河东机场的"故事"有点多。前几天，从济南飞往乌鲁木齐的一位新疆籍旅客就在飞机经停银川的时候，提前出站，下错了飞机。乘机旅客提前终止旅行，这给机场带来了极大的麻烦。银川河东机场紧急启动相关预案，保障了航班的顺利起飞。随后，机场公安局本着积极负责的态度，从旅客机票信息中查找出了旅客的信息，联系到了旅客在济南的弟弟，又多方联系，在银川汽车站找到了该名旅客，最终把旅客送上了银川飞往乌鲁木齐的飞机。

大家在乘坐飞机时，一定要看清目的地，千万不要坐错飞机，不要下错站。

资料来源：民航资源网.坐错飞机，下错站，这个秋天河东机场故事多[EB/OL].(2011-09-13)[2022-07-16]. http://news.carnoc.com/list/200/200357.html.

（二）行李的不正常运输

行李运输，分托运行李和非托运行李两种。托运行李是指在办理登机手续时值机人员拴挂行李牌，由承运人负责保管和运输的行李；非托运行李则是指由旅客自行保管，可以带入客舱的行李。非托运行李的体积应在 20 cm×40 cm×55 cm 以内，重量应在 5 kg 以内，超过上述尺寸和重量，应作为托运行李交运。计重托运行李的最大体积是 40 cm×60 cm×100 cm，最大重量不得超过 50 kg。根据旅客所乘坐的舱位不同，所享受的免费行李额也有所不同。计重行李的免费行李额在普通舱是 20 kg，公务舱是 30 kg，头等舱是 40 kg。计件免费行李额：普通舱和公务舱旅客可以交运两件，每件 23 kg。头等舱旅客可以交运三件行李。当旅客随身行李超过民航规定免费重量时，民航向旅客收取超重行李运费，并开具超重行李票。计重行李的每千克超重行李费以公布经济舱票价×1.5%计算，以人民币元为单位，尾数四舍五入。免费行李由民航发给旅客领取凭证，到站时，旅客可凭证领取行李。

行李发生延误、破损、丢失、内物丢失等不正常情况，应立刻持机票（电子客票）、登机牌、行李牌和身份证件到机场行李查询处申报，协同工作人员一同填写"行李运输事故记录单"。根据规定，行李查找一般需要 21 天，如果 21 天以后行李仍未找到，旅客有权提出索赔要求。旅客的托运行李全部或部分损坏、丢失，赔偿金额为 50 元/kg。旅客的自理行李和随身携带物品，由于航空器上的事件造成损失，最高赔偿限额为人民币 2000 元。托运行李每千克价值超过人民币 50 元，可办理 5‰声明价值附加费。每位旅客的行李声明价值最高限额为人民币 8000 元。如民航对声明价值有异议而旅客又拒绝接受检查时，承运人有权拒绝收运。旅客托运小动物应在订座或购票时提出，并提供动物检疫证明，而且小动物一律不能放在客舱内运输，包装要符合要求。运价按逾重行李计费（经济舱票价的 15%单独收费）。

七、航班组织与流程

航班确定以后，航班运营部门就要齐心协力确保航班的正常运行。组织一个航班并保证其正常飞行，需要航空公司的多个部门来协作配合，如工程维修部门、油料部门、签派部门、空勤机组、机供品供应部门、货运部门、地面运行控制部门等。

工程维修部门利用晚上飞机停场的时间检修和维护飞机，确定飞机是否存在影响飞行的设备故障。如果故障较大，不能及时修复，工程维修人员有权停止飞机的飞行，安排其他飞机执行这次航班任务，这时航务管理部门需要重新组织航班机组人员，飞行签派人员需要为飞机签发放行许可单。

运输营销部门负责飞机客票的销售、货物托运、机上的食品用品的准备工作等。油料部门要给飞机添加燃油及其他附属油料。

签派部门专门负责制订飞行计划，并将本次飞行计划通知空中交通管制部门，经对方同意后，签派室则代表航空公司负责飞机的放行及以后整段时间内飞机的运行和安排。签派室是航空公司的飞行指挥中心。

航务部门要搜集气象情报，安排机组人员。航空公司按照航班时刻在飞机起飞前的 4 小时，必须将执行本次航班任务的机长和空勤组人员名单下达到本人。执行飞行任务的全体机上工作人员叫作空勤组，它包括飞行机组与乘务组。飞行机组是指在驾驶舱内操纵飞机的人员，由正、副两名驾驶员组成，正驾驶员也被称为机长，是飞机上的最高领导，对飞机负有全部责任，机上所有的工作人员及旅客都要服从他的安排和指挥。副驾驶员是机长的助手，帮助机长操纵飞机，当机长因故不在或不能驾驶飞机时，就要立即担负起驾驶飞机的责任。在客舱里为旅客服务的人员是乘务组，由乘务长领导，乘务员的人数按照飞机的载客人数安排，他们为旅客引导座位、安排随身行李、派发餐饮、广播航行信息、安排机上娱乐项目等。还有一项重要任务就是当飞机处于紧急状态时，乘务员要及时采取妥善措施，安排或疏导旅客脱离危险境地。

空勤当班机组在接到飞行任务通知后，就要进行飞行前准备。飞机起飞前 8 小时之内，他们不能饮酒、不能食用易引起腹泻的海鲜贝类和产生气体的食物，带好必要的有效证件，如驾驶执照、护照、卫生防疫证明等，在飞机起飞前 1.5 小时（国内航线）～3 小时（国际航线）抵达机场。当班机组先到航管部门签到，再到签派室与签派人员仔细研究飞行计划、

飞行高度、使用的航线、天气状况、主备降机场、燃油液载计算和航班运营过程中可能发生的其他问题等。确定飞行计划后，由签派员签发放行许可单，随后机长召集全体机组人员召开飞行前准备会，介绍机组成员、说明本次飞行任务的有关情况和具体工作要求，并向各部门工作的负责人布置具体任务。机上各部门工作人员也向机长汇报工作准备情况。飞机起飞前 55 分钟，机组人员开始登机。登机前机长或副驾驶要对飞机进行例行检查，地面维修人员向机长介绍飞机准备情况。

机长和机组成员登机的同时，其他各项工作也在紧张有序地进行，如加油、上水、上各种餐饮食物及机上用品、乘客登机、货物和行李装机等。在飞机货舱内装入货物时，配载人员要认真仔细地按重量安排货物的安放位置，使飞机的重心保持在一定活动范围内，防止因货物放置位置不当影响飞机重心位置，导致飞机在空中操纵困难。装货完毕后，要将这些配载数据填在飞机配重表和平衡图上，然后交给机长，机长同意后签字，配重表和平衡图作为随机文件，由机组保存。机上的乘客位置也影响着飞机重心的改变，因此即使在机上空位较多的情况下，乘客也不能随意选择座位，而必须服从乘务员的安排，在指定位置就座。某些飞机发动机安装在飞机的尾部，使飞机重心靠后，当乘客较少时，乘客就要相对集中坐在前部以保持飞机的重心位置。

地面航班运行控制人员把乘坐本次航班的乘客名单交给乘务长，乘务员清点乘客人数准确无误后，关好舱门，经空管 ATC 许可后，机长启动发动机，航班开始执行。

第三节　航空货物运输业务

一、航空货运及相关责任人

（一）航空货运

航空货物运输是指一定的货物（包括邮件）通过航空器运往另一地的运输，这种运输包括市区与机场的地面运输。航空货运是现代航空物流业务的重要组成部分，也是国际贸易中贵重物品、鲜活货物和精密仪器运输所不可缺的方式。航空货运主要采用集中托运的形式，或直接由发货人委托航空货运代理人进行，货物到达目的地后再通过发货地航空货运代理的关系人代为转交货物到收货人的手中。业务中除涉及航空公司外，还要依赖航空货运代理人的协助。

航空货运具有运送速度快、破损率低、安全性好及空间跨度大等优势，航空运输具有快捷性，可以加快企业商品的流通速度，节省生产企业的相关费用，同时在急用货物、不宜长时间保存的货物、市场上生存周期短的货物等的运输上优势很明显，但是也存在运价比较高、载量有限、易受天气影响等劣势。

（二）航空货运相关责任人

1. 承运人

承运人是指包括接受托运人填开的航空货运单或者保存货物记录的航空承运人和运送

或者从事承运货物或者提供该运输的任何其他服务的所有航空承运人。

2. 代理人

代理人是指在航空货物运输中，经授权代表承认的任何人。航空货运代理人是伴随着航空货运市场的繁荣而发展起来的，它通常接受航空公司委托人的委托，专门从事航空组织工作，如揽货、接货、订舱、制单、报关、交运、转运等，为货主和承运人提供各种服务，从而获得一定的报酬。

3. 托运人

托运人是指为货物运输与承运人订立合同，并在航空货运单或者货物记录上署名的人。

4. 收货人

收货人是指承运人按照航空货运单或者货物运输记录上所列名称而交付货物的人。

二、航空货运的分类

（一）货运形式

航空货运按形式大致可以分为普通货物运输、急件运输、航空快递、包机运输、特种货物运输。

1. 普通货物运输

普通货物是指托运人没有特殊要求，承运人和民航当局对货物没有特殊规定的货物，这类货物按一般运输程序处理，运价为基本价格的货物。

2. 急件运输

急件运输是指必须在 24 小时之内发出，收货人急于得到的货物，急件货物运费率是普通货物运费率的 1.5 倍，航空公司要优先安排舱位运输急件货物。

3. 航空快递

由承运人组织专门人员，负责以最早的航班和最快的方式把快递件送交收货人的货运方式。快递的承运人可以是航空公司、航空货运代理公司或专门的快递公司。快递的方式有三种：第一种是机场到机场，收货人在机场等候；第二种是门到门的快递服务，承运人从发货人处取货，并将货物在规定时间直接送到收货人的所在地址；第三种是由快递公司派专人随机送货。快递运输安全、快速、准确，目前已经成为航空货运中的一个重要部分，其中大部分的运量是以第二种方式进行的，运输的货物以文件、样品、小件包裹为主。快递的费用相对昂贵，一般按距离分档计价，除运费外还要加收中转费和地面运输杂费。

4. 包机运输

包机是指包机人和承运人签订包机合同，机上的吨位由包机人充分利用。包机吨位包括机上座位和货运吨位，包机的最大载重和运输货物要符合飞行安全的条件和民航局的有关规定，包机的计费按里程计算，如果飞机由其他机场调来，回程时没有其他任务时还要收取调机费。调机费按里程收费，调机计费里程包括调机里程和回程。

5.特种货物运输

特种运输物品是指一些在运输上有特殊要求的货物，如鲜活易腐类、危险品类、超大超重类、活体动物等。

（二）特种货物运输的分类

在《民用航空货物国内运输规则》中对特种货物运输做了明确的规定，其内容和国际货运的规定大体一致。

第一，菌种和生物制品。要开具无毒证明才能运输，运输时要远离食物。有毒或对人体有害的这类物品除非特殊批准不予运输。

第二，尸体和骨灰。要有有效的死亡证明、入殓证明和火化证明。尸体应经防腐处理，并要求装载容器，确保气味和液体不能外溢，不能和其他货物混装。

第三，活动物。要求检疫证明，大量运送要有专人押运，包装要防止动物逃逸，保证通风，底部要防止粪便外溢。

第四，鲜活易腐物品。包装要保证不污染、损坏飞机或其他货物。必要时派人押运，有不良气味的不能装在客运班机货舱内。

第五，贵重物品，包括贵重金属、宝石、文物、现钞等。贵重货物的运输时间要尽量缩短，包装坚固，并要注意安全和防范。

第六，武器、弹药。属管制物品，要有公安和军方的证明，包装应牢固，还要有严格的包装手续。

第七，危险品。过去为了保证安全，危险品一律禁止在航空中运输。自20世纪70年代之后，航空技术的进步，使航空在按照一定的规程和采取必要的措施后，不仅可以安全地运输危险品，而且成为运输危险品最安全的方式之一，因而航空危险品运输成为货运中利润很高的部分。危险品分为爆炸品、易燃物质、有毒物质、气体、放射性物品、腐蚀品等几大类。除此之外，某些货物和设备名称上不属于危险品，但实际上包含着危险成分或因素，如一些设备中的蓄电池或危险液体，以及用易燃材料制造的玩具、底片等。对于危险品的运输首先要严格按运输规程办理，危及飞行安全的坚决不运，其次应该按危险品的性质采取恰当措施来保证飞行安全，增加收益。

三、货物的托运

（一）托运书

货物托运书是托运人办理货物托运时填写的书面文件，是承运人据以填开航空货运单的凭据，是托运人和承运人之间的运输文件的一部分。托运人要凭本人的身份证件填写托运书，这是办理托运手续的第一步。由托运人填写，并要提供限制运输货物的有关证明，托运人要为填写内容的正确性负责，货运人员在检查确认托运书和发送的货物相符后才能受理。填写的项目有托运人姓名、地址、收货人姓名及地址、始发站、到达站、代理人的名称、托运人声明价值、货物名称、件数、包装、重量、货运单号码，其中重量和货运单号码由承运人填写，然后托运人、承运人和经手人签字。

（二）航空货运单

货运单是托运人和承运人之间订立的运输合同，是货物运输的凭证，同时也是运费收据和保险证明。按民用航空国内货运规则的规定，货运单应由托运人填写，由于货运单内容填写的不正确而造成的损失应由托运人承担。但是由于货运单填写的复杂性，一般的做法是在托运人填写好托运书后，由承运经手人依据托运书来填写货运单，以避免由于不熟悉或缺乏了解造成的填写错误，货运单不得对托运书的内容有所改动，货运单的正确性仍然由托运人负责。我国的货运单一式 8 份，其中正本 3 份、副本 5 份。正本第一联交承运人，由托运人签字；第二联交收货人，由托运人和承运人签字或盖章，收货人在此联上签字取货；第三联交托运人，由承运人接货后盖章；3 份具有同等效力，其他 5 份副联是用来为其他中间承运人或财务部门留做凭证用的。货运单的基本内容为：填写的日期和地点、收货人名称及地址、货物名称、包装方式、件数、重量、体积尺寸、计费、托运人声明等。由于货运单在运输的整个过程中都要发挥作用，是货运中最重要的文件，因此在填写上一定要准确，并要核查，防止出现任何错误。货物托运书应与航空货运单存根联一起装订留存。

（三）货物的收运

承运人在收运货物时要根据能力有计划地收运，收运时要检查托运人的证件和限制运输物品的有效证明，要检查包装，不合要求的包装要由托运人重新妥善包装后才能运送。为了防止有破坏性的爆炸物夹运，在 24 小时以内发送的急件，要开箱检查或使用专门仪器进行特殊安全检查，其他货物施行一般安全检查。货物包装应坚固、完好，保证货物在运输过程中能防止包装破裂、内物散失、渗漏、不致破坏和污染飞机设备和其他物品。货物包装内不准夹带禁止运输或限制运输的物品、危险品、贵重物品、现钞、证券、保密文件和资料等。

（四）货物的运送

货运单是货物运送的主要文件，它的副联是为接续承运人设计的，如果一次运输有多个承运人，每一个承运人都要有一个副联，作为承运的证据和结算凭证。在货物装运时，每一架飞机都要有舱单，舱单是机上货物的清单，舱单的作用是使运输及飞行部门掌握货物的性质和重量以便配重，也是各承运人之间货物交接时的凭证，舱单和货运单一起作为结算凭据。

货物运送是组织货物运输的基本环节。按照货物运送运输原则，承运人应安全、迅速地将货物运达目的地，这个环节工作的好坏对货物运输质量影响很大。

根据货物性质，承运人按照下列顺序发运。

第一，抢险、救火、急救、外交信袋和政府指定急运的物品。

第二，指定日期、航班和按急件收运的货物。

第三，邮件。

第四，有时限、贵重和零星小件物品。

第五，国内、国际中转联程货物。

第六，一般货物按照收运的先后顺序发运。

承运人应当建立舱位控制制度，根据每天可利用的空运舱位合理配载，避免舱位浪费或者货物积压。承运人对始发货物实行计划收运，对中转货物实行吨位分配制度，对急货、鲜活货物要保证优先运输。承运人应当按照合理或经济的原则选择运输路线，充分利用直达航班，避免货物的迂回运输。承运人运送特种货物，应当建立机长通知单制度。

承运人对承运的货物应当精心组织装卸作业，轻拿轻放，严格按照货物包装上的储运指示标志作业，防止货物损坏。承运人应当按装机单、卸机单准确装卸货物，保证飞行安全。承运人还应建立健全监装、监卸制度。货物装卸应有专职人员对作业现场实施监督检查。在运输过程中发现货物包装破损无法续运时，承运人应做好运输记录，通知托运人或收货人，征求处理意见。

四、到达与交付

货物到达目的地后，航空公司用信函或电话通知收货人，收货人用到货通知书和收货人身份证或其他有效证件提取货物。委托他人提货时，凭到货通知单和货运单指定的收货人及提货人的身份证或其他有效证件提取。承运人有要求时，应同时出具单位介绍信。货物到达后，承运人要立即通知收货人，货物免费保管 3 日，超过日期要交纳保管费。收货人收到后，对货物检查，如果没有短缺、损坏，收货人在货运单上签字，表示货物已经完好交付。结算时承运人应向收货人收取运费、保管费和其他费用。如果到货后 14 天无人领取，到货站应和始发站联系，询问托运人的意见，如果 60 日之后无人领取，就作为无法交付货物交有关部门处理。

五、航空货运的运价和损失赔偿

（一）货运运价

航空货运价格的制定和客票价格的基本依据相同，即由运输成本、税金和利润等构成。货物运价是指出发地机场到目的地机场单位重量的运输费用，此外，航空公司可以加收地面运输费、保管费及其他一些杂费。

国内运价一般按照客票的一定比例来收取，对于普通货物按重量分为两种，按千克计算，余数四舍五入，45 kg 以下，每千克按客票的 0.8%收费；45 kg 以上每千克按客票的 0.6%收费，对于急件和特种运输的货物按普通货物的 150%收费。贵重物品按毛重以 0.1 kg 计价，每件体积不超过 100 cm×100 cm×140 cm，重量不超过 250 kg，超过这个限制的，承运人可以根据飞机和机场的装卸能力进行安排，货物的毛重价值每千克超过人民币 20 元的可声明货物价值，并要交纳声明价值附加费。

（二）货物损失的赔偿

由于承运人造成的货物丢失、损坏、污染等损失要进行赔偿。收货人在收到货物发现损坏时，应当场提出索赔要求，由承运人填写运输事故记录，由双方签字，收货人还要填写货物索赔单和货运单，把它和运输事故记录和货物的价格凭证等附在一起，作为索赔的依据。根据 2006 年 3 月 28 日起施行的《中国民用航空货物国内运输规则》，对货物赔偿的最高责任限额为毛重每千克人民币 100 元。托运人办理了货物声明价值，并交付了声明价值附加费，将其声明价值作为赔偿限额；如承运人能够证明托运人的声明价值高于货物的实际价值时，按实际价值赔偿。

第四节 国际航空运输

国际航空运输是指航空器跨越他国领空从事运送客、货、邮的国际航空运输业务。根据当事人订立的航空运输合同，无论运输有无间断或者有无转运，运输的出发地点、目的地地点或者约定的经停地地点之一不在一国境内。国际航空运输与国内航空运输有所不同，必须遵照国际航空运输组织的相关规定和国际航空法来实施。

一、国际航空法的分类

国际航空法是规范大气空间航空活动的一套规则，促使大气空间有效的利用并使世界各国人民从航空中受益。从 1919 年作为世界上第一部国际航空法的《巴黎公约》（《巴黎空中航行管理公约》）出现至今，国际航空法已历经 100 余年的充实修正。

国际航空法是现代国际法的一个新分支。由于历史较短，大部分原则和规则都是由国际条约规定的，国际航空法的法律渊源主要是国际条约和公约。由于设置这些规则和制度的条约和公约已为大部分国家加入，其中规定的规则已为大多数国家所接受，已在实践中成为各国必须遵守的国际航空法的规则。各国制定和颁布的国内航空立法必须与这些规则一致，不能违反国际航空法的规则和制度。

国际航空法大致可以分为三大类：第一类以《芝加哥公约》为主，称为航空公法，用于处理民用航空有关国家之间及国际关系和事务。第二类是以《华沙条约》为核心的航空私法，主要用于明确在国际航空中承运人和乘客及货主之间的责任，包括其后的对该条约修改的各项议定书。第三类是以《东京条约》《海牙公约》《蒙特利尔公约》为代表的处理航空器上犯罪行为的航空刑法。

（一）《芝加哥公约》

1944 年 11 月 1 日至 12 月 7 日在美国芝加哥召开了国际民用航空会议，有 52 个国家正式参加会议。芝加哥会议制定了《国际民用航空公约》，简称《芝加哥公约》。该公约是涉及国际民用航空在政治、经济、技术等领域各方面问题的综合性文件，分 4 个部分 22 章 96 条。《芝加哥公约》于 1947 年 4 月 4 日起生效。与其同时签订的还有两项协定，即《国际航空过境协定》和《国际航空运输协定》。截至 2011 年年底，共有 191 个国家和地区加入，《芝加哥公约》是目前被最广泛接受的最重要的一个国际民用航空公约。《芝加哥公约》主要包括以下几方面。

第一，确认国家航空主权原则。公约规定，缔约各国承认每一国家对其领土之上的空

气空间具有完全的排他的主权。

第二，适用范围。公约只适用于民用航空机。

第三，飞机的权利。公约规定，关于不定期航空业务，各缔约国同意不需要事先批准，飞机有权飞入另一国领土，或通过领土做不停降的飞行；关于定期航班，则需要通过签订双边协定的方式，才得以在该国领土上空飞行或进入该国领土。

第四，国家主权。公约规定各缔约国有权拒绝外国飞机在其国内两个地点之间经营商业性客货运输，及因军事需要或公共安全的理由可以设置飞行禁区。

第五，设立国际民用航空组织。

第六，争议和违约。公约规定，缔约国发生争议可提交理事会裁决，或向国际法庭上诉；对空运企业不遵守公约规定者，理事会可停止其飞行权；对违反规定的缔约国，可暂停其在大会、理事会的表决权。

（二）《华沙公约》及海牙议定书

《华沙公约》的全称是《统一国际航空运输某些规则的公约》，签订于 1929 年 10 月 12 日，是国际上第一部重要的航空法，公约于 1933 年 2 月 13 日生效。《华沙公约》的规定主要涉及国际航空运输中的两个方面，即航空运输凭证与承运人损害赔偿责任。

在航空运输凭证规定中，《华沙公约》规定了运输凭证的法定形式、法定内容、法定效力、对违反规定的承运人实施法律制裁，并体现了航空运输以合同为准则的基本原则。

在航空承运人损害赔偿责任规则中，《华沙公约》规定了承运人承担损害赔偿责任的范围、一般原则、损害赔偿原则、消费者索赔期限、损害赔偿责任争议、司法管辖与程序，以及仲裁等事宜。

海牙议定书是第一个对《华沙公约》的修改文件，签订于 1955 年 9 月 28 日，全称是《修改 1929 年 10 月 12 日在华沙签订的统一国际航空运输某些规则的公约的议定书》。海牙议定书于 1963 年 8 月 1 日生效，我国于 1975 年 8 月 20 日送交加入书，1975 年 11 月 28 日开始对我国生效。海牙议定书对《华沙公约》的国际运输的定义做了修改，删去了《华沙公约》定义中的一些过时的政治用语，例如宗主权、委任统治权等，在其他方面并没有修改。海牙议定书将对每名旅客的责任限额由原来的 12.5 万法郎提高为 25 万法郎，对行李、货物和手提行李的责任限额不变。

1999 年国际民航组织在蒙特利尔召开会议，制定了新的统一国际航空运输某些规则的公约，以取代华沙体系，简称《蒙特利尔公约》，一旦获多数国家批准，将取代华沙体系，成为新的私法法典。

（三）航空刑法

为了防止劫持飞机和对国际民用航空的其他犯罪行为，1963 年 9 月 14 日订立于东京的《关于在航空器内犯罪和某些其他行为的公约》是第一个反劫机公约，对公约的范围、管辖权、机长的权利、各国的权利与责任等均做了规定。1970 年 12 月 16 日在海牙订立的《制止非法劫持航空器的公约》，以及 1971 年 9 月 23 日在蒙特利尔订立的《制止危害民用航空安全的非法行为的公约》，对防止和处理、惩治劫机制定了更明确的规则。1988 年 2 月

24 日在蒙特利尔又订立了补充议定书，即《制止在国际民用机场发生的非法暴力行为的协定书》，以补充 1971 年订立于蒙特利尔的《制止危害民用航空安全的非法行为的公约》，使公约的使用范围从"使用中"的航空器，延伸到飞行前的准备时间、飞行中、降落后 24 小时内的航空器。

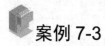

案例 7-3

苏联击落韩国民航客机事件

二、国际航空运输的特点

从运输的基本程序来说，国际空运和国内空运没有太大的不同，但是由于国际空运涉及两个以上的国家，因此国际空运显示了以下特点。

第一，国际空运是按照国际航空法和协议来进行的。国际空运是按照国际航空法和协议来进行的，因此处理一些具体问题时要按照国际上通行标准，同时还要照顾到当事国有关的政策和法令。如上一部分所说的，现在国际航线是在两国政府的双边协议基础上，再经国际民航组织的认定建立的，因此国际航线是一种双边权益的交换，从而国际空运不同于国内空运，它不能按照一国的政策进行运作，但是也不能完全无视一国的权益完全按照某种国际法则运行。

第二，国际空运是开放性的。国际空运的任务是运载旅客、货物、邮件，目的是取得报酬，这种报酬是由运价来体现的。而在目前的国际空运体系中绝大部分的运价是由国际航空运输协会（IATA）通过会议拟定的，只有极少部分是根据双边协议的运价运行的。它对公众是公开的，对承运人来说是平等的。对旅客或托运人来说，他可以利用全世界的航空网旅行或运输货物。国际空运在运价、服务上有着统一公开的标准，对承运人来说按照统一的标准参加国际航空运输的经营和竞争，既给旅客和托运人提供了便利，又通过国际合作拓展了市场。

第三，在国际航线上的竞争受到国际航协的规定和双方政府的双重限制。国际空运的竞争是有限度的。一旦一方政府发现原有的协议损害自己的利益就会修改协议进行干预，因而国际空运的运行带有国家利益的因素和贸易保护主义的色彩。

第四，国际空运要尊重所在国的主权。国际空运对旅客来说要通过所在国的出入境、海关、检疫等手续，对于货运来说要按照有关国家的进出口规定进行，对于国际航线的国内段，按国际民航公约通称为国内运载权，它属于一国的"排他性特权"，也就是主权。在国际航线的国内段的两点间本国可以从事营业性运输，外国的航空公司不能经营这两点间的运输。

三、国际联运与结算

（一）国际联运

在《华沙公约》中，将已经规定的国际航空运输业务之间的统一规则，作为联程运输提供合作和服务的共同基础，在双边的基础上，航空企业之间建立代理关系，相互之间接受客货运输凭证，承担联程运输业务，有的还把联程运输扩展到和其他运输方法衔接起来。双方相互委托在对方境内进行客货运输的销售、代理和提供地面服务。销售代理包括：预订客座和货物吨位、填售委托方的运输凭证等。地面服务包括通信联络、机场旅客和行李服务、货物处理、装卸、配餐、机务维修等。在这种双边合作的方式下，两个公司就可以把各自的航程联合起来，这样方便了旅客和货主，拓展了空运市场。

国际航空运输协会把双边的协议发展为共同的国际协议，使联程空运得到了更大的发展。航协规定凡参加该协会的会员企业，相互间实行国际航空客货运联程运输，相互间承认运输凭证，执行航协的统一运价规则和使用公布的运价。这样就简化了相互之间的手续，使得航空运输在世界各地统一运价，极大地方便了公众。

（二）国际结算

由于航空的联运，出现了航空公司之间，航空公司与机场、其他运输企业之间的运费分摊和地面服务的运费支付结算问题。在双边的情况下，通常是指定双方的金融机构进行结算。但是当涉及第三方时，这种结算变得十分繁杂。国际航协在日内瓦设立了清算所，由清算所统一结算各会员之间以及会员和非会员之间的联运业务账目，它每月结算一次，这样就免除了由银行汇兑和转账带来的手续，而且在账目中有很多是相互抵消的。据统计，大约有90%的价款由清算所的结算而抵消，这样既便利了企业又节约了服务费用，因而很多国际航协的非会员企业都参加了这个所的业务结算。目前，国际空运的结算大部分都是在清算所进行的。

（三）代码共享

代码共享（code-sharing）是20世纪70年代出现的概念，给国际航空联运带来了革命性变革。因为代码共享优化了航空公司的资源，并使旅客受益匪浅，所以它于70年代在美国国内市场诞生后，短短20年便已成为全球航空运输业内最流行的合作方式。代码共享最基本的概念是一家航空公司销售由另一家航空公司运营的航班座位，即旅客在全程旅行中有一段航程或全程航程在A航空公司购买的机票，实际乘坐的是B航空公司航班，那么A和B的航班号为代码共享。这对航空公司而言，不仅可以在不投入成本的情况下完善航线网络、扩大市场份额，而且越过了某些相对封闭的航空市场的壁垒。对于旅客而言，则可以享受到更加便捷、丰富的服务，如众多的航班和时刻选择、一体化的转机服务、优惠的环球票价、共享的休息厅以及常旅客计划等。

代码共享的种类有完全代号共享和包座代号共享。

完全代号共享是指共享航空公司和承运航空公司用各自的航班号共同销售同一航班，

而不限制各自的座位数。

包座代号共享是指共享航空公司和承运航空公司达成合作协议，购买承运航空公司某一航班的固定座位数，共享航空公司只能在此范围内用自己的航班号进行销售。包座代号共享又根据所包座位能否在一定期限之前归还承运航空公司，分为锁定包座和灵活包座代号共享。从代号共享的深度和广度来分，又可分为战略性的网式共享和战术性的航线共享。

我国的三大骨干航空公司（国航、东航、南航）也已分别与三家主要的美国航空公司签署了代码共享协议：中国国际航空公司与美国西北航空公司、中国东方航空公司与美利坚航空公司、中国南方航空公司与达美航空公司。其中，国航与美西北航的代码共享开始得最早，始于 1998 年 5 月，合作的层次最深，领域最广。双方不仅连接了订座和离港系统，互通了常旅客项目，联合销售和促销，而且真正实现了"通程登机"和"无缝隙"服务，旅客在始发机场办理登机手续时即可一次拿到途中所有航班的登机牌，行李也可被直接运至目的地。

 资料 7-1

民航局出台《"十四五"航空运输旅客服务专项规划》

为贯彻落实"真情服务"底线工作要求，2022 年 6 月 14 日，民航局印发《"十四五"航空运输旅客服务专项规划》（以下简称《服务规划》），明确了航空运输旅客服务的工作目标和重点任务。这也是民航服务领域的第一部专项规划。

《服务规划》坚持新发展理念和"以人民为中心"思想，全面落实"十四五"时期"一二三三四"民航总体工作思路，坚持智慧民航建设主线，以航班正常为牵引，坚持人民至上、系统观念、创新驱动、问题导向和法治保障五项基本原则。

《服务规划》明确了"十四五"时期民航服务的总体目标为：至"十四五"末，运行效率持续提升，航班正常率保持在 80% 以上；民航服务供给质量全面增强，智慧民航服务成果显著，民航服务治理体系和治理能力更加完善，民航服务品牌不断涌现，人民群众对民航服务的满意度、获得感和安全感进一步提升。明确了航班正常、智慧出行、服务品质 3 方面的 11 项具体指标，如千万级以上机场旅客全流程无纸化能力达到 100%，行李全流程跟踪服务水平达到 90% 等。

《服务规划》提出了提升航班正常管理能力、推进民航智慧出行服务、推进民航服务质量治理能力现代化及打造中国民航服务品牌四大方面的 17 项重点任务，并围绕旅客核心诉求和当前常态化疫情防控的形势，以专栏形式明确了航班运行效率提升工程、民航旅客出行便捷工程、民航旅客出行健康工程等航空运输服务的 7 大工程，确保重点任务落实落地。

《服务规划》还明确了加强统筹协调、加大政策支持、注重人才培养和做好舆论宣传四方面的保障措施，确保《服务规划》顺利施行。

资料来源：中国民航网.民航局出台《"十四五"航空运输旅客服务专项规划》[EB/OL]. (2022-04-24) [2022-07-16].http://www.caacnews.com.cn/1/1/202204/t20220424_1343176.html.

 资料 7-2

《公共航空运输旅客服务管理规定》出台

2021 年 3 月，《公共航空运输旅客服务管理规定》（以下简称《规定》）正式出台，对 1996 年和 1997 年分别颁布的《中国民用航空旅客、行李国内运输规则》和《中国民用航空旅客、行李国际运输规则》进行统筹修订，进一步规范了国内、国际旅客运输秩序，保护旅客合法权益。

近年来，民航运输行业得到快速发展，人民群众对民航服务的要求越来越高。为适应民航运输发展需求，顺应新时代、规范新现象、解决新问题，推进我国民航运输市场法制体系建设和民航治理现代化，《规定》对现行两部规章进行有机整合和系统修改。《规定》共 11 章 65 条。本次修订遵循简政放权、依法行政、与时俱进和真情服务的基本原则，删除有关平等市场主体之间民事权利义务关系的条款，在尊重企业自主经营权的同时，将重点聚焦在提升民航服务质量、保护消费者合法权益上，切实增强人民群众对民航服务的满意度和获得感。

《规定》涵盖了承运人、机场管理机构、航空销售代理人、地面服务代理人、航空销售网络平台经营者和信息企业等市场主体，并对各主体的基本责任进行明确。为适应民航运输发展趋势，《规定》将外国航空承运人、港澳台地区航空承运人在我国境内的经营行为也纳入规制范畴，对国内、国际旅客运输服务标准进行了整合，实现国内、国际运输服务的一致化管理。

《规定》聚焦客票销售、客票变更和退票、超售等关键环节，规定了承运人及航空销售代理人订票时的信息告知要求，明确了各情形下的客票退改签原则和退款期限；对超售时的处置原则进行了规范。针对旅客乘机和行李运输环节，《规定》明确了机场管理机构在服务设施设备、标识指引等方面的义务和责任；要求承运人和机场管理机构针对旅客突发疾病等情形制定应急处置预案，保护旅客生命健康。为充分释放市场活力，《规定》不再对行李尺寸和重量、免费行李额、逾重行李费等进行统一规定，而是要求承运人根据企业经营特点自行制定相关标准并对外公布。同时，《规定》还对行李运送和行李丢失损坏处置等提出了明确要求。

为更好保护旅客合法权益，《规定》进一步畅通旅客维权渠道，强化了相关市场主体的投诉处理能力要求，严格了投诉处理流程和处理时限，健全了投诉反馈机制，加强了旅客投诉的闭环管理。

资料来源：中国民航网.《公共航空运输旅客服务管理规定》出台[EB/OL]. (2021-03-15) [2022-07-16]. http://www.caacnews.com.cn/1/1/202103/t20210315_1321054.html.

 案例 7-4

全国首单保税"客改货"飞机租赁业务落地天津东疆

飞机"客改货"早已不新鲜，而境外公司的客机退租后在国内"客改货"再租赁，在国内还是头一桩。日前，这个金融创新指数极高、技术含量满满的"全国首单"正式落地东疆保税港区。天津飞机租赁"金牌榜"因此被再次刷新。这项业务也为后疫情时代我国飞机租赁资产处置开辟了一条新路子。东疆方面的主动担当、专家+管家式的服务亦在企业中口口相传，成为天津市政府部门"办实事开新局"的又一案例。

今年春天，交银租赁的一架客机租赁合约即将到期，他们计划将退租的飞机进行"客改货"改装，然后再租赁给中国邮政航空有限责任公司使用。这本是个一举多得的商业安排，但操作起来却难度很大：由于飞机资产的持有方为境外子公司，按照相关规定须退租后离境完成改装，再以货机的新身份申报入境执行新合同。受新冠疫情影响，飞机跨境调机面临很大的不确定性，新合约很可能无法按期履行。交银租赁把难题反馈给了东疆保税港区管委会和东疆海关，希望东疆利用综保区的功能，让飞机从退租到改装到再租赁全流程处置都能在境内完成，而过去并无相关的案例发生。

飞机"客改货"，绝非一般人想象的那么简单，涉及工程技术、适航认证等方方面面，这些要素的变化会对飞机申报产生很大影响。可这些难不倒东疆保税港区管委会和东疆海关。他们践行"党建引领，共同缔造"，发挥航空金融产业链红网格作用，主动与飞机改装公司、航空公司沟通，将影响改装后申报的问题一一攻克。飞机得以在广州顺利改装。其间，东疆管委会还配合东疆海关积极与改装公司所在地海关沟通，促成两地海关搭建了"客改货"业务的协调配合机制。

前不久，这架飞机终于在境内同步完成了"境外→综保区"的所有权转变和"客机→货机"的性能转变，涉及的技术工程、适航认证、航权登记、实物监管、海关申报等所有工作均逐一有序完成。尤其可贵的是，飞机改装环节和租赁环节紧密衔接，飞机改装出厂后直接飞至航空公司运营地。就这样，飞机退租—改装—再租赁的全流程保税处置路径，通了！

交银租赁相关负责人说："按行业统计，每年我国将有约100架民航客机面临租约到期后的资产处置问题。'客改货'将是一个非常重要的选择。在后疫情时代，天津东疆综保区功能的加持，对飞机租赁业和航空货运业的健康发展，显得尤为重要。"该项目也是国内飞机租赁行业加快形成飞机资产全生命周期管理能力的一个重要标志。

东疆一直倾心尽力打造优化航空金融产业的配套软环境。此前，这片创新沃土已先后完成保税租赁飞机退租处置、保税租赁飞机退租再租赁、境外飞机境内维修再租赁等新业务的多个全国首单，形成了"租赁+买卖""租赁+维修""租赁+改装"等飞机资产处置模式全覆盖。东疆将飞机租赁由最初"租赁物+资金"的简单组合，升级为集聚融资、交易、技术、监管、适航、登记等多元素的飞机资产管理体系，为我国航空产业的补链强链提供了切实可行的天津方案。

资料来源：民航资源网.全国首单保税"客改货"飞机租赁业务落地天津东疆[EB/OL]. (2021-09-01) [2022-07-16]. http://news.carnoc.com/list/568/568903.html.

 ## 本章小结

本章主要介绍航空运输企业的设立及组织结构以及航空客货运输的组织与营运，第一

节主要介绍了航空公司的设立和组织结构，第二节主要介绍了旅客运营中各种情况的原则，第三节主要介绍了航空货物运输业务，第四节对国际航空运输中的相关法律法规进行了介绍，并对国际航空运输的特点、国际联运和国际结算问题进行了阐述。

通过本章的学习，可了解航空公司的各个组织结构的职能特点，了解客货运输中相关的流程，并对相关的客票、运价、货物收运、赔偿等问题有进一步的认知。

 本章思考题

1. 国内航空运价按照舱位等级的区别有哪几种不同的体系？
2. 航空公司的组织结构由哪些部分组成？
3. 什么叫电子客票？电子客票与纸质客票相比有什么优势？
4. 旅客运输中改签、转签、退票的原则有哪些？
5. 航空货运的运价和损失的赔偿有哪些规定？
6. 航空货运有哪几种不同的形式？
7. 什么是航班代码共享？航班代码共享的种类有哪些？
8. 国际航空货运有哪些特点？
9. 航空刑法包括哪些内容？
10. 国际航空法包括哪些类别？

第八章　民航系统的运行

【学习目的】

　　紧随着世界航空业的成长步伐，中国民航从无到有、由小到大迅速发展壮大。经过几十年的努力，随着民用航空现代化程度越来越高，运行规模越来越大，分工变得越来越细，与不同行业以及同行业不同岗位间的生产协作也越来越广泛，其中有事业性的政府机构，有企业性质的航空公司，还有半企业性质的空港，各个部分协调运行才能保证民用航空事业的迅速发展。

【本章学习目标】

　　1. 了解民航运行系统的组成；
　　2. 掌握航路、航段、航线的区别与联系；
　　3. 了解航线网络的结构形式及其优势与不足；
　　4. 掌握五种航权的含义；
　　5. 了解航班变更、航班延误的原因；
　　6. 掌握搜寻援救的含义、原则和方法。

【核心概念】

　　1. 民航运行系统的组成；
　　2. 航班延误的原因及相关善后措施；
　　3. 搜寻援救的含义、原则和方法。

【素质目标】

　　1. 了解民航系统组成，便于掌握客货运输保障流程；

2. 了解航班变更、航班延误的原因，及如何提供延误后续服务。

3. 掌握搜寻援救的方法，提升救援能力。

【导读】

千里救援，乌鲁木齐航空紧急运送脚部受伤旅客前往乌鲁木齐诊治

2021年11月21日晚8点，乌鲁木齐航空运行指挥中心接到和田现场反馈，一名左足受伤儿童因伤势严重，情况紧急，当地医院建议旅客立即前往乌鲁木齐治疗。因当日乌鲁木齐航空 UQ2602 航班为临近班次，为确保受伤儿童得到及时救治，乌鲁木齐航空接到反馈后第一时间启动应急保障程序。为旅客开辟了绿色通道，紧急办理票务手续，同时地面服务部门提供轮椅服务、开辟快速通道并安排专人协助旅客登机。

在保障旅客登机的同时，运行控制部紧急联系空中交通管制单位，申请航班优先起飞，最终航班提前15分钟，于21:03顺利起飞。在飞行过程中，运行控制部持续与相关单位就航班优先放行、航班直飞进行沟通，最大可能缩短航班空中飞行时间。最终航班于 22:32 落地，比计划时间提前20分钟落地乌鲁木齐地窝堡国际机场。在现场救护车的护送下，受伤儿童及时抵达新疆医科大学第一附属医院进行救治。

当晚，在乌鲁木齐航空 UQ2502 航班上，另一场"接力赛"同样上演：一名成年旅客因脚部受伤严重需紧急由和田前往乌鲁木齐救治，在乌鲁木齐航空各部门的快速保障下，该名旅客及时抵达乌鲁木齐，前往医院进行治疗。

坚持"真情服务"，秉持"生命至上"理念，乌鲁木齐航空安全高效地完成了一场场"生命的接力"，以实际行动展现了民航人高度的责任感和执行力，将"敬畏生命、敬畏规章、敬畏职责"落实在每一次航班保障中。

资料来源：民航资源网.千里救援，乌鲁木齐航空紧急运送脚部受伤旅客赴乌诊治[EB/OL]. (2021-11-21) [2022-07-16].http://news.carnoc.com/list/573/573455.html.

第一节　民航系统的组成

民航系统是一个很庞大的系统，从组织体系上可分为三种，即政府部门、航空港系统、航空器使用部门。其中有事业性的政府机构，有企业性质的航空公司，还有半企业性质的空港，各个部分协调运行才能保证民用航空事业的迅速发展。

一、民航局职责和管理内容

民航事务因为涉及国家主权和交往的事务多，要求迅速的协调和统一的调度，因而几乎各个国家都设立独立的政府机构来管理民航事务。我国民航事务由中国民用航空局负责管理，中国民用航空局（Civil Aviation Administration of China，CAAC）简称民航局，是中华人民共和国国务院主管民用航空事业的部委管理的国家局，属交通运输部管理，其前身

为中国民用航空总局，于 2008 年 3 月改为中国民用航空局，标识如图 8-1 所示。

图 8-1　中国民用航空局标识

（一）中国民用航空局的职责

中国民用航空局作为政府部门，主要是对国内各大航空公司和民航单位进行监督管理，制定适用于民航发展的规章制度。中国民用航空局的主要职责如下。

（1）提出民航行业发展战略和中长期规划、与综合运输体系相关的专项规划建议，按规定拟订民航有关规划和年度计划并组织实施和监督检查。起草相关法律法规草案、规章草案、政策和标准，推进民航行业体制改革工作。

（2）承担民航飞行安全和地面安全监管责任。负责民用航空器运营人、航空人员训练机构、民用航空产品及维修单位的审定和监督检查，负责危险品航空运输监管、民用航空器国籍登记和运行评审工作，负责机场飞行程序和运行最低标准监督管理工作，承担民航航空人员资格和民用航空卫生监督管理工作。

（3）负责民航空中交通管理工作。编制民航空域规划，负责民航航路的建设和管理，负责民航通信导航监视、航行情报、航空气象的监督管理。

（4）承担民航空防安全监管责任。负责民航安全保卫的监督管理，承担处置劫机、炸机及其他非法干扰民航事件相关工作，负责民航安全检查、机场公安及消防救援的监督管理。

（5）拟订民用航空器事故及事故征候标准，按规定调查处理民用航空器事故。组织协调民航突发事件应急处置，组织协调重大航空运输和通用航空任务，承担国防动员有关工作。

（6）负责民航机场建设和安全运行的监督管理。负责民用机场的场址、总体规划、工程设计审批和使用许可管理工作，承担民用机场的环境保护、土地使用、净空保护有关管理工作，负责民航专业工程质量的监督管理。

（7）承担航空运输和通用航空市场监管责任。监督检查民航运输服务标准及质量，维护航空消费者权益，负责航空运输和通用航空活动有关许可管理工作。

（8）拟订民航行业价格、收费政策并监督实施，提出民航行业财税等政策建议。按规定权限负责民航建设项目的投资和管理，审核（审批）购租民用航空器的申请。监测民航行业经济效益和运行情况，负责民航行业统计工作。

（9）组织民航重大科技项目开发与应用，推进信息化建设。指导民航行业人力资源开发、科技、教育培训和节能减排工作。

（10）负责民航国际合作与外事工作，维护国家航空权益，开展与港澳台的交流与合作。

（11）管理民航地区行政机构、直属公安机构和空中警察队伍。

（12）承办国务院及交通运输部交办的其他事项。

（二）中国民用航空局管理的内容

中国民用航空局管理的主要工作内容如下。

（1）制定民用航空各项法规、条例，并监督这些法规、条例的执行。

（2）对航空企业进行规划、审批和管理。

（3）对航路进行规划和管理，并对日常的空中交通实行管理，保障空中飞行安全、有效、迅速地实行。

（4）对民用航空器及相关技术装备的制造、使用制定技术标准进行审核、发证，监督安全，调查处理民用飞机的飞行事故。

（5）代表国家管理国际民航的交往、谈判，参加国际组织内的活动，维护国家的利益。

（6）对民航机场进行统一的规划和业务管理。

（7）对民航的各类专业人员制定工作标准，颁发执照，并进行考核，培训民航工作人员。

二、航空港系统

航空港，通常也称飞机场或机场。航空港是指位于航线上的、为保证航空运输和专业飞行作业用的机场及其有关建筑物和设施的总称，是空中交通网的基地。具体组成、设施、服务等方面已经在第五章详细介绍，在此不再赘述。

三、航空器使用部门

航空器使用者，既有各个航空运输企业，也包括使用飞机做通用飞行的单位和个人，以及为他们提供服务的其他行业，如航空油料、飞机维修、航空材料、航空配餐、客货代理、驾驶员及机务人员培训等。

民航企业是指从事和民航业有关业务的各类企业，其中最主要的是航空运输企业，即通常所说的航空公司，它们掌握航空器从事生产运输，是民航业生产收入的主要来源。其他类型的航空企业，如油料、航材、销售等，都是围绕着运输企业开展活动的。航空公司的业务主要分为两部分：一是航空器的使用（飞行）、维修和管理；二是公司的经营和销售。

民航局、机场（航空港）、航空公司的关系，拿公路营运来对比就是交通局、车站、汽车运输公司的关系。民航是一个行业，这个行业的政府管理机构是民航局，机场是为航空公司服务的，为航空公司的飞机提供起降、加油等服务，为货物提供装卸服务，为旅客提供上下飞机、休息、候机等服务。航空公司是运输企业，将旅客、货物从一个地方运到另一个地方。

第二节 民航系统运行相关的基本理论

民航系统生产运行主要是旅客和货物、邮件等运输的正常进行。在这个过程中涉及很多基本理论、概念等，这里主要对航路、航线与航线网络、航权进行介绍。

一、航路

航路是指根据地面导航设施建立的供飞机做航线飞行之用的具有一定宽度的空域。该空域以连接各导航设施的直线为中心线，规定有上限和下限高度和宽度。民航航路是由民航主管当局批准建立的一条由导航系统划定的空域构成的空中通道，在这个通路上空中交通管理机构要提供必要的空中交通管制和航行情报服务。

航路的宽度决定于飞机按指定航迹飞行的准确度、飞机飞越导航设施的准确度、飞机在不同高度和速度飞行的转弯半径，并需增加必要的缓冲区。因此，空中航路的宽度不是固定不变的。按国际民用航空公约规定，当两个全向信标台之间的航段距离在 50 海里（92.6 km）以内时，航路的基本宽度为航路中心线两侧各 4 海里（7.4 km）；如果距离在 50 海里以上时，根据导航设施提供飞机航迹引导的准确度进行计算，可以扩大航路宽度。

对在空中航路内飞行的飞机必须实施空中交通管制。为便于驾驶员和空中交通管制部门工作，空中航路具有明确的名称代号。国际民航组织规定航路的基本代号由一个拉丁字母和 1~999 的数字组成。A、B、G、R 用于表示国际民航组织划分的地区航路网的航路，H、J、V、W 为不属于地区航路网的航路。对于规定高度范围的航路或供特定的飞机飞行的航路，则在基本代号之前增加一个拉丁字母，如用 K 表示直升机使用的低空航路，U 表示高空航路，S 表示超音速飞机用于加速、减速和超音速飞行的航路。

二、航线与航线网络

（一）航线的定义

航线即航空器飞行的路线，由飞行的起点、经停点、终点、航路等要素组成。航线不仅确定了飞机飞行的具体方向、起讫与经停点，还根据空中交通管制的需要，规定了航线的宽度和飞行高度，以维护空中交通秩序，保证飞行安全。民航从事航空运输的飞机必须按照规定的航线飞行。

航线是航空公司满足社会发展需求的具体形式，是航空公司赖以生存的必要条件。对于航线的选择，以及在此基础上形成的航线网络，是关系航空公司长远发展的战略决策。

航段是指航线点与点之间的航程，航线的经停点越多，航段数就越多，有些航线由几个航段组成，有些航线只有一个航段。

（二）航线的分类

航线可以按照不同的方法划分多种类别，这里主要介绍两种，分类示意图如图 8-2 所示。

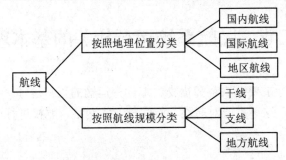

图 8-2　航线分类示意图

按照航线起讫点、经停点地理位置的不同，可分为国内航线、国际航线和地区航线。

国内航线是指连接国内航空运输中心的航线。航线的起讫点、经停点均在一国国境之内。国际航线是指一国境内一点或多点与国外一点或多点之间的航空运输线。地区航线是指在一国之内各地区与有特殊地位的地区之间的航线，如中国内地与中国香港、澳门之间的航线。

根据航线规模的不同可分为干线、支线和地方航线。

干线是指航线的起讫点都是重要的交通运输中心；干线上航班数量大、密度高，如北京—上海航线、北京—广州航线等。

支线是把中小城市和交通中心连接起来的航线。支线的客流密度远小于干线；支线上的起讫点中有一方是较小的机场，因而支线上使用的飞机一般都是 150 座以下的中小型飞机。

地方航线是把中小城市连接起来的航线。客流量很小，也可称为省内航线。

（三）航线网络

航空运输布局能否实现资源的优化配置，航线网络的结构形式是一个非常关键的因素。航线网络是一个公司或一个地区、一个国家的航线组织和航班安排形式。航线网络由机场、航线和飞机等要素组成，其中机场和航线构成了航空运输的空间分布，而飞机则通过航线实现旅客、货物、行李、邮件等的空中位移。

目前航线网络的结构形式主要有城市对式、城市串式、枢纽式（中枢辐射式）三种。

1. 城市对式航线结构

城市对式航线结构（见图 8-3）是指从各城市之间的客流和货流的需要出发，建立城市与城市之间直接通航的航线结构，适用于客货流量较大的机场之间。

图 8-3　城市对式航线结构

城市对式航线结构的优点：旅客不必中转，可直达目的地；形式简单，便于运力调配。

城市对式航线结构是航线网络中最基本的单元结构，也是目前我国航线结构中采用的主要形式。

城市对式航线结构的缺点：这种航线结构只考虑两点间运输量，而不考虑或无法顾及同其他城市航线间衔接的问题，因而无法形成区域资源的有效配置。

2. 城市串式航线结构

城市串式航线结构，也称线性网络，是在城市对式的基础上发展而来的，指飞机从始发地到目的地途中经停一次或多次，在中途机场进行客货补充，以弥补起止机场间的客货源不足，形成串珠状的航线网络，如图8-4所示。

图 8-4　城市串式航线结构

这种结构具有能够提高飞机的利用率、载运率和客座率，能够节省运力等优势；但容易造成航班延误，影响正常的运力调配。由于经停站较多，一旦延误，会影响整个航程乃至整个网络中的运力调配。

3. 枢纽式航线结构

枢纽式航线结构又叫轴辐式、轮辐式、中转辐射式航线结构。枢纽式航线结构是指由一个或几个枢纽机场和许多支线机场组成，先将各个支线机场的客流汇集到枢纽机场，再通过枢纽间的中转连接而将客流输送到目的地的一种航线结构，如图8-5所示。

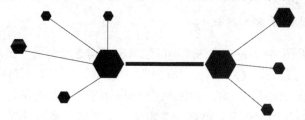

图 8-5　枢纽式航线结构

枢纽式航线结构主要是通过规模经济来降低成本的。尽管支线机场到枢纽的成本较高，但它可以被枢纽间运输的低成本所弥补，而枢纽间的低成本就是规模经济的表现。

枢纽式航线结构是目前较为成熟的航线网络结构，也是目前航空运输发达国家的航线网络中常见的形式。

枢纽式航线结构的优点：第一，更好地适应市场需求。多数国家的空运需求集中分布于少数大型中枢机场，而大多数中小型机场的空运需求量较少，这是空运市场的显著特点。第二，有利于航空公司提高飞机的利用率、客座率、载运率。第三，有利于机场提高经营效率，降低飞机的使用成本。第四，能刺激需求，促进航空运输量的增长。

枢纽式航线结构的缺点：对枢纽机场的容量和服务提出了更高的要求。如果机场容量过小或者效率不高时，机场和航路容易发生拥挤堵塞，从而造成航班的延误，并进而会影响到整个航线网络。

三、航权

航空自由或权利，这一概念是由加拿大代表最早在 1944 年芝加哥会议上提出来的。在会议上，从战后发展国际长途航空运输的角度出发，加拿大代表把一国民用飞机飞入、飞经外国的经营权利划分为四种，称作四种"航空自由"。经美国代表补充，形成了所谓五种"航空自由"的说法。

（一）领空飞越权（第一航权）

领空飞越权（见图 8-6）是指某国或地区的航空公司不降落而飞越他国或地区领土的权利。如北京—巴黎，中间途经俄罗斯，或北京—东京，中间途经朝鲜。这样中国就要与所有途经的国家分别签署第一航权协议。

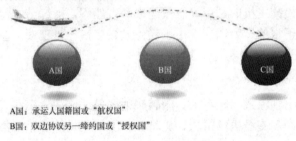

A国：承运人国籍国或"航权国"

B国：双边协议另一缔约国或"授权国"

图 8-6　领空飞越权

（二）技术降落权（第二航权）

技术降落权（见图 8-7）是指某国或地区的航空公司在飞至另一国或地区途中，为非运营理由而降落其他国家或地区的权利，如维修、加油等，但绝对不可以上下旅客、装卸货物和邮件、做各种营运活动。例如，上海—芝加哥，由于飞机机型的原因，不能直接飞抵，中间需要在安克雷奇加油，但不允许在安克雷奇上下旅客和装卸货物。

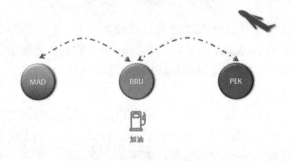

图 8-7　技术降落权

（三）目的地下客权（第三航权）

目的地下客权是指某国或地区的航空公司自其登记国或地区载运客货至另一国或地区的权利。例如，东京—北京，日本允许中国民航承运的旅客在东京进港，如图 8-8 所示。

（四）目的地上客权（第四航权）

目的地上客权是指某国或地区的航空公司自另一国或地区载运客货返回其登记国或地区的权利。例如，东京—北京，日本允许旅客搭乘中国民航的航班出境，否则中国民航只能空载返回，如图 8-9 所示。

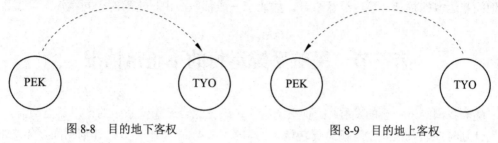

图 8-8　目的地下客权　　　　　　　　　　图 8-9　目的地上客权

（五）中间点权或延远权（第五航权）

中间点权和延远权（见图 8-10）是指某国或地区的航空公司在其登记国或地区以外的两国或地区间载运客货的权利，但其班机的起点与终点必须为其登记国或地区。也就是说，想要获得第五航权是要和两个或两个以上的国家进行谈判的。如新加坡航空公司的货机执飞从新加坡经我国厦门、南京到美国芝加哥的航线，在厦门、南京拥有装卸国际货物的权利。

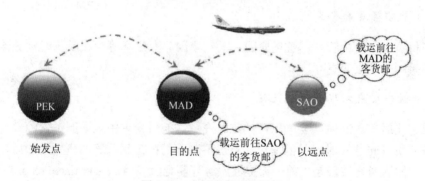

图 8-10　中间点权或延远权

该航线涉及三个国家：中国、巴西、西班牙。在中—西航权中，对中方而言，中国是承运人国籍国，西班牙是授权国，巴西是第三国，SAO 是以远点。

因此，五种"空中自由"应正名为五种"权利"，或各国根据主权原则施加的五种限制。为方便表述，现在习惯上把第一种、第二种"自由"或权利称作过境权，或非商业性运输权，把第三种、第四种、第五种"自由"或权利称作营运权、业务权或商业运输权。当然，现在也有很多人统称为"航权"，这些称呼已经成为航空法上的专门术语。后来在实践中发展成"Traffic Rights"的概念，除上述"五大空中自由"外，还发展出"第六、第七、第八种自由"：

第六航权：桥梁权。桥梁权是指某国或地区的航空公司在境外两国或地区间载运客货且中经其登记国或地区（此为第三及第四自由的结合）的权利。如伦敦—北京—首尔航线，国航将来自英国的旅客运经北京后再运到韩国。

第七航权：完全第三国运输权。完全第三国运输权是指某国或地区的航空公司完全在其本国或地区领域以外经营独立的航线，在境外两国或地区间载运客货的权利。如伦敦—巴黎航线由汉莎航空公司（德国）承运。

第八航权：国内运输权。国内运输权是指某国或地区的航空公司在他国或地区领域内两地间载运客的权利（境内经营权）。如北京—成都航线由日本航空公司承运。

第三节　民航系统运行的不正常情况

随着我国经济社会的发展，民航系统运输在国民综合运输体系中的作用日益凸显。"十五"计划时期，我国航空运输总周转量年均增长 16.4%。"十一五"计划期间，年均增长15.5%。无论是旅客还是货物的不正常运输都是民航服务的重点和难点，比较常见的是航班变更、航班延误、搜寻援救等，只有完善民航运输的控制环节，才能减少矛盾、化干戈为玉帛，做好不正常民航运输时的服务工作，需要民航系统管理部门和相关单位用经验和智慧来解决问题。

一、航班变更

（一）航班变更的含义

因飞机调配、空中管制、机场原因、天气原因、上座率等导致航班时刻更改、取消或航班合并等叫作航班变更。

（二）航班变更处理的一般规定

航班起飞时间 4 小时（含）以内的临时变更，航班变更由地面服务保障部直接安排旅客。航班起飞时间 4 小时以前的变更，航班控制部门在接到航班的变更通知后，未通知到的旅客由保障人员在航班起飞前一天提取旅客订座记录（passenger name record，PNR）再次证实，若还是无法通知到旅客要以书面形式通知地面服务保障部。

如遇航班取消后又恢复，由航班始发地分控部门负责做好旅客通知工作，如果旅客想改回原来的航班，销售部门可以按非自愿变更为旅客免费更改。

航班机型改小或者取消，分控部门先将座位锁定，并通知机场生产调度室，如后续航班上无法保证座位或者后续为外航航班无法及时确认座位时，应立即通知销售经理或者营业处负责人进行协调。

每天的 23:30 至次日的 6:00 为中航信（中国民航信息网络股份有限公司）的运行维护时间，在该时间段内发生的航班变动，只能在 6:00 之后进入销售系统，因此，在每天的 23:30至次日 6:00 期间发生变动的航班，由地服部门做好现场解释工作，如旅客没有到达机场，将由销售部门做好解释工作，告知旅客因中航信系统维护原因而不能及时通知，其他按照各个航空公司的《不正常航班管理办法》执行。

二、航班延误

（一）航班延误的定义

航班降落时间比计划降落时间（航班时刻表上的时间）延迟 30 分钟以上或航班取消的情况称为延误。航班延误影响着航空公司的运行效率和服务质量，一般使用准点率来衡量承运人运输效率和运输质量。准点率，又称正点率、航班正常率，是指航空旅客运输部门在执行运输计划时，航班实际出发时间与计划出发时间的较为一致的航班数量与全部航班数量的比率。

（二）航班延误的原因

1. 天气原因

天气原因绝不仅仅是指目的地机场所在城市的天气状况，飞机起降不怕大风大雨，影响的关键气象因素是能见度，机场起飞降落航道附近的低云、雷雨区，强侧风，航班因天气而延误是正常的。

2. 交通管制

航空管制对一次航班飞行的影响主要有以下两方面的原因。

第一，流量控制。随着中国民航发展迅速，航班量急剧增加，而相应的地面设施、导航设备、服务保障方面发展缓慢，航路结构不合理，无法适应当前高速发展的民航业，尤其是目前我国为了确保国防安全等原因，对空域实行严格限制，空中禁区多，军方负责组织实施全国飞行管制工作，民航方面可调节的余度很小，虽然情况有所改善，部分航路也实现雷达管制，有效缓解了空中塞车现象，但整体上进步不大。

第二，空军活动。空军活动涉及国防机密，遇到这种情况只能等待。

3. 机械故障

飞机的安全系数是在不断提高的，飞机越来越先进，在飞机的所有重要特性方面都具有层层余度和多重备份系统，飞机都有详细的定期维护计划，每隔一段时间都要对相应的系统、设备进行彻底检查，更换部件，即使该系统、设备工作一切正常。

一般来说，如果飞机故障地为该航空公司基地，处理故障时间较快，即使是大故障一时难以修复，由于在基地，也比较容易调配，延误时间会较短。

4. 旅客原因

人为因素已成为造成航班延误的一大主要因素，据统计，因旅客原因导致的航班延误占不正常航班的 3%，和因飞机故障造成的延误数量相差无几。常见的情形就是旅客晚到，减少航班延误，很大程度上取决于旅客。

5. 飞机调配

这实际上不是一个延误的原因，所有其他具体情况造成航班延误的后续航班，民航都统计为飞机晚到，所有飞机晚到的原因民航都称为飞机调配。

一般来说，一架飞机一天要执行 6~10 个国内航班，要在天上飞 10 个小时左右，再加上飞机在地面上下客、清洁、装卸货、例行检查等过站时间，一般每天运行 16 小时左右。每架飞机的航班计划都预先排好，周旋余地不是太大。前一航班出现任何疏漏都可能引发后续航班的连锁反应，往往越到后面，延误时间越长。

6.航班插队

有些延误是因为飞机"插队"造成的，在流量控制中，要客航班、国际航班等均可以享受优先放行。所谓要客航班，是指载有政界官员、商界大亨以及民航业内领导等人员的航班，要客级别达到一定等级，上级管理部门会下发书面通知，由管制部门执行优先放行。

（三）航班延误的预防措施

第一，预订机票时使用民航资源网数据分析中心的"航线运力数据分析系统"提前查询航线航班历史准点率信息，尽量选择预订历史准点率较高的航班机票。

第二，使用"非常准"等网站的航班延误智能预报、航班不正常跟踪服务。

第三，关注天气措施，出发当天及时与航空公司及机场的问询处取得联系。

第四，投保航班延误保险。

（四）航班延误的善后措施

第一，及时要求改签其他航班。

第二，要求提供餐食（处于用餐时间）与住宿（延误 6 小时并晚至凌晨 0 点后）。

第三，向航班延误保险的承保人要求赔偿（在符合条件时，一般为延误 4 小时以上）。

第四，向承运的航空公司要求赔偿（在符合条件时，一般为延误 4 小时以上）。

第五，不可罢乘、霸机，否则可能导致受到警方的治安处罚。

思政案例

不计代价救助旅客，南航飞贵阳航班"主动"延误 27 分钟

2021 年 11 月 10 日 18 时 16 分，由三亚飞往贵阳的 CZ6988 航班旅客正在登机，突然，机舱内 48 排 C 座的呼叫铃声急促响起，让南航贵州公司当班乘务长唐晓璇的心中一紧。

与组员快步走到呼叫座位旁，唐晓璇立刻发现旅客身体状况有异。只见一名年轻的男性旅客肌肉僵硬且身体不停抽搐，还伴有口吐白沫、嘴唇发青、失去意识等症状，病情十分危急。

"马上广播寻医，放下座椅靠背把身体平放，解开旅客安全带和腰带，保持呼吸道通畅，把情况向机组反馈，继续呼唤旅客，快！"时间就是生命，乘务员立即按唐晓璇的指令分头行动。

"即使产生航班延误，也要等到旅客生命安全后才能起飞！"人民航空为人民，执飞本次航班的机长和副驾驶都来自南航新疆公司。在得知这一情况后，他们迅速配合支持乘务组救助行动，第一时间联系机场急救中心与相关保障单位，全力确保旅客生命无虞。

幸运的是，一名来自新疆的医护人员赵先生正好乘坐同一航班。听到机上广播后立即赶来，初步判断患病旅客疑似癫痫发作。

"把湿毛巾放进嘴里防止咬舌，另外掐'虎口'穴位，准备氧气瓶帮他吸氧……" 18 时 23 分，在医护人员和乘务员的沉着应对和及时救助下，旅客逐渐停止了抽搐，虽然仍处于半昏迷状态，但症状已得到有效缓解。随后，乘务组为旅客细心地端来了一杯温开水饮用，助其尽快缓解不适症状。

18 时 25 分，机场急救人员上机，根据患者情况综合判断已不适宜继续乘机。旅客逐步恢复意识后，同意下机接受进一步诊断及治疗。

18 时 33 分，唐晓璇将患病旅客搀扶至机舱门口，将其转交给急救人员陪伴并离开后，才慢慢放下了一直"悬"着的心。当该航班再次起飞，已是当天 18 时 57 分，比原计划起飞时间推迟了 27 分钟。

"这个航班是我们'主动'延误的，因为生命无价，所以不计代价。"执行完当天飞行任务后，回想起这一"晚飞"事件，乘务组和机组人员异口同声的话语温暖有力、掷地有声。

资料来源：民航资源网. 不计代价救助旅客，南航飞贵阳航班"主动"延误 27 分钟[EB/OL]. (2021-11-11) [2022-07-16]. http://news.carnoc.com/list/572/572803.html.

三、搜寻援救

（一）搜寻援救的含义

搜寻援救是指担负搜寻援救民用航空器任务的组织，为了及时有效地避免或者减少遇到紧急情况的民用航空器所造成的人员伤亡和财产损失，依照国家法律规定，对遇到紧急情况的民用航空器及时进行寻找援助。

搜寻与援救是既有区别又紧密联系的两个方面。搜寻是援救的前提，也是援救的基本环节，它是利用航空器寻找失事、遇险、遇难的民用航空器、幸存者和其他目的物的一种方法。援救是搜寻的目的，援救工作就是拯救空难事故中幸存者的生命和尽量把财产损失减少到最低限度的工作。为了在最短时间内把损失减少到最低限度，就必须尽快进行援助。

民用运输机场突发事件（以下简称突发事件）是指在机场及其邻近区域内，航空器或者机场设施发生或者可能发生的严重损坏以及其他导致或者可能导致人员伤亡和财产严重损失的情况。

（二）民用航空器的紧急情况分类

民用航空器的紧急情况分为情况不明、告警和遇险三个阶段。

第一，情况不明阶段。情况不明是指民用航空器的安全出现下列令人疑虑的情况：空中交通管制部门在规定的时间内同民用航空器没有取得联络；民用航空器在规定的时间内没有降落，并且没有其他信息。

第二，告警阶段。告警是指民用航空器的安全出现下列令人担忧的情况：对情况不明阶段的民用航空器，仍然不能同其沟通联络；民用航空器的飞行能力受到损害，但是尚未达到迫降的程度；与已经允许降落的民用航空器失去通信联络，并且该民用航空器在预计

降落时间后五分钟内没有降落。

第三，遇险阶段。遇险是指确信民用航空器遇到下列紧急和严重危险，需要立即进行援救的情况：根据油量计算，告警阶段的民用航空器难以继续飞行；民用航空器的飞行能力受到严重损害，达到迫降程度；民用航空器已经迫降或者坠毁。

搜寻援救组织对民用航空器的紧急情况的不同阶段，应及时有效地采取相应措施。

（三）搜寻援救服务的原则

搜寻援救的目的是尽最大可能保障遇难航空器及其人员和第三人（不直接或间接与民用航空活动，却因为航空事故的侵权而成为享有航空器所有人或经营人债权的人）的生命财产安全，其中人的生命安全又是第一位的。搜寻援救服务的原则对搜寻援救活动具有指导意义。搜寻援救服务主要遵循以下两个原则。

第一，人道主义原则。我们应该实行人道主义，尽一切可能提供搜寻援救服务。《国际民用航空公约》附件12规定："在向遇险航空器事故的幸存者提供援助时，缔约国不应考虑此种航空器或幸存者的国籍。"

第二，及时、有效原则。对遇险航空器及航空器事故的幸存者来讲，"时间就是金钱""时间就是生命"是最恰当的。及时、有效地采取搜寻援救措施，尽一切努力将人员伤亡和财产损失减少到最低限度，这是搜寻援救的根本目的。《中华人民共和国搜寻援救民用航空器规定》明确要求，搜寻援救协调中心收到民用航空器紧急情况的信息后，必须立即做出判断，采取搜寻援救措施。

（四）搜寻援救服务的实施

任何单位、个人发现或者收听到民用航空器遇到紧急情况的消息，应当立即通知有关地区管理局搜寻援救协调中心；发现失事的民用航空器，其位置在陆地的，应当同时通知当地政府；其位置在海上的，应当同时通知当地海上搜寻援救组织。

地区管理局搜寻援救协调中心收到民用航空器紧急情况的信息后，必须立即做出判断，根据民用航空器所处的紧急情况不同阶段，采取搜寻援救措施，并及时向民航总局搜寻援救协调中心以及有关单位报告或者通报。

（1）对情况不明阶段的民用航空器，地区管理局搜寻援救协调中心应当采取以下措施：①根据具体情况，确定搜寻的区域；②通知开放有关的航空电台、导航台、定向台和雷达等设施，搜寻掌握该民用航空器的空中位置；③尽快同该民用航空器沟通联络，进行有针对性的处置。

（2）对告警阶段的民用航空器，地区管理局搜寻援救协调中心应当采取以下措施：①立即向有关单位发出告警通知；②要求担任搜寻援救任务的航空器、船舶立即进入待命执行任务状态；③督促检查各种电子设施，对情况不明的民用航空器继续进行联络和搜寻；④根据该民用航空器飞行能力受损情况和机长的意见，组织引导其在就近机场降落；⑤会同接受降落的机场，迅速查明预计降落时间后五分钟内还没降落的民用航空器的情况并进行处理。

（3）对遇险阶段的民用航空器，地区管理局搜寻援救协调中心应当采取以下措施：① 立即向有关单位发出民用航空器遇险的通知；② 对燃油已尽，位置仍然不明的民用航空器，分析其可能遇险的区域，并通知搜寻援救单位派人或者派航空器、船舶，立即进行搜寻援救；③ 对飞行能力受到严重损害，达到迫降程度的民用航空器，通知搜寻援救单位派航空器进行护航，或者根据预定迫降地点，派人或派航空器、船舶前往援救；④ 对已经迫降或者失事的民用航空器，其位置在陆地的，立即报告当地人民政府；其位置在海上的，立即通报沿海地方的海上搜寻援救组织。

 资料 8-1

深刻认识民航安全工作的社会属性

安全是人类社会生存和发展的基本需要。只有保持安全生产的稳定，才能真正体现社会的健康发展；只有社会和谐稳定，才能真正实现安全生产的长效机制。全行业要深刻认识民航安全工作的社会属性，把做好安全工作提高到促进和保持社会稳定的高度来认识、来分析，在安全管理中切实强化做好安全工作的社会责任，确保民航安全万无一失，为经济发展和社会稳定贡献民航力量。

民航安全工作的社会属性表现在与人民生命财产安全紧密相关上，这要求我们常怀敬畏之心，把住安全关口。2021 年 9 月实施的新修订的《安全生产法》明确指出，应当以人为本，坚持人民至上、生命至上，把保护人民生命安全摆在首位。民航工作究其本质，就是要将每一名旅客及其财产安全送至目的地。蓝天之上的一架架飞机，承载的是一个个鲜活的生命，牵连的是每一个个体背后的亲友。保障每一架飞机的起落安全，靠的是对安全工作至关重要性的认识，靠的是对人民至上理念的信奉与遵守，更靠的是对人与生命发自内心的敬重和敬畏。确保民航安全，就是确保人民群众的生命财产安全。要真正将保护人民生命财产安全落到实处，就必须把住"物"的安全标准，做好日常安全检查，确保设施设备运行正常，为守护人民生命财产安全构建"金钟罩"；把住"人"的安全标准，确保各类从业人员资质过关、水平过关、作风过硬，为守护人民生命财产安全构建"铁布衫"。

民航安全工作的社会属性表现在具有巨大的社会影响力上，这要求我们绷紧思想之弦，严查安全隐患。四川航空"5·14"事件中，刘传健机组凭借过硬的技术和作风，挽救了 119 名旅客的生命安全，创造了航空史上的奇迹，被媒体誉为"史诗级备降"，在国内外引起强烈反响、赢得广泛赞誉。相反，任何一个国家发生航空不安全事件，都会迅速成为全世界的新闻焦点。民航安全备受社会瞩目，每一个民航单位的一举一动，都代表着全行业的社会形象，乃至整个国家的国际形象。在"聚光灯"下，必须时刻保持兢兢业业、如履薄冰的心态，从严从实从细抓好各项安全工作。在日常状态下，要始终谨记"脑要紧起来、心要细起来、眼要亮起来、脚要勤起来、脸要红起来、手要硬起来"的"六个起来"要求，将"要我安全"内化为"我要安全"，并作为衡量自己一举一动的标尺，日复一日，严于律己；在特殊保障时期，更要打起十二分精神，深入开展"问题隐患清零"行动，整改排查问题，确保将一切安全隐患解决在"起飞之前"。

民航安全工作的社会属性表现在所承担的社会责任上，这要求我们不负使命之托，完善保障机制。民航具有快速、机动、灵活、高效的特点，在抢险救灾、紧急运输、医疗救援中发挥着独特作用。多年来，从抗震救灾到奥运保障，从抗击疫情到海外撤侨，中国民航总是毫不犹豫挺身而出，哪里有危险，哪里有需要，哪里就有民航。而越是急难险重的任务，保障航空安全就越显得尤为重要。行业各单位要做好充足的应急保障预案，通过开展应急演练查找应急预案中存在的问题，不断修改完善保障机制，进一步加强各岗位工作人员业务能力，有效提高应急处置能力，确保在重大任务面前从容不迫；各民航企业要承担起安全生产责任主体的职责，结合企业特点完善安全管理方法，创新安全文化建设，落实安全生产措施，以绝对安全确保更好地履行社会责任，不负党和人民重托。

"人民航空为人民"是中国民航始终秉持的宗旨，民航安全工作与社会、与组成社会的人民群众具有不可分割的血肉联系。全行业广大干部职工要立足人民、服务社会，通过持之以恒的努力，让民航始终为社会所认可，成为人民群众出行最放心、最安心的选择。

资料来源：民航资源网.深刻认识民航安全工作的社会属性[EB/OL]. (2021-11-01) [2022-07-16]. http://news.carnoc.com/list/572/572147.html.

 案例 8-1

波兰总统空难事故

 本章小结

本章首先介绍了民航系统是由民航局、航空港、航空器使用部门三部分组成；然后介绍了民航运行的基础知识，航路、航线和航权的含义和内容，重点讲解了航线网络构成及不同类型航线网络的优缺点，诠释了各种航权的含义；最后讲解了民航运行控制环节中航班变更、航班延误及其原因，搜寻援救的定义及原则。

通过本章学习，能够对民航系统运营工作有进一步深入的了解。

 本章思考题

1. 什么叫航路、航线？航线网络的分类有哪些？
2. 造成航班延误的原因有哪些？
3. 常见的五种航权叫什么？

4. 什么叫搜寻援救？搜寻援救的原则是什么？

5. 民用航空器紧急情况分哪三个阶段？处理不同情况的办法是什么？

6. 航班变更后的处理规定是什么？

7. 说明枢纽式航线结构的优势所在。

8. 航班延误后如何善后处理来化解各方的矛盾？

9. 除五大空中自由的航权以外，第六、第七、第八项航权指的是什么？

参 考 文 献

[1] 罗亮生. 新编高职高专民航概论[M]. 北京：中国民航出版社，2009.

[2] 陈肯，何光勤. 航行情报服务[M]. 成都：西南交通大学出版社，2003.

[3] 赵廷渝，朱代武，杨俊. 飞行员航空理论教程[M]. 2版. 成都：西南交通大学出版社，2012.

[4] 乔亮. 机场标志物识别与维护[M]. 北京：中国民航出版社，2015.

[5] 段维祥. 飞机系统[M]. 成都：西南交通大学出版社，2002.

[6] 李永. 民航基础知识教程[M]. 北京：中国民航出版社，2005.

[7] 钟长生，阎成鸿. 航空器系统与动力装置[M]. 成都：西南交通大学出版社，2008.

[8] 章健. 航空概论[M]. 北京：国防工业出版社，2010.

[9] 方丛法，罗茜. 民用航空概论[M]. 上海：上海交通大学出版社，2012.

[10] 耿建华. 通用航空概论[M]. 北京：航空工业出版社，2007.

[11] 杨莉，沈海军. 航空航天概论[M]. 北京：中航书苑文化传媒有限公司，2011.

[12] 刘得一. 民航概论[M]. 3版. 北京：中国民航出版社，2011.

[13] 民航教程编委会. 民航概论[M]. 北京：经济日报出版社，2015.

[14] 董襄宁，赵征，张洪海. 空中交通管理基础[M]. 北京：科学出版社，2011.

[15] 梁曼，黄贻刚. 空中交通管理概论[M]. 北京：中国民航出版社，2013.

[16] 谢进一，石丽娜. 空中交通管制基础[M]. 北京：清华大学出版社，2012.

[17] 张军. 现代空中交通管理[M]. 北京：北京航空航天大学出版社，2005.

[18] 罗军. 机场管制[M]. 北京：中国民航出版社，2012.

[19] 邹建军. 民航基础[M]. 上海：上海交通大学出版社，2015.

[20] 黄永宁，张晓明. 民航概论[M]. 2版. 北京：旅游教育出版社，2013.

[21] 周建华. 航空气象业务[M]. 北京：气象出版社，2011.

[22] 田静，游婷婷. 机场旅客服务[M]. 北京：中国民航出版社，2015.

[23] 张晓明，黄建伟. 民航旅客运输[M]. 3版. 北京：旅游教育出版社，2013.

[24] 唐小卫，李杰，张敏. 航空运输地理[M]. 北京：科学出版社，2012.

[25] 王大海，杨俊，余江. 飞行原理[M]. 成都：西南交通大学出版社，2004.

[26] 黄仪方. 航空气象[M]. 2版. 成都：西南交通大学出版社，2011.

[27] 杨长进. 民航概论[M]. 北京：航空工业出版社，2014.

[28] 薛彩军. 航空概论[M]. 北京：国防工业出版社，2015.

[29] 刘让贤，晏初宏，宋斌. 航空概论[M]. 北京：航空工业出版社，2013.

[30] 王细洋. 航空概论[M]. 北京：航空工业出版社，2008.

[31] 贾玉红. 航空航天概论[M]. 3版. 北京：北京航空航天大学出版社，2013.

[32] 郝勇. 民用飞机与航空运输管理概论[M]. 北京：国防工业出版社，2011.

[33] 王海宇. 航空基础概论[M]. 西安：西北工业大学出版社，2009.

[34] 邢琳琳. 飞行原理[M]. 北京：北京航空航天大学出版社，2016.

[35] 贾忠湖. 飞行原理基础[M]. 北京：国防工业出版社，2016.

[36] 邱宏俊. 简明飞机飞行原理[M]. 西安：西北工业大学出版社，2016.

[37] 刘继新. 航空情报学[M]. 北京：国防工业出版社，2014.

[38] 陆东. 民航旅客运输[M]. 北京：人民交通出版社，2016.

[39] 魏全斌. 民航旅客运输[M]. 北京：北京师范大学出版社，2013.

[40] 魏全建，陈振坤. 飞机系统[M]. 北京：清华大学出版社，2016.

[41] 陈闵叶. 飞机系统[M]. 北京：国防工业出版社，2014.

[42] 宫淑丽. 民航飞机电子系统[M]. 北京：科学出版社，2016.

[43] 谢春生，郭莉，张洪. 低空空域管理与通用航空空域规划[M]. 北京：航空工业出版社，2016.

[44] 新春讯. 航空货运管理概论[M]. 南京：东南大学出版社，2006.

[45] 顾丽亚. 航空货运业务[M]. 上海：华东师范大学出版社，2007.